传承与创造：当代设计学中的中国传统文化

王晗 著

北京工业大学出版社

图书在版编目（CIP）数据

传承与创造：当代设计学中的中国传统文化 / 王晗著. — 北京：北京工业大学出版社，2018.12（2021.5 重印）
ISBN 978-7-5639-6490-1

Ⅰ. ①传… Ⅱ. ①王… Ⅲ. ①设计学 Ⅳ. ① TB21

中国版本图书馆 CIP 数据核字（2019）第 019534 号

传承与创造：当代设计学中的中国传统文化

著　　者：王　晗
责任编辑：邓梅菡
封面设计：优盛文化
出版发行：北京工业大学出版社
（北京市朝阳区平乐园 100 号　邮编：100124）
010-67391722（传真）　bgdcbs@sina.com
经销单位：全国各地新华书店
承印单位：三河市明华印务有限公司
开　　本：787 毫米 ×1092 毫米　1/16
印　　张：14.5
字　　数：334 千字
版　　次：2018 年 12 月第 1 版
印　　次：2021 年 5 月第 2 次印刷
标准书号：ISBN 978-7-5639-6490-1
定　　价：78.00 元

前言

伴随“大设计时代”的到来，设计在人类生活中的作用和影响无处不在。从锅碗瓢盆到大飞机项目，从桌椅沙发到高楼大厦，从普通公园到国家公园，从手机界面到网络社区，从鞋袜服装到可穿戴设备……无不成了设计的对象。我们或可认为，设计是人类与生俱来真正意义上的实践活动，是人类实现梦想的基本途径和必要手段。设计已经成为一个巨大的产业体系，具有诱人的发展前景。因此，各个国家都十分重视设计行业和设计教育，将其作为国家发展战略之一予以足够重视。

设计不仅是一种商业行为，一种向社会提供服务的方式，更是一种文化创造，是文化延续的手段。生命的延续需要遗传与变异，文化发展离不开传承与创新。从古人对器物世界的规划到当代各行各业的设计，自然与社会、物质与精神始终是造物的重点。因此我们在这里着重对传统文化精神进行分析，结合当代设计中的传统文化元素，阐述传统文化的设计价值，探索二者融合之道。中国当代设计是现代西方设计教育、现代科学技术快速发展与国内外商业市场激烈竞争背景下的产物，设计理论如果不能回归到创造世界、创造文明的本质上，就很难挣脱现实压力下要求设计求新、求异、求奇和求个性的摆布，传统文化与设计就会成为侍奉资本的婢女。从现实中我们可以看到，一些品牌文化沦落为计谋、武器、手段，借助文化产业发展快车，打着文化的幌子招摇撞骗，大搞不伦不类的设计，并谓之“传统文化”，受众辨析是非的能力日渐减弱，当代设计对传统文化的导入、利用和扬弃便显得尤为重要且适逢其时。当代设计要造福于人更要教化人，通过构建和规范符合当代社会环境的秩序，使社会各界各归其位、各安其道、各司其职，迎击科技沙文主义与民族文化虚无主义的横行。而当代设计理论研究多停留在满足用户需求、探寻市场空位、促进经济发展、降低成本、优化作品结构、保护生态环境等层面，似乎传承文化只是口号，人文建设与之无关。设计理论研究应跳出艺术学、工学、经济学的框架，从哲学、文学、历史学、教育学等角度发掘设计在文化建设上的作用与价值。

设计学是由多个与艺术有关的专业所组成的学科群，它涵盖了当今多种与艺术相关的设计活动，按照设计学科规律而运行。目前，我国各高校正在进行设计学交叉学科建设，如何在设计中融合科学技术与艺术表现，平衡传承文化与引领创新，兼顾使用者需求与设计者理想，都需要进行深度学理研究与案例价值提炼。《传承与创造：当代设计学中的中国传统文化》一书并非针对设计学及其分支进行面面俱到的分析和挖掘，而是重点选取设计研究理论与设计实践活动中的热点问题和前沿领域，既从学理层面运用哲学、技术、文化、艺术等多重视角阐明和解读人类设计的发展脉络、内涵本质、哲学意义、重大理论以及典型方法，也从实践层面对用户体验、视觉传达、环境设计、工业产品的设计策略等方面提供案例分析、设计思路和实践指南，还从教育层面提出设计学科发展方向与研究范式的更新、进化与重建。旨在为设计学研究人员呈现设计学领域极具研究价值的前沿问题，有利于其拓展设计学学术视野、强化设计研究技能与方法，有助于丰富整个设计学领域的创新研究成果，并能够协助一线设计人员吸纳传统文化思想中的精髓，运用科学方法完善其设计流程，以达到更好的设计效果。当然，作为一本有关当代设计学发展的研究专著，本书还希望能够为设计学教育工作者提供设计学科发展现状总结并探索设计学科未来走向，以期有助于高校设计学科体系的优化和重构。

希望设计界同人一起关注传统文化在当代设计中的传承与创造这一课题，欢迎对本书内容等相关问题出谋划策、批评指正。

著　者

2018 年 5 月

目 录

第一章　作为一门学科的当代设计

设计作为人类生物性与社会性的生存方式，其产生伴随着“制造工具的人”的产生。而早期人类有关设计的经验性总结都可视作设计学作为一门理论的最初萌芽和起点，例如中国古代的《考工记》和古罗马老普林尼的《博物志》。然而设计学成为一门独立的学科，并有专门学者做出思辨性的归纳和理论阐述，则是20世纪以来的事。

“设计”一词虽然是西语“design”在现代汉语中的反映，但其西语词源学上的含义在古代中国的文献中早已有了相对应的词义。《周礼・考工记》即有：“设色之工：画、缋、锺、筐、㡛。”此处的“设”字与拉丁语“disegnare”的词义“制图、计划”完全一致。而《管子・权修》中有：“一年之计，莫如树谷；十年之计，莫如树木；终身之计，莫如树人。”此处的“计”字也几乎和用以解释“design”的“plan”一致。用现代汉语中的“设计”这一双音节词来对译西语的“design”，从其各自的语源背景及文化背景来看都毫无歧义，这正好说明了“设计”作为人类生活行为的共性特征。总之，设计就是设想、运筹、计划与预算，它是人类为实现某种特定目的而进行的创造性活动。

第一节　设计与设计学的研究范围

作为一门学科，设计学的产生是20世纪以来的事件；作为一门专门学科，它毫无疑问有着自己的研究对象。由于设计与特定社会的物质生产和科学技术的联系，这使得设计本身具有自然科学的客观性特征；然而设计与特定社会的政治、文化、艺术之间所存在的显而易见的关系，又使得设计学在另一方面有着特殊的意识形态色彩。这两个方面的特点正构成了设计学作为一门专门学科的独特的性质，因此设计应该被视作一种物质文化行为，而设计学则是既有自然科学特征又有人文学科色彩的综合性的专门学科。就这一点而言，传统的学科划分规范就显得过于拘谨和迂腐。毛泽东在《矛盾论》中曾说“科学研究的区分”，是“根据科学对象所具有的特殊的矛盾性。因此，对于某一现象领域所特有的某一种矛盾的研究，就构成某一门科学的对象”。根据这种理论来力图揭示设计学领域的矛盾的特殊性，并将设计学与那些相近的学科做比较，我们会获得有关这门学科的较为清晰的概念。

设计学是关于设计这一人类创造性行为的理论研究。由于设计的终极目标永远是功能性与审美性，因此，设计学的研究对象便与设计的功能性和审美性有着不可割裂的关系。就设计的功能性而言，设计学要对相关的数学、物理学、材料学、机械学、工程学、电子学、经济学进行理论研究；就设计的审美性而言，设计学要对相关的色彩学、构成学、心理学、美学、民俗学、传播学、伦理学等进行研究。如此广阔的研究天地，正是设计学这门新兴学科的莽莽草原，任凭研究者们纵横驰骋，收获累累。从学科规范的角度来看，由于设计学在西方是近些年从美术学中分离出来的独立学科，所以在此我们依据西方对美术学的划分方法来对设计学做研究方向的划分。我们一般将设计学划分为设计史、设计理论与设计批评三个分支。通过学科方向的确定以及对相关学科的认识，我们便能理解研究设计史必然要研究科技史与美术史，研究设计理论必然要研究相关的工程学、材料学和心理学，研究设计批评必然要研究美学、民俗学和伦理学的理论要求。然而，由于旧有学科规范的桎梏，大多数设计学研究者都还无法横跨自然科学与社会科学之间的沟壑，对设计学进行立体的研究。绝大多数的情形仍然是研究科技史的成果需要等待设计史研究者给予青睐才得以成为设计史研究的材料，众多的心理学成果仍然无法进入设计理论研究者的视野。这种情形只有等到我们不再为设计学究竟应该划为文科或理科而争论的时候，只有等到我们意识到设计学本身横跨文、理二科的时候，才会得到根本的改变。

一、设计史

作为设计学的研究方向之一，设计史是一个极为年轻的课题，尽管设计的历史同人类的历史一样久远，可是对于设计史的研究只是近几十年的事情。到目前为止，设计史仍然被认为与美术史和建筑史有着最为密切的联系。这一方面是因为许多美术家和建筑师同时又充当设计家的角色，以及美术与建筑领域给设计史的研究提供了丰富的文字和图像材料；另一方面是因为目前的设计史家通常又是美术史家和建筑史家。1977 年，英国成立了设计史协会（Design History Society），这标志着设计史正式从装饰艺术史或应用美术史中独立出来而成为一门新的学科；大学里的美术史系也将设计史作为一门单独的课程向学生们开放。曾任英国美术史协会主席的佩夫斯纳爵士，在其 1933 年从德国移居英国之前所做的“社会美术史”研究中，就已经孕育了对现代设计的倡导；他在 1936 年出版的《现代运动的先锋》，更是成为现代设计的宣言而为西方的所有设计专业学生所必读。作为美术史家，他不仅通过《现代运动的先锋》开了设计史研究的先河，更重要的是，他通过这部著作在公众的心目中创造了有关设计史的概念，进而影响了公众对于设计的趣味和观念。“二战”后，作为享有美术史界最高荣誉的剑桥大学斯莱德美术讲座教授，佩夫斯纳继续从事设计史研究，其最为重要的著作包括《现代设计的源泉》和《关于美术、建筑与设计的研究》。

佩夫斯纳从社会美术史研究出发，最终将设计史独立出来而做专项研究，其所持的研究角度不仅影响了包括哈斯克尔在内的一大批国际著名的美术史家，更直接影响了像福蒂这样的设计史家。前者关于赞助人与艺术家的研究，至今都为学者们称道并直接影响西方汉学界的研究路径；而后者对设计与社会的研究完全可被看作对佩夫斯纳的发展。此外，佩夫斯纳将类型研究引进设计史，使得当今各种专门设计史研究如家具设计史、建筑设计史、服装设计史，甚至瓷片设计史、菜单设计史、海报设计史、明信片设计史等进入一种新的研究境地，从而大大地拓展了研究者的视野。作为设计史研究的先行者，佩夫斯纳向我们说明了既要将设计史做专项研究，更要使这种专项研究建立于美术史、科技史、社会史、文化史研究的基础之上。这是因为设计本身就是社会行为、经济行为和审美行为的综合。

另一位设计史研究开创者吉迪恩也是美术史家，他曾直接受业于著名的美术史家沃尔夫林。沃尔夫林对美术作品所做的形式分析以及对“无名的美术史”的提倡，深深地影响了他的这位学生，使得吉迪恩后来致力于研究“无名的技术史”，坚持认为“无名的技术史”与“个体的创造史”具有同样重要的地位，都应当受到历史学家的关注。1948 年，吉迪恩出版了他的设计史名著《机械化的决定作用》。在书中，吉迪恩强调现代世界及其人造物一直受到科技与工业进步的持续影响，对设计史的研究应当引入更为广阔的文化研究方法。吉迪恩在该书中做了一个令人耳目一新的个案分析：他仔细考察了芝加哥屠宰场的发展历史，并提出建议将屠宰场的传送带引进现代工业中去，而当代工业中传送带的运用，与他的考察有着直接的关系。吉迪恩还对弹簧锁和柯尔特自动手枪做过认真的个案考察，他独特的研究方式至今仍影响着西方学术界对设计史的研究。因此，吉迪恩与佩夫斯纳一道被称为 20 世纪最有影响的西方设计史家，他们同时又是极有贡献的美术史家和建筑史家。

由于设计史与美术史的这种至为重要的关系，我们不可能不将美术史研究的基础作为设计史研究的基础。就美术史研究的基础而言，我们应当注意到 19 世纪美术史上的两位巨人——森珀和里格尔。正是这两位大师通过其在美术史领域的卓有成效的研究，而给 20 世纪的学者最终将设计史从美术史中分离出来奠定了坚实的设计史研究基础。

德国建筑家、理论家森珀是将达尔文进化论运用于美术史研究的第一人。他在 1860 年至 1863 年期间对建筑和工艺做了系统和高度类型化的研究，出版了极富思辨性的二卷本巨著《工艺美术与建筑的风格》，着重探讨装饰与功能之间的适当联系。在艺术史观上，森珀认为艺术是一个生物性的功能组织，从远古至当代的艺术史则是一个连续的、线性的发展过程；而风格的定型和变化又是由地域、气候、时代、习俗，更重要的是由材料和工具等各种因素所决定的，他的这种美学上的唯物主义影响了欧洲许多美术史家和建筑史家。他强调艺术变化的原因来自环境、材料和技术，这直接导致现代设计史研究的先驱吉迪恩写成著名的《空间、时间与建筑：新传统的成长》。森珀从功能、材料与技术的发展入手，试图从历史的角度探讨艺术品——在他那里主要是建筑与工艺的历史及风格，由此在艺术史研究中第一次树起了唯物主义的大旗；他通过对材料和技术的研究而将传统上分属于大美术和小美术[1]的建筑和工艺做了并置的研究。这无疑为后来研究者冲破大美术与小美术的传统研究樊篱，在美术史研究的领域里提高小美术的地位并使之进入研究的领域迈出了具有历史意义的一步。森珀关于材料在建筑和工艺美术中的重要性的理论也使他成了现代美术运

[1] 按 19 世纪美术史学的划分，大美术包括建筑、绘画和雕塑，小美术则指所有的工艺品。

动的先驱，但他的这些机械的唯物主义理论受到了里格尔的批评。

奥地利美术史家阿洛伊斯·里格尔从1887年至1897年的10年间，一直任奥地利美术与工业博物馆纺织品部主任，这个职务使他有机会接触丰富的工艺珍品。1893年，里格尔出版了被认为是有关装饰艺术历史最重要的著作——《风格问题》。这部著作的重要之处在于里格尔认识到装饰艺术研究是一门严格的历史科学，这一认识对后世学者将设计作为一门历史科学来研究有着根本性的启发。比森珀更进一步，里格尔最终从价值上完全打破了大美术与小美术的分界，将对传统小美术的研究提高到了显学的地位。《风格问题》一书的副标题即为“装饰历史的基础”，因为在里格尔之前并没有人对装饰做过历史的研究。而森珀试图用技术与材料理论解释早期装饰及艺术形式起源又遇到挑战，因为当时的理论家们已经证明相同的艺术形式及早期装饰可以采用不同的技术和材料，这点便足以反驳机械的唯物主义理论。里格尔正是要通过对装饰的历史研究来进一步说明机械唯物主义美学的疏漏，并强调艺术作为一门心智的学科所必然有的精神性，里格尔将这种精神性称为“自由的、创造性的艺术冲动”，即“艺术意志”。将装饰艺术作为研究对象，里格尔试图针对森珀及其追随者而说明艺术品是一种创造性的心智成果，是积极的源于人的创造性精神的物质表现，而不是像森珀的追随者所认为的是对技术手段或自然原型的被动反应。艺术设计无疑要服从媒质和技术的多样可能性和要求，但里格尔总是坚持创造性的自主和选择的原则，认为这是艺术活动的根本所在。

森珀对装饰风格的功能及材料与技术的机械唯物主义阐述，以及其引起的与里格尔的争辩，导致里格尔在装饰研究方面系统地表明自己以艺术意志为核心的形式主义立场，这给后世学者就设计的功能性与审美性的探讨奠定了完备的理论基础。正是在这个基础之上，才出现了20世纪的现代主义设计史家佩夫斯纳和吉迪恩，以及后来对后现代主义设计有影响的罗兰·巴特和迪克·赫布狄奇。法国哲学家巴特在其《神话》一书中，用符号学的方法讨论了神话利用设计方式来传播的途径，认为设计最有能力将神话付诸持久、坚实和可触的形式，并最终使设计成为现实本身。在巴特那里，所谓神话就是指图像与形式的社会意义。而赫布狄奇则在《亚文化：风格的意义》中表明了伯明翰大学当代学术研究中心这一研究群体对设计的关注，以及学者们对后现代主义设计的看法。

二、设计理论

设计作为美术与建筑理论中的一个重要概念，在西方有着深厚的理论传统。“西方美术史之父”瓦萨里在全面讨论设计这一概念时说道：“设计是三项艺术（建筑、绘画、雕塑）的父亲……从许多事物中得到一个总的判断：一切事物的形式或理念，可以说，就它们的比例而言，是十分规则的。因此，设计不仅存在于人和动物方面，而且存在于植物、建筑、雕塑、绘画方面；设计即是整体与局部的比例关系、局部与局部对整体的关系。正是由于明确了这种关系，才产生了这么一个判断：事物在人的心灵中所有的形式通过人的双手制作而成形，这就称为设计。人们可以这样说，设计只不过是人在理智上具有的，在心里所想象的，建立于理念之上的那个概念的视觉表现和分类。”瓦萨里在这里将设计与比例关系联系在一起讨论，这有着相当悠久的历史传统，而且也是人类对自然和人自身观察的理论归纳。古罗马的百科学者老普林尼在他的《博物志》中对古代艺术家的评价中就常常使用“比例”这一术语。在谈到希腊雕塑家米隆时，普林尼说：“在他的艺术创作中，他运用了比波利克列托斯所运用更多的性格类型，而且有着更为复杂的比例关系。”也正是通过《博物志》，我们才得知古希腊的波利克列托斯曾著有专门研究人体比例的《规范》。

在古代中国，与古代西方“设计”相似的概念是“经营”。作为中国古代美术及建筑理论中一个极为重要的概念，“经营”一词一直为古代艺术家和理论家所讨论。从《诗经·大雅·灵台》的“经始灵台，经之营之”，《尚书·召诰》的“卜宅，厥既得卜，则经营”，《诗经·小雅·北山》的“旅力方刚，经营四方”，到南齐谢赫的“经营位置是也”（《古画品录》），北宋郭熙、郭思所谓“凡经营下笔，必合天地”（《林泉高致·画诀》），再到清邹一桂的“愚谓即以六法言，亦当以经营为第一”（《小山画谱·六法前后》）。古人如此重视“经营”，并由此生发出许多概念，像“宾主”“呼应”“开合”“虚实”“藏露”“繁简”“疏密”“纵横”“动静”“奇正”等，无不反映出古人的经营意识，即设计意识，以及古人对比例关系的关注。正如“西方美术史之父”瓦萨里所说“设计是三项艺术的父亲”，而早于瓦萨里近700年的“中国美术史之父”唐代张彦远在《历代名画记》中就声言：“至于经营位置，则画之总要。”（《历代名画记·论画六法》）张彦远通过对谢赫“六法”的再阐述，完成了“经营”这一概念从建筑理论移入美术理论的工作，并且使之成为他之后千余年里美术理论中最为重要的一个概念而为人们所津津乐道。

在西方，一般以荷加斯的著作《美的分析》为最早的设计理论专著。作为画家的荷加斯敏锐地意识到洛可可风格的意义，并提出了线条的曲线美特征，而且对线条的组合做了十分精辟的分析。此外，荷加斯还分析了以线条为特征的视觉美和以实用性为特征的理性美，曲线的视觉美是丰富的变化与整体的统一，实用的理性美则以最大限度地满足使用者的实用需要为目的。继荷加斯之后，18 世纪有关设计的出版物多数是关于图案的著作或论文，以及有关崇高和绘画性的论著。不过，现代意义上的设计理论著作都是从 19 世纪开始出现的，而且一般都归入两种类型。一种是以 1837 年成立的设计学校为中心的设计教育理论研究，其中最为重要的人物是琼斯和德雷瑟。琼斯为装饰设计理论界做出的重要贡献是他的那部经典著作《装饰的基本原理》。琼斯的方法来源于荷加斯，他坚持认为：“美的实质是种平静的感觉，当视觉、理智和感情的各种欲望都得到满足时，心灵就能感受到这种平静。”在书的结尾琼斯写道：“注意，装饰的形式是如此多样，其原理又是如此固定，只要我们从睡梦中醒来，我们是有前途的。造物主把万物都造得优雅美丽，我们的欣赏不应该有局限性。相反，上帝创造一切既是为了给我们带来愉快，也是为了供我们研究。它们是为了唤醒我们心中的自然本能——一种尽力在我们的手工作品中模仿造物主广播于世的秩序、对称、优雅和完整的愿望。”作为一个功能主义者，琼斯所要强调的是任何适合于目的的形式都是美的，而勉强的形式既不适合也不美。

克利斯多夫·德雷瑟是琼斯的学生，1847 年进入设计学校学习，不久即以最有潜能的学生而引人注目。1854年开始德雷瑟在设计学校讲授艺用植物学，并在1856年为琼斯的《装饰的基本原理》制作花卉的几何图案插图。在教学中他一直倡导将几何方式引入设计，所写的论著包括《装饰设计的艺术》《装饰设计的原则》《日本：其建筑、美术与美术工艺》和《现代装饰》。德雷瑟在这些著作里着重研究过去的古典装饰形式，将几何方式引入对自然形态装饰的研究中。

第二种类型的设计理论是针对工业革命的影响做出的反响，其中最有影响力的人物是普金、拉斯金和莫里斯。作为建筑师的普金深切感受到工业革命造成的问题及其对欧洲图案设计所造成的可悲的影响，于是他在《尖顶建筑或基督教建筑原理》中提倡复兴哥特风格，而且反对在墙壁和地板装饰中使用三度空间表现法，推崇平面图案，要求装饰与功能一致，如图 1-1 所示。

图 1-1　普金在 1848 年设计的墙纸

对于工业革命，拉斯金的批评更为激烈。他所著的《建筑的七盏明灯》是一部关于建筑和装饰设计原理的书，此书所要竭力达到的目的就是在工业化的英国恢复中世纪状况。拉斯金愤怒地指责机器："不管怎么说，有一件事我们是能够办到的，即不使用机器制造的装饰物和铸铁品。所有经过机器冲压的金属，所有人造石，所有仿造的木头和金属——我们整天都听到人们在为这些东西的问世而欢呼，所有快速、便宜和省力的处理，那些以难为荣的方法，所有这一切，都给本来已经荆棘丛生的道路增设了新的障碍。这些东西不能使我们更幸福，也不能使我们更聪明，它们既不能增加我们的鉴别能力，也不能扩大我们的娱乐范围。它们只会使我们的理解力更肤浅，心灵更冷漠，理智更脆弱。"拉斯金明晰地将手工制作的、无拘无束的、生机盎然的作品与机器生产的、无生气的精密物品对立起来：手工制作象征生命，而机器则象征死亡。

拉斯金的信徒——莫里斯的这种思乡怀旧的情绪比拉斯金更甚。莫里斯在他的《小艺术》里对手工业品的现状大声疾呼："你的手工制品若要成为艺术，你就得是位十足的手工艺高超的艺术家。这样，公众才会真正对你的作品感兴趣……在艺术分门别类时，手工艺家被艺术家抛在后头。现在他们必须迎头赶上，与艺术家并肩工作……"莫里斯试图通过其所领导的工艺美术运动提高工艺的地位，用手工制作来反对机器和工业化。这场运动的第一条原则即恢复材料的真实性，每种材料都有各自的价值：木材的本来颜色或者陶器的釉质。这种材料的真实性及其价值应该在所有的设计中得到尊重。其次是强调设计家关心社会，通过设计来改造社会。莫里斯的这种设计理想，直到今天仍然影响着人们对设计的要求和对生活的希望。

20 世纪初，现代运动的实践者们主要关注于艺术和建筑。但是，设计作为新机器时代的主要方面，依然受到人们的重视。勒·柯布西耶在一系列的论述中高度赞扬规模生产的意义和标准化的产品，在《今日的装饰艺术》中他清晰地表明："如果我们赞同拉鲁斯的定义，即艺术就是将知识运用于实现观念，那么这是对的。我们的确受命于将我们所有的知识运用于创造一个完美的工具：知识、技能、效率、经济、准确，所有知识的总和。那是一个好工具，很好的工具，绝好的工具。当今是一个生产的世界，工业的世界。我们正在寻找一个标准，我们的关注点绝不是个人的、专横的、荒唐的、偏执的，我们的兴趣是规范，我们正在创造类型的物体。""类型的物体"是柯布西耶为欢呼和迎接机器时代而创造的一个独特的术语。在同一时期，包豪斯设计学校的校长格罗佩斯所提出的设计理论有着更为深远的影响。格罗佩斯读过莫里斯的著作，并且追随穆特修斯倡导标准化，这足以表现出他作为一个综合艺术家和设计师所具有的理论基础和设计理想。他正试图以美术和工艺、建筑的融合来创造出新的造型艺术。今天人们所知包豪斯的历史只单纯地强调其设计的现代主义方式，以及对纯几何形体、原色、现代材料以及新工业生产技术的重视。事实上由于格罗佩斯本人的综合艺术知识背景，包豪斯的教学与设计理论并不是如此单纯。格罗佩斯本人就深受英国工艺美术运动理论的影响，同时又认为机器是手工艺人工具的机械发展，因此他所主持的学校既致力于现代主义，同时又总是受到表现主义艺术和理论的侵入；包豪斯既强调对自然形态的研究，又强调对传统大师作品的构图分析。这种种复杂因素构成了包豪斯所特有的教学方式，这种特有的教学方式成为后来培养设计家、解决工业设计问题的理论基础。"二战"期间，众多的设计理论家移居美国，这便开启了美国的设计理论发展时期。正是在这个时期，格迪斯发表了其著名的《地平线》，大力赞扬机器时代。

"二战"之后，设计理论与商业管理和科学方法论的新理论相结合。"二战"期间发展起来的人体工程学得到广泛采用，它科学地考虑了人的舒适性和工作的效率。20 世纪 60 年代，英国学者阿彻所著的《设计家的系统方式》和《设计程序的结构》将系统方法引进设计。阿彻试图打破传统的设计步骤，使设计过程更为简化和容易理解。20 世纪 60 年代还出现了所谓的"新通俗主义"，这是对波普设计新美学的直接回应。新通俗主义理论家包括沃尔夫和班厄姆，他们有关设计的理论论述全部采用大众文化的语言和图像，他们关注于风格的社会意义和产品的外观而不讨论设计的过程。此时，设计理论已成为折中主义的东西，其源流是罗兰·巴特著作中的法国哲学传统，以及社会学、人类学和艺术史等学科的传统。在近 20 年里，设计研究和设计理论又从其他新兴的学科中受益匪浅，尤其从对少数群体的研究中获益不少，像对妇女的研究直接导致设计学关注厨房设计和管理。20 世纪 90 年代，设计理论同设计行为一样，并没有就设计过程或设计美学提出某种单一的观点，因为这方面的研究是多元发展的，而唯一共同的目标则是将设计尽可能放在最为广阔的社会背景中去研究。

三、设计批评

在理论上讲，设计批评与设计史是不可分割的，因为设计史家的工作建立于他的批评判断之上，而设计批评家的工作基础在于设计史教育和经验。然而在实践上我们之所以能够将设计与设计批评区别开来讨论，是由于设计史家的关注点是设计的历史，设计批评家的关注点却是当代的设计作品。由于两者的研究对象不同，使得我们有充分的理由将二者在实践上分离开来。设计批评的任务便是以独立的表达媒介描述、阐释和评价具体的设计作品；设计批评是一种多层次的行为，包括历史的、再创造性的和批判性的批评。在这种情形中，设计批评追求的是价值判断，而这一点是为今天的设计史研究所回避的。

在设计批评中，历史的批评与设计史的任务大致相似，二者都是将设计作品放在某个历史的框架中进行阐释，其区别只在于按今天的学科范围的划分：距当代 20 年以前的设计作品为设计史的研究对象，而距当代 20 年里的作品则是设计批评的研究对象。所以，任何一个研究当代 20 年里的设计作品的学者，都会按学科规范被称作设计批评家而不是设计史家，这是因为作品与评价文章之间的历史距离太短，使得学者的批评比设计史家带有更强烈的流行语调。但是，再创造性的设计批评和批判性的设计批评却不同于设计史。再创造性设计批评旨在确定设计作品的独特价值，并将其特质与消费者的价值观和需要相联系。在大多数情况下，它是一种文学表现，评论文章本身便有独立的文学价值和艺术价值。因此，事实上它将一种设计作品转换成了另一种设计作品，即文字的作品。它有文字的精巧和感染力，其文学色彩完全可以独立于其所阐述的设计作品之外为人们所欣赏。批判性设计批评是将设计作品与其他人文价值判断和消费文化需要相联系对作品做出评价，并对作品的评价制定出一套标准，将这些标准运用到对其他设计作品的评价中去。它的重要性在于作品价值判断，这些标准包括形式的完美性、功能的适用性、传统的继承性以及艺术性意义。这些标准都是对设计的理想要求，在批评运用中基本上不考虑其合适与否，而是作为设计批评的理想标准。

就形式的完美性而言，“设计”这一概念本身就是在文艺复兴时期作为艺术批评的术语而发展起来的。作为艺术批评的术语，设计所指的是合理安排艺术的视觉元素以及这种合理安排的基本原则。这些视觉元素包括线条、形体、色调、色彩、肌理、光线和空间；而合理安排就是指构图或布局。如果说从文艺复兴时期至 19 世纪，艺术批评家们在使用“设计”这一批评术语时，多少还强调它与艺术家视觉经验和情感经验的联系，那么 19 世纪之后“设计”一词已完成了个人视觉经验和情感经验的积淀，进而成为一个纯形式主义的艺术批评术语而广为传播。对现代设计来说，20 世纪初的形式主义艺术批评家毫无例外地成了现代设计批评的先声。正如沃尔夫林在美术史研究上提出“无名的风格史”从而开了形式主义研究的先河，艺术批评家弗赖伊和贝尔在艺术批评中也倡导形式主义研究，他们所举的也是纯设计的旗帜。弗赖伊在《视觉与设计》一书中便提出艺术品的形式是艺术中最本质的特点，他着重于视觉艺术中“纯形式”的逻辑性、相关性与和谐性。而贝尔在 1914 年出版的《艺术》里引进的“有意味的形式”，是将形式与个人视觉经验及情感经验的联系程式化的一个最为重要的概念。贝尔用这一概念来描述艺术品的色彩、线条和形体，并暗示“有意味的形式”才是作品的内在价值。但是贝尔并没有规定出什么样的形式才是有意味的，因此给后世理论家的批评留下了伏笔。

20 世纪形式主义批评主要来自三个方面的影响：沃尔夫林对美术风格史的研究，克利夫·贝尔在艺术批评中提出的“有意味的形式”，以及美国罗斯的《纯设计理论》。罗斯的设计理论又是从森珀、里格尔和琼斯那里发展来的。罗斯将谐调、平衡和节奏作为分析作品的三大形式因素，并致力于研究自然形态转换为抽象母题的理论问题，其对抽象形式关系的思考暗合了毕加索和康定斯基的抽象艺术的出现。虽然没有足够的原始材料证明毕加索和康定斯基是因为罗斯的设计理论影响而发展出了抽象艺术，但是毕加索和康定斯基对20世纪设计的重大影响则是有目共睹的。在20世纪设计的发展过程中，形式主义批评对设计的纯形式研究起到了推波助澜的作用。至20世纪60年代，纯形式主义批评更是盛极一时，在纯美术界和设计界都占据着极为重要的地位。

对设计功能的讨论，在设计批评中有着极为悠久的传统。早在公元前1世纪，罗马的建筑师和工程师维特鲁威在《论建筑》一稿中便清楚地表明，结构设计应当由其功能所决定。在18世纪，英国经验主义者又提出“美与适用”理论，与维特鲁威的观点遥相呼应。此时，维特鲁威的理论追随者洛日耶在他的著作《论建筑》中就反复强调建筑设计的基础是结构的逻辑性，并将维特鲁威所描述的建筑类型作为古典建筑的范例，从而倡导建筑设计上的新古典主义。到1896年，芝加哥学派的建筑大师沙利文发表了他的论文集《随谈》，其中的名言“形式永远服从功能，此乃定律”随即成了20世纪功能主义的口号。稍后一些，激进的反装饰理论家卢斯发表了极有影响力的《装饰与罪恶》，全篇文章的内容后来被压缩成一句口号：装饰就是罪恶。卢斯所提倡的美学与在他之前的新古典主义传统一脉相承，并且借助传统上的理论支持，使得功能主义观点迅速传播开来，对后来的工业设计影响甚广。尤其是在第一次世界大战之后的包豪斯，功能主义几乎被滥用而成为建筑中“国际现代风格”和设计中“现代风格”的代名词。

功能主义理论在设计中具有代表性的体现主要是1953年由英奇和格蕾特姐妹合办的乌尔姆设计学校，其宗旨便是继续包豪斯设计学校的未竟事业。这个宗旨使得该校在短时间内因其在工业设计方面严谨、规正和纯粹的方式而闻名。

1955年，乌尔姆设计学校搬入由比尔设计的新大楼并正式开学，学校设有四个专业：产品设计、建筑、视觉传达和信息。作为第一任校长，马克斯·比尔本人就是包豪斯的产物，他坚信设计家个人的创造力和个性，这种观念使他与他所选定的后任马尔多纳多产生冲突。后者1956年继任校长，极力主张设计中的集体工作制度和智力研究，由此他在教学中增加了人类学、符号学和心理学课程。乌尔姆设计学校最成功之处在于通过教与学促使设计活动与战后德国工业建立起了稳固的联系，尤其是该校与布劳恩公司的成功合作。布劳恩公司聘请了马尔多纳多最为得意的门生拉姆斯作为该公司的设计师，拉姆斯给布劳恩公司的家用产品设计了极有特征的外形，尤其是风格化的收音机和剃须刀，成了战后工业设计的象征。但是功能主义理论在60年代受到波普设计的挑战，之后又面临后现代主义设计的冲击。不过，乌尔姆设计学校的影响至今仍在世界范围内，尤其是在日本设计界随处可见。

在设计批评中对传统继承性的讨论，集中表现为设计中的历史主义理论。设计中的历史主义形成于19世纪，以遵从传统为特征。在当时的氛围中，学者们出版了大量的传统设计资料书籍，借以整理和研究传统设计图样。其中最为著名的是欧文·琼斯的《装饰的基本原理》，该书给制造商和设计师提供了大量风格各异的图样，其中有伊丽莎白时代装饰风格，庞培时代、摩尔人的装饰风格和墨西哥阿兹特克人的装饰风格的图样，这些风格同时满足了装饰设计师的大量需求。在19世纪的建筑设计中，哥特式成了建筑师的灵感源泉，他们不满足于结构的模仿，而是力图重造中世纪的力量和精神。在现代运动的过程中，任何对历史主义的偏爱都引起前卫派的不满。直到战后大众文化的发展，才使得借鉴传统这一设计行为在批评界得到认可。之后，历史主义思潮融入后现代主义运动，成为90年代设计界的特征。人们也愈来愈习惯于设计界的复古怀旧情绪，以及在设计中间隔越来越短的复旧频率。如今我们正可看见设计界和批评界对60年代迷幻色彩和图案的回归。今天，历史主义在设计的多元化发展时代扮演着重要的角色，从前激进的传统虚无主义已经没有多少市场。设计批评中的历史主义思潮恰恰是在维护传统和继承传统这一大旗下，给今天多元发展的设计提供了多元的传统。

与历史主义对待传统的态度极为相似的另一种设计思潮是折中主义。折中主义所主张的是综合不同来源和时代的风格。尽管作为贬义词的折中主义用来评价设计中的某种倾向大有可商榷的余地，但是，在当初这个词被用来描述从视觉文化中选择合适的因素加以综合这一设计行为时，并没有我们所以为的贬义。19世纪，面对由学者们提供的关于西方和东方美术历史的概况，西方设计界视野大开。作为建筑师、设计师和东方主义者的欧文·琼斯向设计界呼唤，用富于智慧和想象力的折中主义态度来回应滚滚涌来的传统资源，当代的设计师们大可以在如此丰富的传统资源中汲取灵感。琼斯与德雷瑟、戈德温、塔尔伯特以及戴一道，采取折中主义的方法从伊斯兰、印度、中国和日本的传统设计样式中汲取营养。

尽管折中主义受到现代运动强硬派的指责，但是它仍然成为20世纪设计界的主题。因为折中主义设计能够提供选择的自由，这点对当代设计家有着极大的诱惑力。如古典的家具与现代主义的高科技装饰材料和平共处，便是当代室内设计中折中主义的典型例子。在设计批评中有关设计作品艺术性问题的讨论，是伴随设计逐步从美术中独立出来而展开的。现在的设计史著作里常常提到的19世纪“美学运动”，便反映了当时的人们对设计的艺术性要求。尽管按照公认的维多利亚设计史权威杰维斯的说法“‘美学运动’是刻意创造的一个术语”，但是，这一术语用来说明19世纪晚期英国社会的设计趣味却有着特殊的意义。正是由于当时的人们已经相当成熟地认识到设计与纯美术的不同之处，所以才有了对设计的特殊的艺术性要求。正如“美学运动”最为重要的人物王尔德在他的《作为批评家的艺术家》中所说：“明显地带有装饰性的艺术是可以伴随终生的艺术。在所有视觉艺术中，这也算是一种可以陶冶性情的艺术。没有意思，而且也不和具体形式相联系的色彩，可以有千百种方式打动人的心灵；线条和块面中优美的匀称给人以和谐感；图案的重复给人以安详感；奇异的设计则引起我们的遐想。在装饰材料之中蕴藏着潜在的文化因素。还有，装饰艺术有意不把自然当作美的典范，也不接受一般画家模仿自然的方法。它不仅让心灵能接受真正有想象力的作品，而且发展了人们的形式感，而这种形式感是艺术创作和艺术批评必不可少的。”王尔德的这段话，不仅反映了当时社会已经能够将“不把自然当作美的典范”的设计与“模仿自然”的艺术同等对待，而且反映出一种日渐成熟的设计批评正在兴起，因为王尔德已经很明确地指出了“不和具体形式相联系的色彩”“线条和块面的匀称与和谐感”“图案的重复与安详感”“奇异的设计与遐想”“装饰材料与潜在的文化因素”等概念。设计家也是通过19世纪末的“美学运动”而取得了与艺术家平起平坐的地位。

在有关设计的艺术性问题讨论中，“趣味”这一概念与“美”有着同等重要的位置。在19世纪的“美学运动”以及20世纪的现代运动中，有关趣味的批评常常与设计功能发生联系，尤其是现代运动的设计家对材料本身的偏爱和选择，已经表明新的设计趣味及与其有关的理论已被当时的人们奉为圭臬。随着后现代主义的兴起，趣味在更为传统的意义上再次引起讨论。尽管如此，趣味仍然是一个极易引起争论的问题。传统的美学也很少在大学课堂上讲授，这是因为有个潜在的难题，即好的趣味与坏的趣味是由社会环境所决定的，因此趣味有着极强的社会和政治因素。许多人觉得好的趣味来自富有和良好的教育，这当然并非事实。好的趣味由文化所决定，但是在20世纪60年代，这种观念又受到根本的责难。波普设计就是要表明，艺术家与设计师正是要抛弃传统的趣味标准以迎合大众美学趣味。“二战”后的一段时期里，高雅艺术与通俗艺术一直保持着相应的界限。但是到了20世纪90年代，这种界限已被跨越：当高雅的歌剧咏叹调成了1991年世界杯足球赛的主题歌时，所谓高雅、通俗之分在当代已显得毫无意义。但是，长时间被有意回避的“趣味”在20世纪90年代再次成了热门话题。

第二节　现当代设计的多重特征

从最为广泛的意义上说，人类所有生物性和社会性的原创活动都可以被称为设计。但是我们所要讨论的是以成品为目的，具有功能性、艺术性、相应的科学技术含量和确定的经济意义的设计，是有明确限定的狭义设计。按照当代学术研究的观点，试图对某一学科观念下一个一成不变的定义，是既危险也无必要的。因此我们不再就“设计是什么”或“设计不是什么”做一个一劳永逸的判断，以免陷入无休止的语言争议之中，因为与相应的语境相适应的概念，不能接受超时空的定义。事实上，学科的确立和发展都基于一种“默认的前提”。我们可以对“设计是什么”争论不休，但是在面对实在的设计作品的时候，人们的态度会趋于同一，即起码会将它作为设计来看待，这正是所谓“默认的前提”。基于这种“默认的前提”对话，双方才能在相同的语境下展开实质性的讨论。从这点出发，我们更愿意讨论设计的几种特性，从设计与艺术、科技、经济的关系上，建立界定狭义设计的基本框架。

一、设计的艺术特征与表现手法

（一）设计的艺术特征

设计的艺术性质在康德以及更早的英国经验主义哲学中可以找到理论基础。康德认为美有两种，即“自由美”和“依存美”，后者含有对象的合乎目的性。对康德而言，合乎目的是一个更有优先权的美学原则，它与功能相近。康德认为，只有当对象吻合它的目的，它才可能成为完美的。康德讨论了绘画，并谈及装饰艺术、家具设计及室内装潢，认为这类的美以合乎目的为要旨。美视对象的目的而定，而目的既可能是显性的也可能是隐性的。我们知道，设计是一种特殊的艺术，设计的创造过程是遵循实用化求美法则的艺术创造过程。这种实用化的求美不是“化妆”，而是以专用的设计语言进行创造。在西方，工业设计常被称为工业艺术，广告设计被称为广告艺术。设计被视为艺术活动，是艺术生产的一个方面，设计对美的不断追求决定了设计中必然的艺术含量。一幅草图或模型，本身就可能具备独立的审美价值。作为有艺术含量的创造活动，设计中常常发生这样的现象：一个设计不是直接地进入生产，而是巧妙地引发了另一个新的设计。

不可否认，很多工业设计品的形式表现出与现代雕塑和绘画的密切联系。包豪斯时期，结构主义的抽象形式设计与新造型主义绘画和雕塑就存在着惊人的共同之处。艺术对设计有着相当的影响，反之亦然。如果我们接受这一事实，艺术与设计的截然区别便不复存在了。我们会承认现代建筑是艺术的一种形式，于是我们也应当承认工业制成品也是艺术，至少部分是艺术。在近代，现代设计与现代艺术之间的距离日趋缩小，新的艺术形式的出现极易诱发新的设计观念，而新的设计观念也极易成为新的艺术形式产生的契机（图 1–2，图 1–3，图 1–4）。

图 1–2　日本“斡特”工作室为夏普公司设计的电视机，屏幕如同挂在墙上的电子画

图 1-3　伊万 · 谢梅耶夫为剧院上演易卜生的《海达 · 加布勒》所设计的海报

图 1-4　雷特维德 1918 年设计的红 - 蓝扶手椅

从古到今，设计的艺术追求都在设计品中体现出来。中国的仰韶、马家窑、屈家岭、大汶口出土的彩陶品种丰富，各种造型都能表现出各自的功能，又具有极为动人的美感。在这个基础上，先祖们运用黑、红颜料在陶坯表面画上动植物或几何形的纹样，其艺术魅力使无数近现代艺术家为之倾倒。可以说，它们是原始艺术与原始设计的完美结合，是原始设计追求艺术的成功典范。

随着历史发展与社会进步，创造纯精神产品的艺术逐渐从物质生产中分离出来。社会出现了以艺术为职业的音乐家、舞蹈家、画家，出现了以艺术为专长的文学家、诗人、书法家，这种现象极大地推动了艺术进步。但是，物质生产中设计对艺术的追求，以及设计与艺术的结合，并没有因此而停止，反而在更深、更广、更高的层面上发展起来。

例如皇宫的建筑设计属于物质生产，同时又有很高的艺术要求。皇家要求建筑设计师运用空间组合、立体造型、比例、色彩、材质、装饰等建筑语言与视觉符号，构成独特的艺术形象，表达帝王至高无上的权力、君临天下的气势、震慑臣民的威严、包罗万物的财富，使之成为皇权的象征。再看船舶的设计，皇船、官船、游船与货船、渔舟所追求的艺术形象与精神力量绝不会相同：货船实用，民船简朴，商船丰俗，游船浪漫，官船显赫，皇船雄大、威严、豪华。它们设计的差别造成彼此间精神氛围的差距异常鲜明。

从漫长的原始社会，一直沿革到现代化的今天，人类社会发生了翻天覆地的变化。但是，作为物质生产第一步的设计，从来没有停止过对艺术的追求。人类自古迄今的设计品如恒河之沙，从远古的兵器、礼器、乐器、食具、车马船轿，到现代的家具、工具、玩具、电器、服装以及火车、飞机等，无不在功能设计的基础上尽可能追求完美的艺术形式，从而形成了人类今天的物质文明。

是什么力量在推动设计对艺术的执着追求呢？是社会的政治、经济、军事、科学技术共同的力量，是艺术和设计自身的力量，归根到底是人的需求。人在解决生存温饱问题之后，追求发展和进一步的满足，包括物质享受与精神世界的满足。生活应当美好，性格需要表现，成就需要被认可，地位期盼彰显，权力企望膨胀。这一推动历史发展和社会进步的力量，也就是促使艺术与物质生产分离，走上了纯艺术的道路的力量。这一力量同时促使古往今来的物质技术产品具有艺术的内涵。当设计解决了物质技术产品的技术课题与使用功能后，艺术便成为它永无止境的追求。

在今天，设计不仅以科学技术为创作手段，如电脑辅助设计，还以科学技术为实施基础，如材料加工、成型技术、能源技术、信息技术、传播技术等。然而这并没有损害设计的艺术特性，反而使得现代设计具有了科技含量很高的现代艺术特性，如全新的材料美、精密的技术美、极限的体量美、新奇的造型美、科幻的意趣美等。这就为艺术拓展了广阔的新天地，为生活增加了很多新情趣（图 1–5，图 1–6）。

图 1–5　格里萨姆和塔勒 1986 年共同设计的 CD 摄影 – 摄像机

图 1–6　太阳能时钟

（二）设计的表现手法

设计的表现手法主要有：借用、解构、装饰、参照和创造。

1. 借用

在设计中借用某句诗、某段音乐或者某个镜头、某一雕塑或其他艺术作品，或者借用艺术创作的思想与风格、技巧等，是设计的一种手法。这种手法使设计直接借用艺术的力量吸引、娱乐观众，达到感动观众、传播信息的效果，从而达到广告的目的，这是广告设计经常使用的手法。在设计中借用艺术作品营造特定的文化艺术空间，宣扬特定的精神主题，形成感人的人文氛围，这是环境设计的经常做法。只要借得巧妙，用得灵活，就能大大地提高设计的艺术品质，从而提高整个设计的品位与水平（图 1–7）。

图 1–7　蒙狄尼借用布鲁尔 1925 年的钢管椅设计出典型的后现代扶手椅

2. 解构

以古今纯艺术或设计艺术为对象，根据设计的需要，进行符号意义的分解，分解成语词、纹样、标识、单形、乐句之类，使之进入符号储备，有待设计重构。设计中有了这些艺术的或信息的符号，就有可能获得艺术的或信息的认同，进一步获得个性的和风格的力量，这是建筑、室内、家具、标志、包装、广告等设计的普遍做法。符号意义就是约定俗成的信息载体的意义。艺术符号意义就是普遍认同的艺术作品、艺术类型及艺术思想或艺术风格的表述与象征意义。只要解得典型，构得和谐自然，就能鲜明显现出设计的文脉与创造价值，既合乎科学与艺术的发展规律，又合乎观众的接受心理与接受能力。解构是对设计极为有用的手法（图 1–8）。

图 1–8　1982 年，兰德以解构手法为 IBM（Eye-Bee-M）设计的海报

3. 装饰

在解决设计的艺术品质问题时，装饰是最传统又最常用的方法。彩陶和青铜器采用了装饰，建筑、服装、家具也采用了装饰，时至今日，科技最先进的电子产品外壳上也用了女性特征的纹样或童趣的形象作装饰。由此看来，装饰并不等于“罪恶”，也不等于错误，关键在于使用是否恰如其分。好的装饰可以掩去设计的冷漠感，增添制品的情感因素，增强设计的艺术感染力；好的装饰是设计不可分割的部分，只有多余的装饰才是可以随意增减的附件（图 1-9）。

图 1-9　格里夫斯 1984 年设计的茶壶，壶嘴缀有一只小鸟，每年销量为 100000 件

4. 参照

设计属于创造。在解决设计的艺术品质问题时，无论是借用，还是解构、装饰，都不能简单地模仿，而要表现出适度的创新。参照不失为一个简便又有效的方法。参照的对象是前人和当代的艺术成果或设计成果。参照的核心是形式借鉴、规律借用，由此及彼，举一反三。参照的关键是根据设计课题，寻求成功的范例，反复参详考察，找出规律和可变的环节，在基本规律或基本形式不变的前提下，使设计呈现新的艺术面貌。

5. 创造

在设计遇到开创性课题时，选用的材料、设备、技术、构造、外形等，都有可能是最新的科学技术成果。设计要实现的艺术和符号功能，也可能没有先例可寻，这时，设计只能依靠创造方法，在解决物质、技术、经济等功能的同时，赋予设计对象以合适的艺术形式。包括特定的平面或立体空间形象，恰当的造型、色彩、材质与肌理的美感，精心处理的同一、参差、主次、层次以及平衡、对比、比例、节奏、韵律等审美关系，从而确保设计作品在科学技术的先进性、实用功能的可行性、艺术欣赏的完美性、经济价值的现实性上，达到和谐一致的境界。创造是设计艺术最根本的方法，是借用、解构、装饰、参照等方法的基础（图 1-10）。

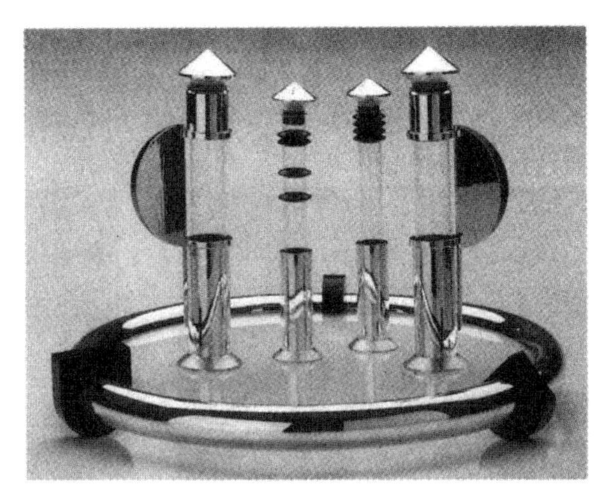

图 1–10　马里曼 · 维瓦迪 1985 年设计的油瓶与醋瓶

二、设计的科技特征

（一）设计与科技进步

设计总是受到生产技术发展的影响。第一种销售量超过百万件的产品是托内特椅子（图 1–11），这种弯圆形体的产品作为著名的小酒店椅子产生于 19 世纪中叶，是摩提维亚地区考雷兹科工厂的托内特发明了弯木与塑木新工艺而引起的直接后果。

图 1–11　1859 年生产的 No.14 型托内特椅子，截至 1930 年已售出 5000 万件

技术包括生产用的工具、机器及其发展阶段的知识，它是生产力的一种主要构成要素。设计是设计人员依靠对其有用的、现实的材料和工具，在意识与想象的深刻作用下，受惠于当时的技术文明而进行的创造。技术形成了包围设计者的环境，无论哪个时代的设计和艺术，都根植于当时的社会生活，而由于环境状况的种种改变，也改变了设计者进行工作所使用的材料。随着技法、材料、工具等的变化，技术对设计创造产生着直接影响。

设计是在工业革命后开花结果的，这使我们不可避免地思考设计与科学技术之间深刻的关系。1785 年，吉米·瓦特改良蒸汽机，彻底改变了人类技术世界。以此为分水岭，社会生产力空前提高，科学技术的研究也呈现出新面貌。我们知道，能源和动力一直是生产力发展的主要支点。18 世纪前，人类一直依靠自然动力，如风力、水力、畜力等，而自从发明蒸汽机以后，一种崭新的动力——机器出现了。蒸汽机被应用于火车机头、轮船，并被广泛应用于纺织业、机械制造、采矿、冶炼等领域，使得生产技术和社会结构发生了深刻的变化。而随着机器时代的到来，设计也发生了戏剧性的变革。首先是设计与制造的分工。在此之前，设计者一直作为手工作坊主或工匠进行创作，集设计者、制造者甚至销售者于一身，而手工生产活动也常常以行会的形式组织起来。18 世纪，建筑师首先从“建筑公会”中分离出来，使建筑设计成为高水平的智力活动。随着劳动分工的迅速发展，设计也从制造业中分离出来，成为独立的设计专业。正如亚当·斯密所说，由于市场的扩大和技术革新，劳动分工使制造业更加有利可图，因此分工成为批量生产的基本特征，并随着工厂体制的发展而巩固下来。设计师可以向许多制造商兜售自己的图纸，而担任制造角色的广大体力劳动者——工人，则变成了设计师实现设计意图的工具。机器生产同时导致了标准化和一体化产品的出现。此外，新的能源和动力带来新材料的运用。各种优质钢材和轻金属被应用于设计领域，建筑业也采用标准预制单元构件。例如，1851 年“水晶宫”博览会展厅和 1889 年埃菲尔铁塔的设计，均表明铁已由传统的辅助材料变成了造型主角。钢筋混凝土的发明使高层建筑成为可能，工厂林立的人城市的涌现表明设计已进入了钢筋混凝土的时代。

以科学技术为基础的工业革命导致了 20 世纪初各种设计思潮的产生，同时为设计的发展打开了广阔前景。事实总是这样，科学技术一进步，就创造出与其相应的日常生活的各种机器和工具，接着这些工具和机器又不断改变着人们的生活方式。都市形态也是一样，随着交通工具的发达、建筑技术的进步，人们不得不在过去想都未想过的新城市形态中生活了。例如西门子电梯的发明，立刻带来了摩天大楼的设计；福特生产线的发明令汽车变成了大众消费品，从而使中产阶层分散到了城市郊外，进而改变了城市环境的规划与布局。福特生产线对设计的影响还不止于此，由于大批量生产依靠庞大的均匀的市场，消费者必须愿意购买标准化产品，这就要求生产厂家对市场拥有控制力。伴随流水线和福特主义在食品、家电、家具、服装等各行业的推广，广告设计从 20 世纪 20 年代起发展起来，而 CI 设计也有了特别的重要意义。

一种新材料的诞生往往给设计带来重大影响，例如轧钢、轻金属、镀铬、塑料、胶合板、层积木，等等。毫无疑义，塑料是对 20 世纪的设计影响最大的材料。最早的塑料是赛璐珞，作为一些昂贵材料如牛角、象牙、玉石的代用品而应用于商业。21 世纪初，美国人发明了酚醛塑料，并用易变的高分子树脂状物质制造出阻燃的醋酸纤维、可以自由着色的尿素树脂等，拉开了塑料工业的序幕。这种复合型的人工材料易于成型和脱模，且成本低廉，因此很快在设计中应用开来，由电器零件到收音机外壳等。塑料在 20 世纪 30 年代已建立起了它的工业地位，并且被工业设计师们赋予了社会意义，成为“民主的材料”。纳吉以之为造型中介，配以光，由于由光到色和由色到光的手法在这种透明均质的彩色可塑性媒介物中独具魅力，因此纳吉在他的舞台设计和电影设计中采用了这种光的表现手法，显示了塑料美学上的潜力。“二战”末期，聚乙烯、聚氯乙烯、聚氯丙烯、有机玻璃等塑料都被开发出来，塑料赢得了“战争的神奇材料”之名。它们大受工业设计师的青睐，被应用于各种产品上，如电话机、电吹风、家具、办公用品、机器零件以及各种包装容器。新型塑料多样化的鲜明色彩和成型工艺上的灵活性，使许多产品设计呈现出新颖的形式，与先前标准化的金属表面处理和工业化形成强烈对比，因而更适宜设计的个性发挥和产品符号的灵活运用。因此，塑料成为战后的热门设计材料，而 60 年代亦被称为“塑料的时代”。我们可以看到，新材料的出现总是鼓励着设计师进行新的形式探索。

与再现过程有关的机器的相继诞生使视觉传达的领域不断扩大。历史上最早看到的是印刷术。书籍的大量印刷，使发展教育和科学所需的知识普及成为可能，从而奠定了近代文明的基础。1839 年，盖达尔发明了摄影。照相印刷使视觉表现迅速扩大，翻开了现代传达史的第一页（图 1-12）。1930 年照相的铜版技术发明，使摄影从此在广告设计中占住了确定位置，并成为今天照相设计的基础。1895 年，卢米埃兄弟的伟大发明——电影，是在摄影的基础上产生的。电影的出现又催生了另一种传达媒体——广播和电影合为一体的电视。20 世纪二三十年代，由于收音机、电视机等多种新媒体的使用，加之大量的信息需求，广告产业迅速发展。伴随着传达技术的不断创新，视听觉中如投影、电子音乐和幻灯的组合，照明板形成的映像，音响的视觉化，用激光进行的传达等，令视觉设计的表现手法极大丰富，同时大大地扩大和深化了视觉传达领域。

图 1-12　1851 年阿切尔制成第一架用玻璃感光板作负片的照相机（图左方）

新兴的信息技术引起设计生产及设计模式划时代的变革。如果说现代主义设计运动是对工业革命的反响，那么后现代主义设计便是对信息技术的反响。信息技术以微电子技术为基础，而微电子技术最先得益于20世纪40年代末晶体管的发明——它使电子装置的小型化成为可能，从而为后来的自动化小批量生产以及信息处理中起关键作用的计算机开辟了道路。小批量生产为设计走向多样化提供了可能。它是以可变生产系统为前提的，这就需要可编程控制器的支持，如数控切换生产线等。计算机也被纳入了生产系统（CAM）。由于小批量多样化的实现，产品的形式得到解放，设计师可以按照市场的不同需求来进行创作。后工业时代的设计把消费生活的类别、风格输入生产过程中，其技术要求更加智能化，更加灵活，以适应不同消费者的文化背景，逐步顾及生产产品的社会条件。在各种形式的设计制作中，计算机的帮助更显而易见。计算机辅助设计（CAD）于50年代由麻省理工学院的科学家发明，当时只能用于投资成本极高的设计，如航空航天设计、工业自动化等。然而80年代随着计算机的普及，CAD软件已成为广大设计师经常使用的工具。它强大的数据库可以迅速获得最新的设计参数、图纸和工艺文件。计算机使平面设计师可以自由地“借用”无数的图像资料，并且可以兼编辑与设计师于一身；它使建筑设计师和环境设计师更直观地工作，免于制作费时费力的模型，大大提高了创作的自由度；计算机使产品设计师更有效地解决人机问题，更可能顾及心理和感觉因素，设计出富有人情味和人性的产品。它甚至改变了产品的开发及销售模式。软件技术不仅改变了设计的过程，而且改变了设计的概念。传统的设计概念是以设计与生产的分离为前提的——在计算机的帮助下，设计师可以直接了解他的设计品效果究竟如何，因此设计获得了传统手工艺生产的某些特质，即强调产品的使用——操作上的便利、功能上的灵活性以及使用者特殊要求的适应性。对于各种计算机辅助设计而言，最重要的是使用者对它的感受。消费者的体验和理解成为真正的、有意义的行为，设计师着重于消费者的感觉系统而非产品的物质系统。基于这种系统，软件设计者力求提供一个人人都能介入的系统。也就是说，设计的最终目标和终端成果，并不是某种具体设计品，而是一种效果，即由设计者和设计涉及的对象（人、自然）参与的活动形成的氛围。由于计算机技术的高度发达，传统的设计观念已从有形的物质领域扩展到了无法触摸的程序领域。

（二）设计与科学理论

设计创造直接与人类对自然秩序和社会秩序的观察联系在一起。设计的进步依赖于人类已掌握的科学原理，如设计对形态、结构的认识，就借助了数学、物理的观察成果。我们以膜面结构为例，科学家观察到，若在肥皂液中放入闭合的金属线，那么，在闭合的金属线间就会出现肥皂膜，这个膜常被用来说明表面张力。它是一种最小曲面（即以悬链——重力下垂时链条出现的曲线为母线的曲面），因为膜面的重力可以轻到不用考虑它的存在，仅靠膜的自由能量就能形成圆。将自由弯曲的金属线形成的闭合曲线，同样地放入肥皂液中然后取出，那么肥皂膜就会产生漂亮的最小曲面。这个曲面从中心到边缘力量均一，它被称为膜面结构。从自然界中可以观察到，竹节附近的负曲面也近于最小曲面的形状。如果在这种膜面上加力，那么整个膜面会作为承受这一外力的结构，由此形成很强很结实的膜面构造。这就是设计上常用的膜面结构原理的来由，运用这一原理可以设计出既薄而又牢固的构造物。设计发展的历史证明，物理学、数学、植物学、矿物学等学科的发达，对扩大设计的表现领域和扩大新的材料的使用范围都起着作用。

对设计的研究也与科学理论的发展休戚相关。我们知道，设计学是自然科学和社会科学结合的成果。设计学的研究方法是科学的研究方法，它包括作为认识论的设计哲学，作为价值论的设计社会学，作为技术论的设计工程学，以及心理学、设计史学、设计教育学等。围绕设计周边的诸学科，如艺术心理学、艺术社会学、艺术哲学、城市社会学、社会心理学、情报工程学、系统工程学、结构学、材料学等，虽然同设计实践不直接发生关系，但作为设计造型的前提，同样是使设计不脱离人并得以不断进行的必要条件。由于设计构成我们生活环境的第二自然，因此设计需要进行有机的研究。设计研究涉及众多的学科领域，设计的发展和设计学的建立都是以一系列现代科学理论的整合为基础的。

“二战”前后，出现了一些崭新的技术和有关理论。其中相当一部分对设计产生了重大影响，那就是电子计算机，以及控制论、信息论、运筹学、系统工程、创造性活动理论、现代决策理论等。随着这些理论的发展与传播，传统学科间的专业壁垒被打破了，设计不再局限于比较窄的专业范围内——从文艺复兴至20世纪中期前，设计还常常限于用较为单一的学科知识解决专业范围内的某几个设计问题。新兴的科学理论使设计取得了方法上的突破，设计师、工程师和设计理论家们不仅从相邻的学科，甚至从相远的学科领域入手去研究和探索设计问题，从而使现代设计科学得以形成。设计科学是设计哲学和设计方法学的总和，这一概念是1969年由赫伯特·西蒙正式提出的。设计科学的产生表明设计除了对科学技术成果的具体应用外，在方法论上也有了进步，建立起了完整的科学体系。显然，科技的发展在为设计提供新的工具、技法、材料的同时，还带来了学科的综合、交叉以及各种科学方法论的发展，同时也引起了设计思维的变革，从而引发了新的设计观念与设计方法学的研究。现代设计以讲求多元化、动态化、优化及计算机化为特点，故必须依靠现代科学方法论，解决愈来愈复杂的设计课题。设计科学涉及众多的学术领域，影响设计科学的控制论、系统论、信息论等新兴学科也是多边缘学科，亦称横断学科。现代科学的发展趋势是综合整体化，各种科学理论互相联系、渗透，逐步推广、运用到其他学科，因此设计无论从实践上、理论上还是教育体系上都大受裨益。下面列举几种新兴理论对设计方法的影响，以说明科学理论对设计发展的推动作用。

1. 控制论

控制论重点研究动态的信息与控制、反馈过程，使系统在稳定的前提下正常工作。研究信息传递和变换规律的信息论是控制论的基础。现代认识论将任何系统、过程和运动都看成一个复杂的控制系统，因而控制论方法是具有普遍意义的方法论。控制概念中最本质的属性在于它必须有目的，没有目的，就无所谓控制。设计根据目标控制，负反馈作用，发展出一些常用的设计方法，如柔性设计法、动态分析法、动态优化法、动态系统辨识法（以白箱—灰箱—黑箱方法为基础）等。

2. 信息论

信息论方法是现代设计的前提，具有高度综合性。信息论最早产生于通讯领域，申农是其奠基人，他引入了“熵”的概念作为信息的度量。信息论的发展已远远超越了原先应用于电信通信技术的狭义范围，而延伸到了经济学、管理学、语言学、人类学、物理学、化学等领域，当然也包括设计在内的一切与信息有关的领域。信息论主要研究信息的获取、变换、传输、处理等问题。由于整个设计过程都贯穿着信息的收集、整理、变换、传输、贮存、处理、反馈等基本活动要素，因此，一方面，信息处理观点被用来解释设计思考过程；另一方面，信息处理技术又被广泛用作设计工具。设计中常用的方法有预测技术法、信号分析法、信息合成法等。

3. 系统论

所谓“系统”，即指具有特定功能的、互相有机联系又相互制约的一种有序性整体。系统论方法是以系统整体分析及系统观点来解决各种领域具体问题的科学方法。系统论方法从整体上看，分为系统分析（管理）、系统设计、系统实施（决策）三个步骤。设计系统原理是设计思维和问题求解活动的根本原理。具体设计方法包括系统分析法、逻辑分析法、模式识别法、系统辨识法等。为适应学科发展，系统论方法已形成许多独立分支，如环境系统工程、管理系统工程等，工业设计也是系统论方法的重要分支。工业设计已不再仅仅是形态、色彩、表面加工、装饰等处理，也不仅是科学与艺术的结合。人类认识论的发展，已将人机关系发展为“人—机—环境—社会”的大系统，并由此创造出人类新的生存方式和生活方式。

影响现代设计的科学理论还有很多，因而也就发展出众多的现代设计方法，如优化论方法、寿命论方法、模糊论方法、对应论方法、突变论方法等，林林总总，不胜枚举，它们都建立在现代科学理论综合、交叉的基础上。可以说，现代设计无时不与现代知识体系紧密相连，科学理论推进着设计，而设计科学同时也是科学理论的一个组成部分。

（三）设计是科学技术商品化的载体

科学技术是一种资源，但是，人类要享用这种巨大的资源，还需要某种载体，这种载体就是设计。新的科学技术、现代化的管理、巨额的资本投入，都需要经过这一媒介才能转化为社会财富。设计不仅是科学技术得以物化的载体，尤其是科学技术商品化的载体。因为物质形态的科学技术也只有在被社会接纳、被社会消费的情况下，才能转化成巨大的社会财富。科学技术是通过设计向社会广大消费者进行自我表达的，设计使新技术的“可能”转变为现实。科技资源需要通过设计加以综合的利用，变成优质的新商品，被市场大量吸收，才完成了科技的社会财富化，发挥了科学技术的作用。

以电能为例，1831 年法拉第发现电磁感应现象。但仅仅是电磁感应定律并不能被社会消费，于是法拉第很快发明了第一台发电机。电能的生产是一个巨大的科学技术成果，但是要将它利用，完成它的社会财富化，还需要进一步的设计。因此后来又有了电灯的发明，电报、电话的发明和广泛应用，以及不计其数的电气产品，包括家用电器、电动生产工具、电动交通工具等以电为能源的一切产品。人类电气文明的形成，正是设计运载科学技术划下的轨迹。

设计与技术的关系是开发和适用的关系。所有类型的设计都含有技术的成分，而所有的科学技术都是通过设计转化成商品的。设计是把当代的技术文明用于日常生活和生产中去。事实上，从口红到机车，从电影到飞机、坦克，如果没有设计者的参与都不可能实现；印刷术无论怎样发达，最小的字形也必须经过设计；即便是使用电子计算机，输入的数据也是经过设计的。设计师是使科学技术转化为现实实体的中介。不过，设计的技术并不是原有的技术形态，而是在给予的技术的基础上开发设计上的技法，依靠设计师的创造性直觉，在新的技术中发现新的表现可能。没有技术无以为设计，而科学技术如果没有设计参与也找不到同社会生活的结合点，从而不能转化成社会物质财富与精神财富。

美国在一份关于国家科学技术政策的政府文件中，将设计列入了“美国国家关键技术”。文件中共列入22项国家级的关键技术，其中17项指出产品设计与制造工艺的重要性。文件还指出：“美国在未来的竞争中取胜的关键，在于根本改变美国工业在市场上的竞争方式……国家的关键技术特别要创造新产品及其生产工艺。这需要一种制造工艺与产品设计、性能、质量和成本一体化的方法。”设计被列入国家关键技术行列，足见设计是现代科技必不可少的一环。也就是说，设计不仅是科学技术的载体，它本身还是技术的一个部分。而美国的科学技术政策之所以高度强调设计，目的在于增强自身在国际市场上的竞争力，即通过设计是科学技术商品化的载体这一特质，将科技潜力转化为国家实力。

德国最早意识到设计的这一性质并有效加以利用。第一次世界大战后，德国的工业水平远远落后于美国，德国政府和教育家充分意识到：德国的原材料远远不及美、英两国富足，特别是赶不上美国的科学技术、管理水平及经济实力，因此，德国只有依靠专业的生产力量，创造出先进的、高质量的产品，满足国内消费和出口的需要，才能赢得竞争地位，要达到这一点，就必须大量地培养优秀的设计师。第一次世界大战刚刚结束，威玛的政府要员立即讨论并通过了格罗佩斯关于创建包豪斯学院的建议。由于德国及时、紧紧地抓住了设计，把有限的经济、科学技术和管理力量充分转化为商品，因此，20年代以后德国产品在国际上独领风骚，远远超过美国，有力地推动了德国经济的发展，其综合国力迅速超过英、法而成为欧洲的第一强国。

日本在第二次世界大战之后也认识到设计的这一作用。日本一贯重视应用技术超过理论科学。他们在世界范围内搜罗、购买、吸收先进技术，并作进一步开发，同时将各种先进技术综合运用到产品设计中去。几乎所有高知名度的日本公司都有本企业的设计机构，其机构庞大，人员充足，经费投入也很充分，当然，任务和效率要求也很高。结果很清楚：60年代日本出品的录音机、电冰箱、洗衣机，70年代出品的小汽车、彩色电视机、空调机等，以其新颖、精良、美观、经济的特点，潮水般涌进国际市场。设计为创造日本的经济神话，发挥了中流砥柱的作用（图1–13）。

图 1-13　索尼公司 1978 年设计的随身听，引入了晶体管、收音机和便携式电视机的技术

中国是科学技术发明的强国，但却是应用推广的弱国，因为百分之九十以上的研究成果都得不到应用，其原因有三：一是缺乏应用机制；二是研究的成果脱离实际，不够成熟；三是无视或不重视设计，特别是不重视将技术成果市场化、社会化的设计。这种情况肯定不会长期继续下去。随着设计意识的兴起，中国的科学技术也会插上设计的翅膀，实现中国经济的腾飞。

三、设计的经济性质

（一）设计作为经济发展的战略

英国前首相撒切尔夫人在分析英国经济状况和发展战略时指出，英国经济的振兴必须依靠设计。1982 年，首相府直接举办了由企业家、高级管理人员、工业设计人员参加的“产品设计和市场成功”研讨班。撒切尔夫人曾多次邀请全国企业界和工业设计界的代表人物座谈，探讨英国经济复兴和工业设计现代化的战略。她这样断言：“设计是英国工业前途的根本。如果忘记优秀设计的重要性，英国工业将永远不具备竞争力，永远占领不了市场。然而，只有在最高管理部门具有了这种信念之后，设计才能起到它的作用。英国政府必须全力支持工业设计。”撒切尔夫人甚至强调：“工业设计对于英国来说，在一定程度上甚至比首相的工作更为重要。”英国的经济战略是相当明确的，它的设计业在 20 世纪 80 年代初期和中期迅猛发展，为英国工业注入了大量活力。英国设计以其高度的逻辑性、对消费者愿望的理解和销售系统之间的结合为英国赢得了市场。80 年代英国设计界涌现了许多百万富翁，如康兰、彼得斯、费奇以及“五角星”集团等。不少优秀的设计家同时又是企业家。康兰于 1956 年创立康兰设计集团，后来又指导零售联号，并成立了“产地（habitat）”联号店以推广其设计业务。80 年代，康兰控制了英国城市主要街区的最佳地段。在英国，设计业赢得了“让总裁听话”的地位，它不仅推动了工业发展，并且拯救了英国商业，设计使政府和企业快速地获得利润（包括巨额的不断增长的设计咨询费）。80 年代，英国仅在陈列环境设计和零售店方面就获得了大批设计业务，为商家和设计集团自身带来了大量利润。

"二战"以后，日本经济百废待兴。日本政府于20世纪50年代引入现代工业设计，将设计作为日本的基本国策和国民经济发展战略，从而实现了70年代日本经济的腾飞，使日本一跃而成为与美国和欧共体比肩的经济大国。国际经济界的分析认为："日本经济 = 设计力。"

设计作为经济的载体，作为意识形态的载体，已成为一个国家、机构或企业发展自己的有力手段。20世纪80年代，设计已为许多国家政府所关注。全球化的市场竞争愈演愈烈，为适应世界经济新的动力带来的国际竞争，许多国家和地区都纷纷增大了对设计的投入，将设计放在国民经济战略的显要位置。"亚洲四小龙"——中国香港、中国台湾、韩国、新加坡的经济起飞，正是依靠对设计的巨大投入以及对日本经验的借鉴。20世纪80年代，这些地区和国家都成立了现代工业设计指导委员会或研究中心，全面推行和实施现代工业设计，并且从劳动力密集型转向高科技开发型。中国香港地区在20世纪70年代设立香港综合性工艺学院，投下巨资培养专门的设计人才，并成立香港设计革新公司，为企业界改进设计。中国台湾大力从日本引入现代工业设计，台湾当时的行政院院长曾亲自听取日本工业设计专家的演讲。当局还投入1.2亿美元作为资助和奖励的专款，鼓励现代工业设计上取得重大业绩的设计师与企业。新加坡政府开办了设计培训中心和设计展览中心，大力资助设计的推广开发。韩国设计的发展也极迅速，为韩国商品在国际市场上赢得了竞争地位。国际经济专家总结"亚洲四小龙"的成功经验时，将设计归为最重要的决定因素之一。20世纪80年代产生了许多设计巨头。由设计顾问公司发展成大型的国际股份有限公司，截至1990年已有四百多家；公司从业人员不仅包括产品设计师、平面设计师、室内设计师等，还包括市场分析专家、产品经理以及公共关系专家。设计在经济运行中起着深刻的整合作用。

20世纪90年代的市场竞争明显取决于设计竞争，因此无论是国家还是企业，纷纷都把设计作为跨世纪的经济发展战略。世界上规模最大、效益最佳的国际集团公司都提出"设计治厂"的口号，将设计视为提高经济效益和企业形象的根本战略和有效途径。计算机的广泛运用又极大地方便了设计比重的提高。90年代的市场竞争主要是文化的竞争，而文化竞争又取决于设计的竞争。当代企业是现代社会商品生产和经营的经济实体，以生产及营销适合于社会需要的高效益优质名牌为中心，逐步形成和不断完善员工素质开发、经营战略开发、企业形象开发、售后服务开发、潜在市场开发领先的集约经营的组织体制、运行机制和发展格局。而设计不仅物化了一个企业文化的基本精神，而且具体地规范了企业文化的运行模式，将企业职工与市场和社会内在地、有机地结合起来。

一个公司只有设计取得领先才能够赢得市场。市场研究的目的就是把握设计与消费的结合点。企业只有在了解消费者和市场动向的前提下，才能正确制定广告政策、销售政策，确定市场需求。正如撒切尔夫人所说："优秀的设计是企业成功的标志……它就是保障，它就是价值。"日本企业更直接地提出"设计治厂"的新企业发展战略，日本政府也制定了"设计立国"的新经济发展战略，以及"创造市场，引导消费""更新及销售生活模式"等发展目标。欧美的跨国公司也从设计入手调整其产品结构、营销方式以及组织机构。据美国1990年的统计，如果在工业设计上投入1美元，则其产出就会增加2500美元，可见设计的经济回报率之高。又据日本的日立公司统计，他们每年工业设计创造的产值占全公司总产值的51%，而技术改造所新增加的产值只占总产值的12%。美国国际商用机器公司（IBM）的产品售出价历来高出同类产品市场价格的25%，却保持了极大的市场份额及客户的忠诚，其原因在于公司向用户提供了以设计更新和开发为中心的高文化服务。IBM公司不仅通过IBM产品使用方式的设计更新和开发带动了使用性能的设计更新，而且以此带动了整个公司的生产、销售和服务。由于公司在设计服务上的极大投入，IBM公司获得了不断超越同行竞争者的技术优势和经济效益；由于设计直接促进了当前及计划中各种计算机的销售，反而减少了不断更新和开发计算机设备和技术的研究经费。就这样，IBM公司通过高品位的设计服务开发带动高科技的潜在市场开发，创造出可观的和超额的综合经济效益。

广东的产品如家用电器、电子产品、服装食品等之所以占领中国内地市场很大一部分，其中一个重要原因就是广东企业的设计意识优于内地。广东最先引入国外先进设计并进行设计开发，20世纪80年代已有不少企业将设计作为竞争性的战略手段。因此，虽然广东的工业基础本来比较薄弱，但广东的经济却赢得了后来居上的位置。

（二）设计作为价值方法

设计是创造商品高附加价值的方法。从消费层次来看，人的消费需求大体分为三个层次：第一个层次主要解决衣食等基本问题，满足人的生存需求；第二个层次是追求共性，即流行、模仿，满足安全和社会需要。这两个层次的消费主要是大批量生产的生活必需品和实用商品，以"物"的满足和低附加价值商品为主。第三个层次是追求个性，要求小批量多品种，以满足不同消费者的需求。前两个层次解决的是"人有我有"的问题，而第三个层次则满足"人无我有、人有我优"的愿望，这种"知"的满足，必然要求高附加价值的商品。20世纪80年代以来，许多国家都跨入了设计时代，设计时代的到来，意味着世界经济正由"物的经济"向"知的经济"发展。从某种意义上来说，设计时代意味着附加价值的时代。

商品的附加价值，是指企业得到劳动者协作而创造出来的新价值。它由销售金额中扣除了原料费、劳动力费、设备折旧费等后的剩余费用及人工费、利息、税金和利润等组成。我们在生活中时常遇到附加价值问题，同一种商品，名牌的价格与非名牌相去甚远，如一块"上海"牌手表与瑞士劳力士表（ROLEX）的价格天悬地殊。包装的差别也造成价格的悬殊。一些国产的商品到了国外贴上名牌商标或换上包装便身价倍增等现象，都是附加价值作用的结果。消费者不仅仅依靠显而易见的商品功能上的优点，还要根据其视觉上的新颖和社会标记来做出购买决定，而正是设计师将这些"附加价值"注入商品中去。事实上，商品的价值有多种。例如一种新设计包装的香水少量上市时，它除了使用价值以外，还具有"稀有价值"，此外还有"心理价值""设计价值""信息价值"等。因此，高附加价值不仅仅要从机能方面考虑，还必须将功能、材料与感性三者统一考虑才行。

众所周知，日本时装价格不菲。大陆时装即便做工、款式同样精美，价格上也不可望其项背。原因在于日本时装的设计思路——日本时装绝非为大批量生产而设计。它每一种新设计的款式一定只生产极有限的几件，而这一极小批量还不会在同一个市场上出现，也许两件在巴黎的时装店，两件在纽约，又有两件投放在罗马。这是小批量设计创造高附加价值的方法。企业的 CI 设计（即有关企业形象识别的设计）也可以创造高附加价值。一旦 CI 形象成功树立，名牌、名人、名品、名地便保证了高附加价值的实现。著名企业还常常利用其名牌商品，再设计、开发配套的系列产品。这样新产品容易一举成功，同时也具有高附加价值。设计作为创造附加价值的手段，还能提高信息的价值，将最新信息寓于设计符号之中。设计往往结合了最新的科技成果，运用新材料、新技术、新工艺来开发新产品。它还可以将传统与现代相结合，把握市场的文化脉搏与经济信息，针对不同消费层的消费心理和经济状况，开发出适应不同消费者的商品。这都是设计创造高附加价值的表现。此外，设计的艺术内涵是创造高附加价值永远的保证。例如，闹钟的功能是计时，当然它必须考虑人体工程，如听觉效果等，但闹钟的形式美及其象征信息却是变化多端、层出不穷的，因而闹钟的设计可以不断地推陈出新。艺术的想象和直觉最后落在商品的附加价值上，优秀的设计能提高商品的附加价值；反之，拙劣的设计则有损于附加价值。当今高度发达的信息交换使得很多高科技成果很快成为全人类所共有，因此创造高附加价值的商品竞争主要依靠设计竞争。设计在附加价值问题上突出地表现出其价值手段的功能。

设计的价值意义还表现在设计的价值工程上。价值工程寻求的是功能与成本之间最佳的对应配比，以尽可能小的代价取得尽可能大的经济效益与社会效益。提高设计对象的价值，正是价值工程的根本任务和目的。可以说价值工程是一种设计方法。设计的价值工程寻找出最佳资源配置，如俗话所说的“好钢用在刀刃上”。例如高级宾馆的设计，它的大堂、国际会议厅、总经理办公室等，一定是用最上等的建筑材料和装饰材料；而一般职员的工作室、内部图书室等，建筑师则会考虑相应次级的选料。产品的设计中，生产它的工艺、工程、服务也追求一种综合配置，它的各个组成部分也是力求最佳配比。如果一台电视机的显像管寿命是 15 年，那么它的其他元件的寿命也应与之相对应，以免造成资源的浪费。日本的产品设计在“废弃律”方面是最典型的代表。这便是通过以设计对象的最低寿命周期成本实现使用者所需功能，以获得最佳的综合效益。设计师必须具备对经济的敏感性。在任何设计中，设计师都应树立提高功能成本比的思想。凡为获取功能而产生费用的事物，均可作为价值分析的对象。设计的价值分析保证了以最小的投入获得最大的效果。设计作为一种措施还可以解决成本上的难题，从而受到企业和消费者的欢迎。

（三）设计作为经济体的管理手段

设计作为管理手段，最典型的莫过于企业识别系统及以设计塑造企业文化。我们知道，设计不仅参与经济运作，甚至影响我们的思维。回顾一下历史就会发现，不仅是当代的公司、机构，即使是过去的帝国、军队、宗教组织等，也都是以设计为手段向机构内部人员及外界公众传达某些固定信息的。古代罗马人每当征服一个国家或民族并将其纳入罗马帝国的管辖范围时，总是要在当地建造一些非本地风格的罗马式建筑物，其意义在于使臣服民族随时可以意识到罗马的法律和政府高于一切；同时又向远离国都的罗马征服者传达这样的信息：别忘了他们属于罗马，而不可与本地居民打成一片甚至被同化。

当今许多公司跨越的空间很大，甚至覆盖不同的国家和语言区域，它们在统一管理上总是存在一些困难，这时设计可以成为解决问题的某种措施。当代遍布全球的跨国公司无不运用了这一手段。IBM 公司在许多国家实施的设计政策，与当年西斯特人利用早期哥特式教堂统一基督教世界的思路是异曲同工的。企业识别系统对内部员工强化公司意识和公司个性，对公众则达到了广告效应。设计应用于现代机构管理的一些具体方法，在有丰富设计顾问经验的沃利·奥林所著的《企业个性》一书中有详细论述。

如果没有设计的帮助，公司的性质、机制和发展格局在人们的头脑中可能是不定型的，而通过企业识别系统，公司的个性无论是对公司员工还是对公众都明确化了。CI 设计不仅应用于跨国界的公司管理，对于那些兼并和融资的大公司来说也不失为一种有效的管理方法。举一个设计界经常援引的例子：伦敦交通公司的发展便极大地依赖了设计的帮助。伦敦交通公司成立于 1933 年，由 165 家曾经完全独立的交通运输公司合并而成，其中 73 家已经由它的控股公司伦敦电动地铁公司（UERL）兼并，而剩下的 92 家要真正地融入新成立的公司，管理上存在极大的困难。当初 UERL 也曾为此大伤脑筋，最后依靠爱德华·约翰逊等设计师的一系列成功设计而将不同的公司统一到了旗下。新成立的伦敦交通公司副董事长兼总裁弗兰克·皮克，对设计策略在商业及管理上的意义有非常深刻的了解。新公司为了防止过去那些独立的公司的职员之间发生争端，决定树立起新的团体意识。合并前每个公司都有各自的公司意识，有自己的员工制服、标识、规则及工资制度等。新公司于是以更强有力的识别系统取而代之，使每一个伦敦交通公司的员工都以自己和伦敦运输（London Transport）的关系为荣，而服从新的管理体系。新公司的一切都通过识别系统向员工和公众说明“这是伦敦交通运输公司的一部分”，如优雅的四季制服，地铁入口、公共汽车站、站牌、火车车厢等，无不成功地突出了整体系统而非单个部分的存在。皮克的设计政策不仅使公司顺利地实现了合并统一，有效地管理了背景参差、为数众多的员工，而且成功地吸引了广大公众，使伦敦人乐于旅行，乘车的人次量远远高于过去 165 家公司的总和。伦敦交通运输公司的经验后来被许多集团公司参照、借鉴，为设计的经济管理角色写下了意味深长的一页。

四、设计与生产和消费的关系

（一）设计与生产

生产是经济领域中最基本的活动。生产者、生产工具、劳动对象和生产成果都是生产要素。设计与生产的关系是设计与经济关系的具体化，是其关系最生动的体现之一。

设计是生产的组成部分。工厂要开发新产品，第一步就是设计新产品，经过调查测试、艺术想象、局部技术更新、经济核算、生产试验、市场试销等，然后才进入批量生产。工厂要改良旧产品，首先需要设计。工具、设备、机械生产的第一步也是设计。此外，生产厂房建设的第一步仍是设计。做好这第一步，便为后面打下了基础，否则会影响后来的生产。如果中途再纠正、弥补，那就很被动，损失也就太大了。所以，设计师是生产者，设计活动是生产活动，而且是对整个生产举足轻重的生产活动。

设计为生产服务。设计首先为工厂建设服务；其次为产品的改良和创新服务；最后为提高生产效率与效益服务。具体来说包括：充分发挥生产人员、技术、设备、管理的优势，避免或弥补这些方面的不足；合理地使用质优价廉、能优化产品质量的原材料；在明确目标市场、战胜竞争对手与控制生产成本、提高产品附加价值等基础上改进与完善产品设计，为企业的生存与发展服务。

设计师要向生产人员学习。由于精力所限，很少有设计专家同时又是生产专家。但可以肯定地说：不精通比较先进的工厂，设计不出更先进的工厂；不精通先进的生产，设计不出先进的产品。如果不顾一切硬着头皮设计，也只具有设计探讨的价值，而不具有生产实施的价值。对于为生产设计的设计师而言，从学生时代起就要开始接触各种工艺，如木工工艺、金属工艺、塑料工艺、印刷工艺，以及材料学、价值工程学、生产管理、经济核算等课题。而且由于生产的门类纷纭复杂，生产的技术日新月异，生产管理也面临层出不穷的难题，因此设计师终身都有需要学习的新课题。于是向企业家、工程师、经济师和一般工人学习，就成为设计师的日常工作需要。

生产部门必须认识设计。生产系统的所有人员从企业家、工程师到一般工人，为了企业的强盛都应进行正确认识设计的教育，形成企业共识。在充分肯定设计是重要的生产力的基础上，调整好设计与生产的关系，发挥设计在生产中的先锋作用。以松下幸之助为代表的日本企业家在50年代就指出，“今后是设计的时代”。松下幸之助的认识对日本经济的兴旺发达是有重大贡献的。然而在20世纪90年代的中国上海，当100位企业家被询问什么是工业设计时，居然有80位交了白卷。要改变这一社会现象，设计界必须有组织地加强社会的设计意识，并向政府呼吁，同时用设计成功的实际事例向社会证明：生产必须正确认识设计。

生产只有正确认识设计，才会充分支持设计。在设计的启动阶段，要把新的科学技术成果变成可以生产的产品，或者把优秀设计成果变成产品的竞争力或附加价值，就需要人力、物力与时间的投入。这是创造的投入，也是风险投资。充分的支持可能得到丰硕的成果。在设计审定阶段，需要企业家、设计师、工程师以及经济师、营销专家、生产主管、社会行政主管等共同参与及协作，从各个方面对设计方案予以客观的、科学的评价。在设计的实施阶段，即大批量的生产阶段，更是需要所有部门通力协作。总之，设计必须拥有生产的支持才能得以实现。

（二）设计与消费

消费是经济领域的又一项基本活动，指使用物质资料满足人们物质和文化生活需要的过程，也包括使用物质资料满足生产、工作、国防等需要。消费是人们生存与发展不可缺少的条件，是社会再生产的一个环节。设计与消费的关系是设计与经济关系的具体化，同时也是其关系最生动的体现之一。

第一，消费是设计的消费。设计是物的创造，消费者直接消费的是物质化了的设计，实际上就是设计人员的劳动成果，而且不仅仅是某一个设计人员的劳动成果。以日用品为例，它们除了经过产品设计和工业生产外，还要经过传达设计而后到达购买者手中。也就是说，消费者除了消费其产品设计外，同时还消费了它的包装设计、展示设计、广告设计等，而这些设计的成本最后都会包含在商品的价格之中。每一个消费者都同时消费着多种形式的设计，他们的衣、食、住、行、工作、娱乐，无不与设计息息相关。这么多的消费者每天消费的物质资料，都是由难以数计的设计提供的。设计形成了包围我们的物质和文化环境。

第二，设计为消费服务。消费是一切设计的动力与归宿。设计为消费服务，除了设计生产的目的是消费之外，还有设计可以帮助商品实现消费、促进商品流通这层含义。商品进入消费圈需要传达设计，通过一定的视觉化手段，达到更清晰、更有效地展示产品的目的，同时刺激销售。商品的保护、储运、宣传、销售需要大量的设计投入。在当代信息社会，消费圈的设计投入总量远远大于对生产的设计投入。设计是以消费为导向的。战后设计的多元化趋势，生产的小批量多样化，都是为了适应消费的要求。设计为消费服务，意味着设计要研究消费，研究消费者，了解消费心理、方式和消费需求，研究开发什么样的新产品，如何改进包装，等等。无论是产品设计还是传达设计，都是围绕消费而进行的。90 年代法国的房地产开发有一种潮流，即由购买者先行设计出或指出他所需要的房屋样式，再由设计师和开发商建造房屋，依照购买者的购买力选用建筑材料。社会经济愈发展，设计的消费者导向也就愈明显。

第三，设计创造消费。设计可以扩大人类的欲望，从而创造出远远超过实际物质需要的消费欲。一部小汽车使用功能完好如初，但车的主人可能因渴望得到另一种新的车型而放弃对它的使用。T 型福特汽车在 1923 年出产 167 万辆，而 1927 年骤减到 27 万辆，原因在于：此时美国 89% 的家庭都已拥有了汽车，人们在作一般性考虑的同时，还具有想与他人不同的欲望。福特的对手通用汽车公司，便是紧紧扣住样式设计作为销售手段，制定了一年一度的换型计划，在车身的多样化上下功夫，设计出适应不同经济收入和不同身份的车型。由于经常性地改变车的外部风格以强调美学外观，从而大大地刺激了消费者的购买欲望。出于对新奇的追求，消费者很快想换新车，而从意识上就把旧车“废弃”了。“流行”概念扩大了人的消费欲。所谓由流行到过时，便是商品走向精神上的废物化的过程。也就是说，伴随新的设计的不断产生，人们会有意地淘汰旧有的商品，即使它们在物理上还是有效的。这从客观上便扩大了消费需求总量。此外，消费的多层次性要求同一类商品有不同的附加价值，设计的高附加价值便是适应满足各种消费层次的心理需要，包括变化需求的必然结果。汽车设计前后不过一百年，而全世界的汽车拥有量已超过 5 亿辆。设计创造了大量的消费需要。

设计是最有效地推动消费的方法，它触发了消费的动机。我们对超市都有一个共同经验：本来进超市只准备买几件物品，结果却推着满满一车东西走出来，远远超过购物单上所列出的。超市里琳琅满目的商品，从包装到货柜陈列到营销方式，都是为扩大销售而设计的。进入超市的人往往有种身不由己的感觉，不断地“发现”自己的需要，不知不觉中消费起预算以外的商品。设计能够唤起隐性的消费欲，使之成为显性。或者说，设计发掘了消费需要，并制造出消费需要。当代广告语言学认为，我们身上根本就不存在一种所谓“自然的”和“生理的”需要，任何需要都是外在事物创造出来的，因而它是社会性的。实际上，人类的物质消费本质上是一种精神消费和文化消费。阿尔都塞在他的名著《意识形态和意识形态国家机器》中援引了马克思的例子：英国工人阶级需要啤酒，法国工人阶级需要葡萄酒，人类需要本身就是某种文化的体现。因此，并不是设计要靠消费的需要决定和解释，而是人类各个时期不同的需要要由外在的事物来作说明。广告设计就是这些外在的事物之一。朱迪丝·威廉逊在她的广告研究经典著作《广告解码》中指出，广告在人们生活中起着能动的构造作用。广告不仅刺激和创造了人的消费需要，而且广告和消费在某种意义上确定了人的身份，确定了人本身。人赖以确定自我的方式就是与外在事物的求同，因此实际上这些外在事物规定了我们的性质。西方社会中一个常见的现象，就是人是以其消费对象来划分等级的，而人又是被广告创造出消费欲望的。从对社会的深层心理分析我们可知，设计创造消费的能力不仅源于企业对经济效益的追求，而且深深地根植于社会心理同构之中。

第三节　当代设计与中国传统文化的相融性

近代中国对传统文化的讨论由来已久，1911 年的辛亥革命是对中国传统文化的批判继承和创新，新文化运动及 1919 年的“五四运动”等激进思想使得传统文化与中国现代社会相断裂，这是一个思想动荡的时代。到了 20 世纪 80 年代改革开放后，西方各种文化蜂拥而入，在不同文化的碰撞中，在面对普遍的虚无主义形态中，产生了各式各样的流派、思潮。人们开始以实事求是精神对“五四”“文革”乃至整个传统文化进行重新审视，对传统文化有了不同的认识，如“中国文化赞美论”“中国文化复兴论”“批判论”等，可谓百家争鸣。20 世纪 90 年代普遍形成了对传统文化的保守主义思想，这里的“保守”并不能简单理解为“落后”，而是在当时激进主义思想下努力对传统文化做出的一种更加中肯、更加符合历史实际的解读。

一、中国设计时代发展的要求

20 世纪 20 年代，在中国薄弱的工业背景下，陈之佛、雷圭元、庞薰琹等人开始了现代设计教育工作。有着留学经历的老一辈教育家一直对传统文化十分推崇，受上海外滩英商汇丰银行等建筑所呈现出的古典风格影响，中国设计开始思考建立中国传统风格的问题并取得一定成绩，形成了极具影响力的“民族形式”建筑设计潮流，如南京中央博物院大殿、南京灵谷寺阵亡将士纪念塔、南京中山陵和陵园藏经楼等建筑的设计。这时中国现代广告设计开始起步，在上海出现了一些广告公司和广告画家。由于西方广告不符合中国消费者审美需求，西方广告公司开始聘用中国广告画家，在广告中加入了中国元素，如戏曲人物、花鸟鱼虫等。同一时期，中国传统手工艺也获得一定的发展。由于工业基础薄弱，中国长期处在手工业时期，因此这一时期并未在设计上进行传统文化的深入研究。

20 世纪 80 年代，中国设计迎来了新的发展，社会开始显露出对设计的需求，传统美术与设计开始融合，以适应刚刚兴起的工业化建设，设计理论得到进一步发展。同时，国外设计被再一次引进。与 20 世纪初期引进时不同，这次引进使我们认识到了设计在西方强大的工业化背景下所发生的新的变化，感叹西方强大的生产力水平和消费水平，设计领域开始了新的“西学东渐”。由于长期受“来料加工”“仿制仿冒”和简单模仿西方的“先进”、民间手工业衰落、社会思潮起伏等因素的影响，造成了中国设计的模仿与盲目发展，传统文化在设计中处在不被重视的地位。20 世纪 90 年代，国家学科建设将工艺美术各专业招收研究生的专业目录用“设计艺术学”取代了“工艺美术学”，本科招生的名目也改为“艺术设计”，在一定程度上体现了手工业到工业的过渡，提供了基于工业背景下对传统文化认知的平台。李砚祖编写的首部《工艺美术概论》，对传统工艺与现代设计的关系进行了阐述，指出对工艺美术所进行的文化研究是研究中华民族艺术的需要，工艺文化学、工艺学是整个民族艺术学的一部分。

二、品牌建设的需要

21 世纪以来，随着生产技术的不断进步和信息时代的到来，产品本身之间的差异性越来越不明显，国内消费市场的总体趋势出现了消费者对品牌忠实度的不断增加，尤其是在家电、食品、服装类产品方面表现得十分明显。随着我国市场经济的逐步完善，企业间的竞争由传统的产品竞争转为品牌的竞争。在企业的品牌建设中吸取传统文化的精髓，古为今用，是品牌策划的一大趋势。企业通过产品满足用户需求，同时传递了企业文化精神，使得产品更亲近用户，与用户产生共鸣。

在我国，很多名优品牌都是通过传统文化进行品牌建设的，如汾酒杏花村。“杏花村”三个字很容易让我们联想到杜牧《清明》里“牧童遥指杏花村”的诗句，顿时一幅优美的画面展现在脑海。类似的还有剑南春、金六福、舍得等近乎全部的白酒品牌。

海尔是我国大型家电的优秀品牌，海尔的品牌建设是通过对国内外优秀文化的借鉴、改造，不断进行观念创新、管理创新的成果，是具有典型中国文化特色的中国式品牌。海尔无论是在企业内部管理，还是在用户服务上，都体现了“诚信”“仁爱之心”“以人为本”的思想。

真功夫作为当今中国中式快餐的代表，以“功夫是中国数千年的养生文化瑰宝”为定位，采用传统“蒸”的健康饮食文化，从而确立了“真功夫”品牌。真功夫在视觉形象上选用中国“功夫皇帝”李小龙的类似头像，给人以“亲切、健康、活力”的联想，与“油炸”

的西式快餐形成了鲜明对比（图 1–14）。

图 1–14　真功夫中国中式快餐

三、创意产业的兴起

20 世纪七八十年代，随着电子信息技术的广泛应用，人类发展迎来了后工业化的时代。消费形态的转变，促使文化创意产业兴起。2002 年，台湾开始推动“文化创意产业发展计划”，随后大陆的深圳、上海、北京等地也相继开展类似计划。近年来，我国文化需求快速增长，文化消费水平在进入 21 世纪以后逐年攀升，并向高品质、多样化和个性化发展。而今，我国文化产业在经历了萌发、形成阶段后，进入了发展阶段。

创意产业是一种“文化 + 创意 = 财富”的产业类型。传统文化是创意产业的根基和源泉。中国传统文化源远流长，是世界上唯一绵延不绝发展至今的文化类型，无形中为中国发展创意产业提供了得天独厚的优势。依托文化创意产业的发展，传统文化迎来了发展的黄金时期，传统文化的价值以最直接的经济形式展现出来，成为经济发展的重要力量。云南和山西两地创意产业的发展是用传统文化资源发展文化创意产业的成功案例。

云南民间工艺曾面临生存危机。随着创意产业的兴起，在旅游业兴盛的背景下，云南民间工艺通过融入现代设计创意理念，与市场接轨，将传统工艺品进行再设计，使其成为旅游工艺品，实现了经济效益和社会效益的双丰收。雨田陶制品（图 1–15）的设计运用后现代艺术构思，结合重彩画艺术，使之蕴含了西方现代艺术的韵味，备受人们青睐；蜡染（图 1–16）中的许多传统图案展现了云南地方民族特色，同时又与现代艺术流派相结合；云南省西双版纳傣族自治州的各族群众按照市场需求发挥传统手工艺（图 1–17）的优势，将傣锦、筒帕和民族荷包等小工艺品推向旅游市场，取得了良好的经济效益，为当地上万名少数民族群众脱贫致富找到了一条新路。

图 1–15　雨田陶制品

图 1–16　云南蜡染画

图 1–17　孔雀毛扇子

图 1-18　祁县晋商文化博物馆

山西文化产业以打造山西本土文化品牌为己任，以展示山西本土文化为特色，把悠久丰厚的三晋历史文化通过现代、尖端、时尚的动漫、游戏、三维动画等表现出来，快速推广到全国及世界各地，取得了很多充满“山西味”的文化成果。在全国范围内影响较大的大型电视人文纪录片《晋商》，首次全景式系统地展现了晋商文化的兴与衰、成与败、经验与教训等（图 1-18）；电影《暖秋》的播放在全国掀起一股呼唤人间真情的热浪，一部由一个名不见经传的小厂低成本拍摄的电影，成为 2004 年全国电影票房的一匹黑马；山西舶奥动画制作公司创作的环保动画片《衡》中，黄土高原、龙、古琴等传统符号构成了其鲜明的风格，并在美国弗吉尼亚举办的 2006 年第四届视觉电影节上喜获最佳动画放映奖和最佳 2D 动画影片奖两大奖项。

目前，我国文化消费还有很大潜力，文化产业发展的空间巨大。传统文化与创意产业的融合发展，担负着发展新型经济、传播中华文化、增强国家文化软实力的长久重任。

四、构建我国当代设计理论体系的必经之路

构建和完善我国的设计理论体系是摆脱西方文化与设计控制的核心。教育家张道一非常重视设计的理论教育，他认为理论研究的深入程度是衡量学科发展的最重要指标。对于中国设计理论的研究，张道一提出了重要两点：一是研究设计艺术的性质，二是探讨设计艺术的规律。因此，在工业化背景下，针对传统手工艺的研究仍具有重要理论意义。20 世纪 80 年代，田自秉编著的《中国工艺美术史》是我国首部完整的工艺美术史，展示了对中国工艺美术器物文化的系统研究成果。随着工业化的发展，中国工艺美术对中国古代设计案例和设计思想的挖掘一直在进行。如道与器的论证，《易经 · 系辞上》曰：“形而上者谓之道，形而下者谓之器。”形而上者，泛指事物的一般规律、准则，即所谓道；形而下者，指具体事物或操作，即所谓器。二者相互联系，非器则道无所寓，非道则器无所主。明代哲学家王阳明又讲，道是器之始，器是道之成。人要认识并改造客观世界，就得学“道”，而

要使道转化成实际工作能力，必须经历一个非常复杂的由道到器的实践、精神和心理过程。此类的例子还有“天人合一”“以人为本”“阴阳五行说”“兴、观、群、怨”等设计思想，在当代建筑设计、环境艺术设计、产品设计等理论建设中仍具有指导意义。

我国当代设计理论体系也继承了传统设计的相关论著，如《周礼·考工记》《天工开物》《园冶》《营造法式》等。其中《营造法式》是对北宋以前中国古代建筑设计理论体系的一次体系化总结，“中和”思想为本书的核心，是中国文化的核心精神，是人类追求的目标，也解决了当代人如何与自然和谐共存的问题。《营造法式》立足于“一种理想——中和精神”“两大系统——文辞与图像”“六大范畴”“十三大类型”等方面，构筑起了富有时代特色的建筑设计学体系。这一体系，是当时人文思潮与技术思潮高度融合的体现，充满两宋时期崇尚理性、追求高雅、关注科技与人类文明的时代精神，具有重大的现实价值和理论意义。

第二章　设计的文化属性

设计的文化性，要从两个层面上讲：一个是对设计者而言，另一个是对设计者的服务对象——设计消费群体而言。

设计的本意，是要解决两个大问题："做什么"和"怎么做"。前者是"预先设想"阶段，后者是"计划安排"阶段。"做什么"的"预先设想"，由设计的三个支线命题群构成：一是"问题考量"（设计动机），二是"对象考量"（设计态度），三是"利益考量"（设计目的）。这三个枝节问题想明白了，所要设计器物的大致轮廓就在脑海里清晰了，还可以画在图纸上。"怎么做"的"计划安排"，则由一系列具体措施构成："用什么材料""做什么排序""用什么技术""要什么动力""要什么工具""在什么范围应用"，等等。这一系列措施全部完成，设计就实现了。至于设计的效果，则要在操作实践中反复检验并不断改良、提高。

设计的"预先设想"阶段几乎全部是在意识形态范围里进行的思考，文化成分的优劣、高下，起了最关键的作用。换句话说，设计者的文化素养，直接决定了设计的"预先设想"阶段的成败与否。设计的"计划安排"阶段，则部分地由设计者、制作者和使用者的"文化共识成分"产生重要影响。

下面将根据设计行为的一般性运行规律，来循序渐进地分析"文化"在设计每一个环节所起的作用，以及设计的文化属性。

当我们在生产或生活中遇到一个棘手问题且现行方式已无法妥善处理时，一个念头便会自然而然地产生：想个什么办法来解决它呢？这个解决问题的"办法"可以有很多形式。如果涉及造一个器物（包括小件物品、器械、大型装置、设备），就进入设计的范围了。设计动机的产生，必然有三个不可或缺的前提：一是"问题"的性质、范围、紧迫程度已经分析清楚；二是"问题"用既有方式或依靠他人已无法解决；三是"问题"有可能靠自己来解决——这点尤为关键：对"问题"的解决方法有了大致的可行性评估，脑海里便产生出"设计构想"的雏形。这个"设计构想"的雏形，会随着进一步深思熟虑（"对象考量"和"利益考量"）而逐渐完善，之后再按计划按步骤逐一实施。

设计动机（即"设计什么来解决问题"）的产生，往往是随机的、被动的、偶发性的，在很大程度上取决于设计者感受的敏锐度、分析的洞察力、思考的逻辑性，而人的这三点素养，完全由自身固有的生产技能与生活品位决定。只有平时具备新鲜、迅捷、敏感的“思维触觉”的人，才能率先发现问题，率先分析出问题的性质、范围、紧迫程度，并按照既往经验，运用逻辑性思维全面考量，预估出解决问题的可行性结论。能由“设计”解决，就继续进行下去；不能由“设计”解决，就只能放弃，另辟蹊径。这就是文化素养在设计动机产生“一刹那间”体现的重要作用。随后是设计态度（即“为谁来设计”的问题）的树立。设计的利益方，从来都是双向的。就设计者而言，其设计行为的出发点当然无一例外都是为自己考虑的。但要实现自己利益的最大化，只有通过实现客体设计效果的收益换取自己的收益。设计者要端正态度、处心积虑，设身处地为使用者设想，处处将自己的利益与使用者联系在一起，才能实现设计者和设计服务对象双方受益最大化。孔子说：“己所不欲，勿施于人”，这句话理应成为设计者端正设计态度的座右铭。设计态度取决于设计者自身的文化素养。一个自私自利、鼠目寸光、急功近利、肤浅浮躁的设计者，是不可能在更大范围、更高程度、更深层次上实现设计利益最大化的目标的。最后是设计目的（即“设计有什么收益”的问题）的确立。设计目的有两个层面：一是设计受体（也就是设计器物）本身价值的最大化，二是设计发生体（设计者）、使用体（服务群体）双方利益的最大化。设计者的文化素养，深刻影响着利益考量结论的对错，往往直接决定着设计行为的成败与否。一般来说，当一个设计物被设想、通过工序安排被实施，一经使用，它的设计功效就体现出来了。但设计目的在“预先设想”阶段就必须确立，又不可能出现实物供使用检验，也就无法真实考量所谓“收益程度和受益主体”，一切均有赖于设计者自身文化素养的判断来实行预估：设计物应用的范围、设计物操作的简易、设计物改良的效果、设计物推介的空间……文化素养，不只是识文断字、吟诗作画那么简单，那些只是知识水平、学术技能。文化素养是“以‘文’化人”的结果，是指一个人价值观、宇宙观、人生观的完整程度，与知识的丰富程度和学术水平密切相关，但不等同于这两方面。就像金子的本色必然是黄色，但黄色的东西未必都是金子一样，也可能是铜块、玉米碴。文化素养与人的道德情操、处世哲学、人生理想有关，与会写几个字、会唱几首歌、有多少钱、当多大官没什么联系。事实上，有知识的人犯罪，比起没知识的人犯罪，其危害性、影响程度往往要大得多。这里讲的“文化”绝不是指运用语言文字能力的高低，而是指文化的本体内容（对人性、人伦、人情的教化）体现在设计环节中的多寡优劣。

设计的文化属性，决定了设计行为本身的成效。对中国古代工匠中的设计者来说，文化素养就是自己的生产技能与生活品位。一个人具有的生产技能与生活品位，恰恰是文化（以“文”化人）的全部内容和终极目的。就设计的文化属性而言，生产技能包括科学认识、技术水平、制造工艺、生产装备，生活品位包括所有生理与心理的舒适度追求。设计动机的产生、设计态度的树立、设计目标的确定，完全是人的智力运用后产生的积极的文化结果。

举例来说，遇到寒冷的气候变化，动物们选择逃避，或是迁徙，或是穴藏，或是干脆冬眠。而已经具有一定文化的人们，则选择不迁移、不冬眠，也不穴居，先是以树叶、兽皮、鸟羽裹身，继而生火取暖，再而纺纱、织布、缫丝，以缝衣制被。人们之所以不再选择迁移、冬眠、穴藏，是因为脱离了动物性生活习性的人，有了自身的生活品位，无法忍受总是消极、被动、充满危险和难以预料困难的不断迁徙，也无法忍受漫长枯寂、百无聊赖的冬眠和穴藏，已经对自身具有的生产技能感到自信，人们可以通过造物—设计的方式，来针对性地解决严酷气候下的生存问题。

与人的日常生活联系最紧密的进食方式，也是说明“设计的文化属性”的最好事例。熟食成为农耕时代的主要食物以后，如何煮食、如何盛食、如何攫食、如何储食，就成了最关键的四个环节。自然界不存在可以直接利用的天然器物。不设计相应的专项器物，不发明与之配套的操作技术，熟食就不可能成为农耕时代的主要食物。于是，煮食的需要就诱发了最初的陶鬲的出现，人们不需要用石块支锅烧饭，可以在任何条件下在鬲下生火、在鬲中煮食、在鬲上取食。盛装熟食的容器，在进食过程中也十分重要：一来可以自由挑选食物而从容进食，二来可以有个过渡性的冷却过程，不至于烫伤，三来可以分食，避免竞相争食导致过分的分配不均。盛食的需要，导致了盆、钵、碗的出现。从煮食的容器里取食、从盛装食物的容器里进食，导致了专门的攫具被发明出来，这就是筷子。把剩余的食物储存起来，以免不必要的浪费，导致了窄口深腹的储藏器具的出现。笔者个人认为，每一个中国人现在还经常吃的“火锅”，就是中国人最古老的进食方式。“煮、盛、攫、储”系列食具的发明，还逐渐衍生、延展出花样繁多、用途各异的其他食具来：煮食器具又延伸出了各种锅和与之配套的甗[1]、灶、炉；盛食器具又延伸出了各种碟、盘、盏；攫食器具变化不大，除去中国人万年不变所使用的筷子，只加了一把汤勺；储食器具延伸最复杂，不但花样翻新、层出不穷，还“歪打正着”，因为储藏米饭过久，导致饭粒变质发酵，产生酸甜的液体——米酒就此诞生了。人们便因势利导，干脆将储罐开洞引流，专门酿酒，于是容器就越来越大，逐渐形成了后来的酿酒产业。这里我们能受到一个重要启示：文化的功能，是人们“生活品位”的相互传染、影响和“生产技能”的相互模仿、传播。不妨更直截了当地说：文化，就是人们意识形态之间的影响力。

六至四万年前，中国南方沿海地区的古人类，先后离开阴暗潮湿的洞穴，迁徙到各地的淡水边定居。这次迁徙不是因为一年一度的气候变化，而是一去不复返的永久性选择。亲水性生活方式，使这部分古人类生活和生产的每一个细节，都有所改变，既彻底颠覆了既往模式，又催生出崭新的文化内容。人们虽然还在追逐狩猎，但更多地依靠河流溪水山泉里丰富的贝类、鱼虾提供肉食；人们虽然即采即食山岭荒坡上的坚果、野麦，但开始有意识地种植水稻，并以此为主食；人们虽然还掘地挖穴，但逐渐筑巢垒棚，逐渐住进了“干栏式建筑”……这些对“新”的自然环境所提供的“新”的自然条件的主动性适应与利用行为，使古人类在改善生存状态的同时，亦提升了自己的视野宽度、思维水平。当普遍性的意识形态改良到一定程度，无穷无尽的“主动性创意设想”就爆炸性地涌现出来——新石器时代前期南方各古文化遗址所揭示的文化现象，都暗示着这个“发明创造爆炸期”的真实存在。在这个决定了华夏民族之后命运的关键文化发展时期，除了勇气、信心、坚韧之

[1] 甗：yǎn，中国先秦时期的蒸食用具，可分为两部分：下半部是鬲锅，用于煮水；上半部是甑，也就是笼屉，甑底部本身就是网眼，用来放置食物，可通蒸汽。

外，起决定性作用的还是对自然条件的“主动性选择”，对衣食住行等生活方式的“主动性改进”，以及对生产各种生活物资的种类、方法、使用方式的“主动性创造”。这些主动性的创造意识引发的每一次大大小小的成功，不但在不同程度上改善了当时人们的生存状态，也形成了当时人们的经验累积，引导人们的意识形态不断发展到一个又一个更高的层次，最终形成了以造物—设计为主要载体的文化。带有鲜明地域特色的文化体系的形成，不但输出了自己的文化成果，也逐渐形成了一个个文化的“体系板块”。全世界消失、现存和正在崛起的主流文明形态，都是由这些文化的“体系板块”组合而成的。

第一节　设计与文化的辩证关系

文化与设计的关系历来是设计界备受关注的话题，尤其是在生活品质与文化修养不断提高的当代社会，人们更加青睐有深层次文化内涵的设计作品。传达文化的思想与精神内涵也是设计作品的真正价值所在。一件好的设计作品不仅能给人们以视觉上的享受，还能带给人们思想上的震撼和精神上的鼓舞，它能表现出一种美的造型语言，同时能传达出一个民族的精神气质、艺术修养和价值观念。随着当代人们文化需求和艺术眼光的日益提高，人们更加期待能不断出现符合自己精神需求与审美需求的设计作品。如何使自己的设计作品具有文化内涵是当代设计师一直在探索的课题，每一个当代设计师都应具有一份文化情怀，从而创作出具有“文化气质”的设计作品。

然而，在“快餐文化”风行并受西方文化冲击的当代社会，又有多少具有中国“文化气质”的设计作品存在？我们看到的，是带着“商业印记”与“西方文化印记”的设计作品大量地充斥着我国的消费市场。许多设计师为了生存处于“被设计”中，他们的设计过程被“程式化”，为了设计而设计，为了企业的利润而设计。他们的设计作品带有浓厚的商业气息，他们所追求的有个性、有思想、有文化内涵的作品，从一开始就被狠狠地扼杀在摇篮里。如何才能摆脱这种窘境？笔者认为，我们只有站在充分认识和把握文化与设计关系的角度，从我国的历史文化土壤中挖掘、汲取精华，才能创造出真正有价值的设计作品来。综观国内外优秀的设计案例，每一件设计作品的成功无不是以深厚的文化底蕴为依托，在充分体现当代社会的物质需求与精神需求中创造出来的。从贝聿铭的“苏州博物馆”到汉斯·瓦格纳的“中国椅”，优秀的设计大师总是站在传统文化这一“巨人”的肩膀上来审视设计，将传统文化与时代设计紧密结合，在设计中加入传统文化的元素。以文化作为当代设计的根基，在当代设计中体现传统文化的特质，才是当代设计作品的生命力得以持久之根本所在。

一、文化是孕育设计的土壤

千百年来，先人用智慧与汗水在古老的大地上辛勤劳作。而对美好生活的心理诉求从未停止过，并在特定的时刻或节日借助不同的载体表达出来，经过不断汇集演化成我国丰富多彩的传统文化。这些传统文化以其浓厚的地方色彩、丰富的表现形式、鲜明的民族特征，成为我们不朽的精神财富。

早在远古时代，先人们为了生存与发展的需要，就已开始了有目的、有计划的创造性活动。原始陶器的制作就是一种创造性的文化活动。当时的文化活动，尽管还算不上完整意义上的设计，但已经包含了设计的因素，设计在当时已经开始孕育。随着人类社会的不断发展、文化活动的逐渐增多、文化功能的细化分工，利用文化成果所带来的物质刺激，不断激发人们创造开发更多的物质财富甚至是精神财富，当这种创造性活动变得越来越有目的、有组织、有计划时，设计便在这种情况下“诞生”了。从历史的宏观角度来看，古代造物者是历史中的一部分，由于生活在特定时期和特定文化背景中，他们的思想与行为都毫无疑问地受到当时的文化特征影响。尽管当时的造物活动夹杂着浓厚的原始宗教信仰意识，不可否认的是，他们的造物活动也将本族群的精神意志体现了出来。文化包含着民族的精神意志，从这个意义上可以说，文化孕育了设计，设计同时也在创造着新的文化。

设计作为文化的一个有机组成部分，与文化之间的关系就像“大树与土壤”。设计离开了文化这块土壤，就失去了根基，失去了养分来源，设计只有从文化的土壤中汲取营养，才能愈发茂盛。英国古典人文主义文化传统孕育了英国古典风格与贵族气质的设计（图2-1）；日本在吸收我国禅宗文化的基础上，结合本国地理环境狭小的特点，孕育了精巧与朴素的日本设计（图2-2）；北欧崇尚自然、崇尚人文的文化传统，孕育了自然、温馨、人性化的北欧设计（图2-3）。每个国家都有特定的愿望与追求，都在用自己独特的方式进行表达，借助有形的设计物品表达无形的民族文化精神。正是因为各国的文化土壤不同，才孕育了不同风格的设计，形成了世界各国多元化的设计格局。对于中国的设计者来说，我们寻找自己的文化土壤，就要从有着五千多年历史沉淀的传统文化入手，使中国的当代设计体系在传统文化的深厚土壤中找到培植点，为中国的当代设计增添传统文化的内涵与气质。

图 2-1　英国设计师设计的水果托盘

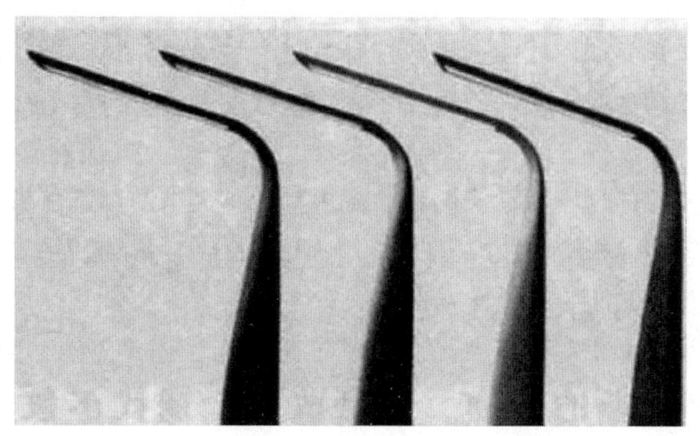

图 2-2　日本设计师设计的“月光鸟”灯具

图 2-3　挪威设计师设计的 Blom 灯具

二、设计是一种文化的传承与创新

关于文化的定义，国内外学者众说纷纭。目前学术界公认的是被称为“人类学之父”的英国人类学家 E.B. 泰勒的定义，他是第一个在文化定义上具有重大影响的人，对文化所下定义非常经典。E.B. 泰勒在他的《原始文化》“关于文化的科学”一章中指出，“文化或文明，就其广泛的民族学意义来讲，是一个复合整体，包括知识、信仰、艺术、道德、法律、习俗以及作为一个社会成员的人所习得的其他一切能力和习惯”。显然，这个定义将文化解释为社会发展过程中人类创造物的总称，包括物质技术、社会规范和观念精神。从此，泰勒的文化定义成为文化定义现象的起源。

“传承”一词对于中国人来说并不陌生，从远古时代尧、舜禅让的美丽传说开始，传承成为原始公社的一种生存法则。现代“传承”一词多指传递、接续、承接，一般指承接好的方面，另一方面是先传了再承，和继承相区别，例如，民间剪纸艺术得到了传承发展。

“创新”一词起源于拉丁语，有三个层次的含义：一是更新，二是创造新的事物，三是改变。现代多数人认为，创新是抛弃旧事物、旧观念，追求新鲜奇特的事物和想法的过程。然而我们认为，创新是在原有形式或观念的基础上进行的创造性活动过程，这个过程吸收了当前的新观念、新想法，但也离不开对原有文化思想的传承与发展。就工业产品创新设计而言，它是艺术和技术完美结合的产物，是一个时代文化物化的具体形式。在进行产品创新设计时，我们不能脱离消费者已熟知的产品经验，包括产品的用途、使用方式、操作方式等（属于文化的一部分），因为消费者在产品的长期使用过程中，已经构建出产品认知的心理模型。我们只有在挖掘消费者潜在需求的心理模型基础上，了解当代人的审美取向、生活方式以及价值观念，才能更好地理解消费者的需求，为他们服务。

当今的世界是一个开放、交融与不断创新的世界，通过设计物“折射”出来的文化特点体现了不同国家、不同民族的文化传统。不同国家的不同文化传统，决定了各国在设计的沟通与交流过程中不会一帆风顺，并在一定程度上影响设计的发展，但经过碰撞、交流与融合后又会产生新的设计理念与文化，从而使交流双方的设计得到充分的发展，文化得到传承与创新。

三、设计的结果是社会文化的重要组成部分

设计的结果往往是以具体的视觉形式展现在人们面前的，它作为一种文化物化的结果，依赖于文化而实现。通过这些设计的结果，我们能追溯到设计产生的时代背景，理解设计物所承载的文化思想。例如，通过历史上不同时代遗留下来的文物、古董，我们能了解到当时的文化背景。

图 2-4　世界著名文化遗产敦煌壁画

作为世界著名文化遗产的敦煌壁画，其以巨大的规模、精湛的技艺，成为世界文化艺术宝库中的一件瑰宝。画中的内容丰富多彩，细致地刻画了神的形象，揭示了神与人的关系，寄托了人们的美好愿望。通过分析，不难看出敦煌壁画中所体现出的宗教文化（图 2-4）。仰韶文化出土的人头形器口彩陶（图 2-5），以女性为表现主题的形态语言，交织着原始初民对宇宙生命诞生的敬畏心理。红山文化出土的泥塑女神头像（图 2-6），形态设计十分威严庄重，稳定感与比例感完美而和谐，其中体现了有关生育神、农事神、地母神等内容的女神崇拜文化。综观国内外的设计历史，形形色色的各种艺术设计在人类文化的长河中熠熠生辉、大放异彩。敦煌艺术、彩陶艺术作为一种设计结果，既是历史文化中宝贵的一部分，也传承着历史文化并影响着后续文化的发展。

图 2-5　仰韶人头形器口彩陶

图 2-6　泥塑女神头像

四、设计应以文化为底蕴

设计是一项以人为中心的活动，所有的设计活动都是围绕人这个中心来展开的，蕴含着人的审美需求、情感需求和文化需求。年轻的消费者热衷于购买能彰显他们个性与青春活力的产品；年壮的消费者热衷于购买能展示成熟感与稳重感的产品；年老的消费者则热衷于购买带有怀旧感的产品。因此，产品是反映消费者物质需求与精神需求的各种文化要素的总和，是使用价值、审美价值、文化附加值的统一体。随着社会经济的发展，企业之间的竞争越来越体现在产品文化的竞争上，企业文化通过产品传达给消费者，产品所蕴含的文化在消费者长期使用产品的过程中潜移默化地影响着消费者，并逐渐在消费者的心里扎根。随着社会文明程度的不断提高，越来越多的有志之士意识到了文化对于产品设计、对于企业的重要性，产品设计必须融入本土文化才能得到持续发展，对于今天的中国设计来说，这也是迫切需要解决的问题。然而，设计的文化底蕴并不能简单肤浅地理解为对传统文化中"形"的仿照与套用，而是要将传统文化精髓中的"神"融入其中，进而达到"意"的境界。著名设计师靳埭强之所以成功，就是因为他懂得如何将浸淫中国千余年的传统水墨文化、儒家文化的精髓融入他的作品中。儒家文化以"和"为核心，影响了中国五千多年的造物艺术，"和"的文化底蕴体现出包容性、多样性。传统造物艺术讲究形式与内容的和谐统一、造型的多样化、节制与内敛，过分强调造物艺术中的某一方面，必然会导致失"和"。"和"的文化底蕴不仅体现在中国传统书法、造物、绘画、书籍上，还体现在传统家具、服饰乃至建筑上。传统绘画的虚实结合、虚实交错、虚实互渗，明式家具自然空灵、高雅委婉、超逸含蓄的韵味，古代服饰（图 2-7）的端正、规矩、含蓄、儒雅等，都体现了一种"和"的文化底蕴。从某种意义上来说，当今的人们并不是在消费产品而是在消费文化，一种能满足人们精神需求、审美情趣与价值观念的文化。对于当代设计来说，人们更期待具有文化底蕴的产品。肯德基、麦当劳之所以能长期占据中国的饮食消费市场，是因为他们卖的不是产品，而是一种快餐文化。

图 2-7　汉代服饰

五、当代设计是传统文化的延伸与发展

当代设计无论怎样发展，都无法摆脱传统文化对它的影响，它们之间有着紧密的联系。设计本身具有前瞻性，是一个不断创新的过程，并且这种创新对传统文化而言，是延伸与发展，而不是彻底的割裂。当代每一位优秀设计师的成功都离不开对传统文化的继承与发展，他们在设计的过程中，都会把传统文化当中蕴含的设计理念、价值观念融入其中，形成最直接的设计艺术本源。我们在设计过程中，应当充分利用前人给我们留下的宝贵的传统文化元素。这是我们取之不尽、用之不竭的艺术财富，同时也是我们创作的灵感和源泉。

在当代设计中融入传统文化，为当代设计增添一份文化情怀，是形成当代设计特色的文化基石。中国的当代设计通过与传统文化融合，能形成一种简约美、意境美，这是中国当代设计应有的特色。然而对中国传统文化的利用是否抓住了传统文化的精髓，是值得我们深入探讨的问题。对传统文化元素的运用并非简单地将传统造型直接运用在当代设计上，不是对写实性手法的运用，而是一种对写意性手法的运用，这就需要我们深刻理解传统文化的精髓，在当代设计中传递一种淡雅、宁静的“中国气质”。

设计的内涵是文化，表面化、符号化的中国元素并不是对中国传统文化的延伸，更不能体现中国传统文化的深厚底蕴。随着越来越多的国际高档品牌进入中国市场，国际流行服饰也刮起了“中国风”，旗袍（图 2–8）、仙鹤装（图 2–9）、青花瓷装（图 2–10）等具有鲜明中国文化元素的作品不断涌现。然而事实上，中国的传统文化元素又何止这些，其内涵之深厚和宽泛，并不是具体的符号与形式所能体现的，刻意地追捧与拿来主义都是不可取的。当代设计对传统文化的运用应该建立在当代人的审美需求与心理需求的基础上，是对传统文化充分理解后在设计创作中情感的自然流露。

图 2–8　旗　袍

图 2–9　仙鹤装

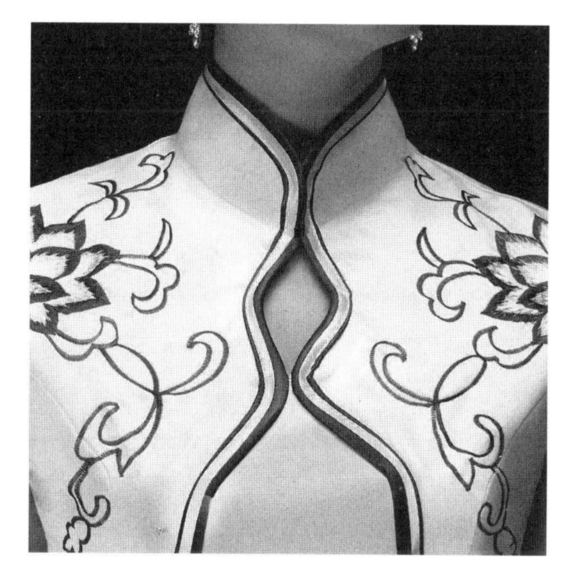

图 2-10　青花瓷装

第二节　设计的文化成分

设计的内在文化条件，主要是指与设计具体行为中创意发生、实体制作、操作使用、改良提升相关的设计文化成分。设计者、设计消费者、设计物是设计行为“三位一体”的关联方。这三方包含的所有文化成分，直接决定了设计行为发生前设计本身所具备的内在文化条件的品质。其中起最重要作用的因素是设计思想。设计思想是设计者与设计消费者、设计物发生“文化约定”的创意依据，如果离开了这个设计的思想依据，三方的文化联系就中断了，也就谈不上三方各自拥有的文化成分，更谈不上“设计的内在文化条件”。

一、设计者的文化素养

“设计者的文化素养”中主要包含两方面的具体内容——“生活品位”和“生产技能”。这两个概念需要先解释一下。

“生活品位”就是一个人在生活中表现出来的情趣、格调、档次。作为设计者这一具有创造性工作内容的人来说，他在生活中具有的审美理念、格调、生活态度与追求，会很自然地表现在他日常生活的一些细节中，这是一个人常态化的“生活品位”。对比来说，生活条件宽裕、待人友善、做事细致认真，能够在日常生活中对自己的行为有约束，那么这就是一个设计者该有的“生活品位”，而不是生活拮据、待人刻薄、做事马虎犹豫、唯利是图。

“生产技能”指一个人拥有的特长、绝活、诀窍。技能不是产品本身，是一个人内在的、看不见也摸不着的能力和本事。就设计者而言，不只是木匠做把椅子能刨得光溜、拼得严实、榫得牢固这点“手头功夫”，而是在创意上的独特本领与专长，就像图 2–11 所示的明式官帽椅那样，能够在技能中融入理念，使作品的实用功能与观赏价值共存。之所以要搞设计，现实里肯定原本没有实物原型可资参照，创造性意识产生的设计构想能否实现，全凭设计者个人劳作经验的积累和平时的文化素养。设计创意能否实现，关键在于“自然科学知识”“逻辑思维能力”“个人特殊技能”。为什么首先强调“自然科学知识”？这是由设计本身的性质决定的。完成了“预先设想”阶段之后，便是“实施计划”阶段，有一系列具体问题需要安排解决：选择什么样的材料？使用什么样的动力来源？编排什么样的工序？需要什么样的关键技术？需要什么样的专项工具？等等。设计者不只是艺术家，如果不会选择合适的材料，不会合理安排工序步骤，对关键工具、专项技术不熟悉，又不懂动力来源，再好的设计创意也基本实现不了。因此，掌握对口的、相当程度的“自然科学知识”，是设计者必须具备的“生产技能”。“逻辑思维能力”对于设计创意的实施也至关重要。具备思维上的逻辑性，不但可以保证以客观、冷静、理性的科学态度做出符合客观实际的准确判断，还可以使设计创意的实施（如工序编排、操作方式、应用范围、推介运作等方面）思路明确、条理清晰、层次分明、事半功倍、简洁迅捷。“个人特殊技能”是指设计者自身的专长，往往在设计创意实施过程中起到很重要的作用，既可以弥补自身其他方面能力的缺项，扬长避短，因势利导，也可以把个人特长凝聚成设计物的独特风格。这种创意风格和技术风格，体现在造型、功能、操作、使用每一个设计环节，无所不包，无处不在。这种风格化的个人行事能力，与设计者平时的文化素养大有关联。几乎每一件高水平的设计作品，都有很强烈的设计者个人的风格特点。

图 2–11　明式官帽椅

设计者个人对生活常识的了解、待人接物的处世方式、自利和他利的双向利益考量，对设计的“预先设想”阶段产生最直接影响；具有自然科学知识、逻辑思维能力、强烈的个性和特长，对设计“实施计划”的安排产生直接影响。这六个影响设计行为的文化单元，彼此间也会相互影响。之所以强调“直接影响”，是因为它们所起的作用是“第一层次”的、不可或缺的、决定性的。比如，如果一个人对日常生活常识（大到个人的“自然观”“人生观”“宇宙观”，小到个人的衣食住行常识）没有一定的了解，又怎么能指望他设计出能改善某种生活状况的作品来呢？没有正确的待人接物方式（大到“人际观”“物用观”，小到节俭方式、待客行为），怎么可能端正设计为他人服务的设计态度呢？不能双向考虑自己和他人的利益（大到“人生观”“价值观”，小到个人在每件生活琐事上的“利益选择”倾向），就既不能设计好器物的“适人性”，也无法实现设计理应带来的双向利益最大化。当然，设计的全过程都需要很强的科学知识、逻辑思维、个人风格，但这后三点比之前三点，对设计的“预先设想”阶段的影响，却不是决定性的，它们的决定性影响在设计的“实施计划”阶段。比如，没有一定的自然科学知识，就不会正确选择材料、使用动力、发明技术和工具；没有逻辑思维能力，就不会正确编排工序、设置操作、推介成果；没有鲜明的个人特长和倾向性，设计就不会有独树一帜的风格化特点——这些能力，是具体实施设计设想最关键的保障。至于生活常识、待人之道、互利思想，虽然对设计的具体实施也有影响，但比之后三点，却是相对次要的，不是决定性的。

设计者个人文化素养的各个单元在设计全过程的影响中，与设计诸单元形成一定的"对接关系"。如在"预先设想"阶段，设计者自身丰富的生活常识能直接导致"设计动机"的产生；从容、淡定的待人接物方式，能直接树立设计者的"设计态度"；互利互惠的利益考量，能直接确定利益驱使的"设计目的"。在"实施计划"阶段，科学知识能使设计者拥有众多的"设计手段"；逻辑思维能使设计者采用高效、迅捷的"设计方式"；个人特长和嗜好运用得好，能使设计者的作品具有鲜明、突出的"设计风格"。

设计的一切利益考虑、价值评估、能否传承，最终都要通过生产和生活实践中的"设计效果"来体现。"设计动机"和"设计目标"与"设计效果"完全是两码事。动机和目标，仅仅是存在于设计者的"设想"和"计划"中的东西，能否形成最终的"效益"和"成果"，中间相隔的是若干单元的具体步骤，差距何止十万八千里。即便"设计效果"最终出现，也还在继续分解，要么消失，要么继续。"设计效果"最直接的反映是"设计收益"，这个收益是设计者和他的设计服务对象（消费群体）的"双向受益"——使用者解决了生产、生活中的麻烦；设计者则获得了真金白银的设计费用和部分的愉悦感、荣誉感。"设计效果"还间接产生了多方面的"设计影响价值"，不光是设计的使用者、设计者的收益，还包括收藏者、占有者、鉴赏者、学习者（甚至包括剽窃者）的"次生收益"。设计价值不仅仅是器物原始的"功能价值"，还包括许多连设计者和最初使用者也无法预计的各种附加价值，以及间接的、持久的文化影响价值。人们的生活状态、经济水平、社会地位、职业习惯、宗教信仰不同，对"设计价值"的评价便有所不同。优秀的设计案例，都是那些曾经影响过当时和以后人们生产、生活方式的事物。"设计效果"的最高级形态是"设计传统留存"，即被列入设计传统的设计事物，其设计效果必须经受生产和生活实践的长时间反复检验，并且不断地重新进行"改良性设计"，才能在某个特定时空概念中形成设计传统——被人们奉为"统一制式"流传开来，传承下去。在被全世界人们称为经典的杰出设计案例中，绝大多数都属于"改良性设计"就是这个道理。

接下来从设计发生的角度，侧重分析一下设计者文化素养与设计行为之间内在文化条件的具体关系。

如前所述，设计者的文化素养主要包含"生活品位"和"生产技能"，设计者的"生活品位"又具体包含了三方面的内容：设计者的"生活常识与习性"、设计者的"待人接物方式"、设计者的"双向利益考量"。它们是设计动机产生、设计态度树立、设计目标确定的基本条件。一个人的生活常识的具备和生活习性的养成，本身就是变化—教化—再变化的文化学习结果。人的学习主要有两种途径：直接学习和间接学习。直接学习的方式，是指在亲身经历中不断"试错""纠错""除错"，以总结经验教训，直接获得认识论知识和方法论手段。直接学习的优点是直观、生动、容易理解、容易牢记；缺点是局部、片面、容易主观武断、容易自以为是。间接学习的方式，是指向前辈、向书本、向其他亲历者学习经验教训，不必亲身经历，即可间接获得认识论知识和方法论手段。间接学习的优点是全面、客观，容易产生对事物规律性的正确判断，也容易培养自己的逻辑性思维能力，缺点是抽象、空洞，容易与实际相悖，容易与现实脱节。人的生活常识，是通过对日常生活的间接学习和直接学习得以形成的，大文化环境的影响，对人的生活常识的形成产生最重要的作用。日常生活中人的习性差异，则是作为个体的人在各自性情、体质、生活状态、文化吸纳程度等诸多差异的综合作用下造成的，特定的文化空间、文化的多样性选择、地域文化的独特性，对人的生活习性养成起重要作用。

让我们具体举例来说明设计者的"生活常识"与"生活习性"对设计创意的产生究竟能起什么样的作用。

魏晋南北朝时期的人们，已经有了一些与汉时不同的家常用具，包括床榻、圈手椅和光面小凳，这些家常用具其实早在东汉时期就已传入中原地区。从东晋顾恺之的作品中常能见到当时的这些物品。例如，顾恺之《洛神赋图》中船楼底层的桌子及桅顶亭式座灯，卷末人物之坐榻；《女使箴图》妇女化妆用品有镜架、漆奁、胭脂盒等；《列女仁智图》的男主角三面有卧式漆屏，下方有配置遮蔽灯罩的三枝头铜架灯盏和青瓷豆灯，面前有温酒套钵及托盘中的高脚杯、酒枣等。其他同时代画家也有许多对各式家常用具的描绘，其中突出的有南朝画家顾闳中的《韩熙载夜宴图》等。这些画卷都是我们研究了解魏晋南北朝时期日常生活方式的珍贵资料来源。

自从张骞奉汉武帝之命出使西域，第一次打通西域各民族与内地汉民族的商贸之路以后，胡人（包括南亚、西亚、波斯、欧洲及后来的阿拉伯人）的许多文化事物都经由"丝绸之路"进入中国。胡人（特别是阿拉伯人）生性闲散，讲究生活的舒适度。一个男性胡人每天有三件大事是不能马虎的：洗浴、抽烟、祷告。这三件事占据了胡人除睡觉之外的大多数时间。洗浴用具、抽烟用具和礼拜用具应运而生，出现了浴桶、勺、供水装置、皮囊扁壶、圈手椅、交椅、马扎（俗称"胡凳"）、罗汉床等形形色色的生活用具。这些胡人的生活用具由商人、学者、旅行家传入中国，于是汉人也逐渐接受并喜欢上了这些很实用的家具，又根据自己的生活习性进行改良性设计，后来形成了"有本土特色"的中国式家具：榻—床—炕、板凳—条凳—鼓凳、托盘—托案—桌案—条几、脚垫—踏步—扶手椅—官帽椅……在这些家具的形成、传播、改良过程中，对"生活常识"的充分了解是制造这些家具的工匠们产生设计动机的出发点。工匠首先要知道自己要造一件什么样的家具，这件家具能解决什么样的生活问题，自己造这件家具能得到什么样的好处——这些问题都要在掌握生活常识后才能解决。设计者个人的"生活习性"也起到了重要作用：也许制造家具的工匠并不知道胡人会在圈手椅中盘腿、靠背，斜倚着吞云吐雾几小时，但凭借自己的生活阅历就能揣摩出让自己打造的扶手椅有什么样的结构，以使将来的扶手椅使用者能坐得舒适、长久。常识一般指宏观的规律性的集体性知识，习性则指一类人、一个人特有的性情习惯。如果两者兼顾，既满足椅子的共性功能需要，又满足椅子的个性功能需要，通常是工匠们必须遵守的扶手椅设计原则（图 2-12）。中式的"圈手椅"与胡人的"圈手椅"相比发生了一些结构上的变化：椅子的扶手更长，椅子的腿脚更高，椅子的坐面更大。这个改良性设计，就是设计者的“生活常识与习性”作用的结果：中国人不一定盘坐在椅子上抽烟，但也许要更长时间盘坐其上打坐、小憩、会晤、下棋，甚至进食。加长的圈手，有利于手臂不断变换架靠姿势，既减轻上身自重，又分摊全身体重对脊椎和下肢的压力。加高的椅腿，有利于双足间断地呈九十度自然下垂，既能改善静止状态时必然出现的下肢“血脉不和”，又可以迅速站立起身去做事或迎客。加宽的坐面，有利于身体倾斜角度获得椅内更宽松的自由空间，或斜倚或正靠，或后仰或半躺，姿势的多样化直接有益于坐姿的舒适度，提高坐姿的耐受程度。当然，发展成明式家具这样的经典杰作，肯定历经了逾千年无数次的改良性设计，累积了许多设计者和设计消费者的“生活常识与习性”。

图 2-12　圈手椅

设计者的“待人接物方式”决定了设计者的设计态度。设计态度，专指设计者在设计全过程中“待人接物的方式”，包括设计行为中如何处理人与人之间关系的基本态度，主要指设计者与服务消费方（指设计消费者）、协作攸关方（指设计合作者）两方面之间的关系；设计态度也包括设计行为中如何处理物与物关系的基本态度，包括原料与成品、成本与功能、实用与装饰、原创与改良等，主要指设计者在设计创意的“物化”过程中的基本态度。

我们时常惊叹古代中国奴隶制和封建制社会下的造物文明之发达，却时常忽略了其中被长期扭曲的“人与人”“物与物”关系。在几千年漫长时期内，工匠作为所有生产工具和生活用具的设计制作主体劳动者，很大程度上并不能享有设计者的合理权益。设计者与消费者的人际关系，完全由设计者自身的社会地位而定，设计者本身的主观意志，倒不能左右了。奴隶制条件下，君主和社会上层阶级不但占有了全部的文化资源和自然资源，甚至控制了工匠的人身自由；封建制条件下，国家管理者和文化阶级继续占有绝大部分文化资源和自然资源，但工匠的人身自由有所改善，并可享有部分权益。从远古玉器到商周青铜器，从长城到骊山陵，从两宋“官窑”到大明“果园厂”，可以说，灿烂的古代中华文明，都是在不平等的“人与人”“物与物”的生产关系条件下创造出来的。值得感叹的是，在这样的物质和精神条件下，一样会有精湛无比的技术、奇妙绝伦的创意产生出来。

设计过程中的“人与人关系”，最重要的莫过于设计者的劳动成果的署名权问题。因为这不仅关系到设计者的劳动收益、发明专利，还关系到社会的认可度。我国史前的诸种发明与设计，皆归功于大人物和最高行政首领，托伪其名而传于世，真正的发明者、设计者并没有得到认可，如“燧人氏取火”“舜帝髹漆”“嫘祖养蚕缫丝”“有巢氏筑屋”“神农氏农耕”“仓颉造字”“文王推演八卦”，等等。发明家享有署名权的事例，可能最早要算东汉的两位与宫廷关系密切的人物：官运亨通的张衡和太监蔡伦。张衡曾做到太史令、河间相、尚书，发明了监测地震的“浑天仪”；蔡伦为宦官，在西汉造纸技术的基础上加以改进，发明了“造纸术”。至于更早的工匠署名，那倒不是为了表彰功劳，而是一种问责制：谁做的器物出了问题，由谁领受处罚。这方面事例就很多了：战国乐器“磬”、秦兵马俑坑随葬青铜兵器、西汉马王堆漆器、宋元明清“官窑”瓷器，都部分记有工匠署名，特别是明代修筑南京城的数千万块形制划一的城砖，有从管理者到制作者、从隶属官衙到民夫编组的详细资料。中国封建制社会第一位以设计与制作器具得名的设计师首推造剑师欧冶子，可惜仅有文字记载，并无实物佐证，不知道是否在作品上署名。元代雕漆名家张成，以技博名，被皇上封官四品。明清具有专长之工匠（瓷器、漆器、金银錾刻、玉器、石玩、制印、刺绣等）因受皇上赏识，被赐个一官半职的，就大有人在了。

设计实施计划阶段“物化转换关系”也决定了设计态度中的“物与物”关系。在奴隶封建制条件下，同样用途的器具，因“官”“民”之分，凝聚其中的材质选择、技术含量、装饰程度，都会有天壤之别。单拿任何人居家过日子必不可少的灯具看，宫廷和官绅用的灯具，使用功能上虹吸转向，一应俱全；工艺材质上鎏金错银、富丽堂皇；装饰造型上人神禽兽、无奇不有。最著名的几组灯具，如史前“三星堆扶桑鸟枝青铜灯盖”、战国“十五连盏”铜灯、西汉“长信宫”女俑铜灯、东汉“错银铜牛灯”等，确实都凝聚了当时自然科学和人文科学的最高水平，代表了某一时代或某个地区的最高科技和艺术成就。民间灯具同样反映出当时的自然科学和人文科学成就（图 2–13），而且更能代表中国设计传统的特点：因陋就简、因材施工、因地制宜，用最实用的功能、最节俭的能耗、最低廉的造价、最简易的材质、最朴素的装饰、最易行的工艺，制造出更适宜大范围传播、更适合大众需求的灯具。而且不仅仅用于夜间照明，还深入到民间生活的每一个生活领域：婚丧嫁娶、节日喜庆、庙会社火、祭祀礼仪等（图 2–14）。

图 2–13　民间陶制灯豆

图 2–14　浙江平和老艺人马必重扎制的“走马灯”

“双向利益考量”方式，是设计者的“生活品位”中能直接决定“设计目的”的关键部分。利益考量，无疑是设计者在确立“设计目的”时必须重点思考的内容，它是一切设计行为的原始动力和终极目的。天下攘攘，皆为利往。设计者如果没有以自己的劳动换取获利的初始动力，设计行为是不可能发生的；反之，设计者如果不考虑如何让设计消费者最大限度地受益以实现自己最大限度地受益，设计行为是不可能实现预期效果的。没有双向利益考量意识所驱使的“创意”，根本不可能成为“设计”，而只可能成为“艺术”。因为艺术家（包括画家、雕塑家）不一定要按别人的意愿来创作，也不一定要通过别人的消费来实现自己的价值。相反，很多大艺术家终生郁郁寡欢，一辈子不得志，甚至可能生前连一张画也没卖掉（如凡·高、塞尚、高更等），却并不妨碍他们成为人类艺术史上最伟大的画家。设计者则不同（古代叫工匠、匠人、手艺人），他们生来就必须通过实现设计消费者的最大限度受益来获得社会广泛认可，进而实现自己的价值（包括物质欲望和精神愿望的双重满足）。没有一位设计师能够像大画家那样，把自己的设计稿塞到衣橱里、床底下，待身后百年来获得社会认可，成为“杰出设计师”。这是由人的造物行为（包括设计行为）的普遍规律性所决定的，也是我们区分设计行为和艺术行为的关键之处。

在奴隶封建制条件下，所有“官具”设计行为的受益主体自然是器物的使用者、占有者，以人身限制和“零交换条件”的赏罚制度，使器物的设计者、制作者基本没有表达自己“利益考量”的空间。只有“民具”设计行为能相对流畅、清晰、自然地反映中国传统设计关于“设计目的”的“利益考量方式”的脉络。任何造物—设计成果能否被列入文化传统，最根本的衡量标准是看它在受益群体的层面、人数、范围、时效上的具体作为。过于狭窄的受益面，必然人数少、影响小、时效短，既无法形成令大众受益的“统一形制”，又无法长久承传。很可惜这个关于传统事物判定的深刻道理，并不是每一个搞中国历史学术研究（通史、断代史、专业史）的人都能明白的。很多史学内容（特别是各专业史）难以涉及史实的本质，仅能从文献、文物的表象上做些“隔靴搔痒”的肤浅研究。

拿中国“造纸术”来说，其历史很悠久，最早能追溯到春秋的“絮纸”。为什么到北宋才真正成为在世界上都有重大影响的科技成就？就是因为受益主体的深刻变化。其实西汉已开始造纸，东汉蔡伦加以改进，技术层面早已相对成熟。但如同其他的科技发明、设计创意一样，由于社会上层对文化资源、生活资料的独占性，使得纸张仅仅在宫廷、官绅范围里专用，得不到普及推广，更得不到改良、提升，使纸张的社会普及直到几个世纪以后的北宋才得以实现。从张择端的《清明上河图》就能看出纸张在宋代社会被广泛运用的丰富事例。纸张的广泛使用，已渗透到北宋时代大都市的民生百态：建筑内部的天棚、墙壁糊裱，建筑外部的窗纸、店招，人们拿的纸扇、纸伞，屋檐下挂的纸灯、纸幌，杂货店铺里出售的“一闲张”纸胎漆碗，油盐酱园里使用着纸做的容器，大街上到处是代人书写契约、书信的摊位……纸张受益主体的快速扩张，使造纸业不但成为两宋社会与瓷业、丝织、盐业、造船并立的五大支柱型产业之一，还极大地促成了文教事业的全面兴盛：纸业的繁荣，使普通人书写、交流成为可能，汉语言文字开始前所未有地普及开来；语言、文字的普及又促成了各种形式私塾、学堂教育的普及；教育的普及使纸业需求进一步扩大，促进了雕版印刷业的兴起；纸本印刷业的技术发明和改良，使一大批古籍经典在北宋时代被刊印发行；长期依靠有色金属铸造的中国货币，依靠纸的媒介，终于诞生了全世界第一张纸币——“交子”；以粉壁、木板、丝帛作画的中国平面绘画，也依靠纸的媒介，终于形成“文人画”——纸本卷轴水墨画……宋代纸业大发展导致社会经济、文化教育事业大发展的史实，为造物—设计行为的“双向利益考量”对设计事物的决定性导向作用，提供了最好的注脚（图 2-15）。

图 2-15　江西华林宋代造纸作坊遗址之水能舂料机械

设计者文化素养的“生产技能”部分，是指以自然科学、人文科学知识为主体的“认识论”知识，以及个体在生产实践中的技能经验、生产环节中的技能作用、生产分配中技能转换的“方法论”知识。设计者生产技能的认识论和方法论知识，都是设计者个人通过社会生产劳动直接或间接学习，反复体验才形成的知识结果。

二、设计消费者的文化习惯

为了论述的方便，我们把设计行为的受众、设计的服务对象、设计成果的使用者和占有者等设计行为发生的实际受益群体，统称为“设计消费者”。设计消费者的文化习惯，是设计的“内在文化成分”之一，也是设计行为发生的重要依据。设计效益能否实现，最直接的判定标准就是设计消费者的满意度。而设计消费者的满意度，往往又不完全取决于设计者自身的文化素养、设计物的文化含量，还与设计消费者作为群体存在的社会文化状态、地域文化习俗、种群文化特性有关。我们把这些文化事物的状态、习俗、特征统称为设计消费者的“文化习惯”，它们是深刻影响设计创意与实施行为的内在文化条件之一。因此，对历史上任何造物—设计行为的研究，绝不可能回避对设计消费者文化习惯的总体研究。

设计消费者的文化习惯，其实也是与设计者近似的文化习惯。如果脱离了这种近似的思想行为的内在联系，设计行为就丧失了实际效益空间。没有实际的“即时消费者”的设计，就是个“伪命题”“伪创意”。之所以把设计消费者所处的社会文化状态、地域文化习俗、种群文化特性统称为“文化习惯”，是因为作为设计受益主体的消费群体性文化元素，总是以文化传统的“习俗惯性”影响着设计行为。这种群体意识的习俗惯性，偶尔在设计者的创意引导下偏移出常态运行轨迹，发生转向、变化，但大多数时候左右着设计者的意识，决定设计品的成败与否。在设计者的先验创意影响下，一次次偶然性的偏移、变化的不断累积，又会形成新的设计消费者“习俗惯性”，去制约后来的新的设计行为。设计消费者文化习惯对于设计行为的影响，可以从人的文明教化链接全过程中找到无数事例来佐证说明。

比如，类人猿在淡水河边饮水，开始总跟当猴子时的习惯差不多：或撅臀埋首，或圈掌掬手。当第一个“讲究人”擦去一片蚌壳的泥垢，开始用它盛水喝，还将它带回地棚中慢慢享用时，其他“人”开始时对这种“反常”举止总是反感的：“这小子想搞什么名堂？以为自己是什么玩意儿呢，装正经，出风头。”渐渐地，大家发现这个喝法好处很多：既可以夜里渴了随即取而饮之，不必深更半夜冒风险去河边喝水；也可以避免因不卫生的杂屑污垢导致拉肚子，喝法挺斯文，而且还不累。于是竞相效法，更多的“取水”“盛水”“储水”方法和器物亦被发明出来，渐成新的饮水习惯。这种人的早期饮水习惯，不再是猴类、猿类的标准动物饮水方法，谁不依照这个新形成的“文化习惯”喝水，又会被人们骂成没文化、不文明。

再如，当农耕时代开始，稻米熟食已成为人们早期生活的主食方式之后，鬲、釜、鼎相继被发明、设计出来。人们开始时无法直接食用煮沸的食物，都是待炊具冷却一段时间后再以指攫而食之——人手掌的第二指被称为“食指”，大概就是这么来的。或者干脆用单枝状结构的棍棒或木铲挑出来，切碎加工后分食。当第一个“讲究人”撅了两根细长树枝（或细竹条），先是笨手笨脚地双手并用，后是单手熟练操作，从滚沸的炊具中夹取小块食物时，旁边的人一定有一轮“这家伙猴急成这样，真没规矩”的议论。渐渐地，大家发现这个吃法好处很多：既可以确保食物温度，也可以根据各自的口感来控制食物煮烂的程度，进食也能端坐如仪，斯文有致。于是竞相效法，筷子便流行起来，食物也事先被加工成细小片块再下锅（这个边做边吃的方式，现在依然在中国各地流行，被人叫作“火锅”“涮锅子”）。这种以筷子为主要攫具、即时煮食为主要炊事、先期深度加工为主要厨艺的餐食方式，成了千年来流传不变的中国人标准进食方式。现在如果哪一个中国家庭进餐时，有人以手向食，抓之、捞之、团之、舔之，一定令周围人恶心反感，认定这小子“非我族类”。

又如，洪荒年代的首领穿戴和民众比较接近，老百姓跣足蓬首，最高首领最多穿双兽皮毡靴、戴个斗笠。这个鞋子的变化发展过程，就折射了设计消费者文化习惯的进化过程。先民生活艰辛，四野莽荒，虽皮粗肉糙，也在乎沙粒石子硌脚，于是便有了最初的木屐。它的最基本设计元素，被当时的“设计消费者”广泛接受后渐成“文化习惯”，人们便开始以着履外出为生活常态了。这种单片木屐在后来的春秋时期发展成有齿木屐——前后排各设置木齿配件，分别在上下坡时交替使用。再后来出现了鞋帮、靴筒，完整意义上的“鞋子”就诞生了。中国古代的平民拮据维生，多半穿不起鞋或不能常年穿鞋劳作，只能以草为材，编结草鞋。但中国人的草鞋设计与制作，却体现了极高的设计水平，包含了中国设计传统的很多优秀元素。中国古代的民间消费群体对草鞋设计给予了极大的认可——中国人穿草鞋的历史，几乎和使用筷子的历史同样长久。温州双屿镇现仍有草鞋生产销售，草鞋虽然已很少有人穿着，但草鞋的设计元素却以更多样的材质、款式、功能，存在于我们现代人的日常生活状态中。因为草鞋在设计伊始，便包含了鞋类最重要的功能设计，后来的鞋类设计只能据此类推，换汤不换药，并无多少“改良设计”的空间。我们把这类流传至今，既能代表中国人自古形成的设计传统，又没给后来设计师留下更多功能改良设计余地的杰出案例，称为“终极设计”范例，即发明初始便形成“统一制式”并长久流传的经典案例。

与特定时空的社会主流消费群体发生关联的设计，通常代表着这个特定时间、特定空间的主流设计状态；如果这个设计具有相当广泛和长久的文化影响力（指对社会的生活方式与生产方式的深度影响效果），我们就把它列入设计文化传统中加以研究。因为只要是涉及传统的事物，一定在时间上和空间上都经受了社会最广泛的设计消费者群体最长久的“文化习惯”的时空检验。设计文化的研究目的之一，就是要通过对各个时代设计事件对设计消费群体“文化习惯”发生的影响，梳理出能代表我们民族传统设计文化底蕴的传承方式和脉络延伸的演化路径，进而使有志于继承、发扬“中国风格”的现代、未来的设计者受到启迪。

三、设计物的文化含量

设计物，也称“设计作品”“设计产品”“设计受体”等，换句话说，就是经由人的设计创意、制作后形成的人造器物，包括所有的生产工具和生活用具。设计物的文化含量，取决于设计者的文化素养和设计消费者的文化习惯。设计者的文化素养有时对设计消费者的文化习惯起引导作用，体现在设计物的新功能、新操作方式和新的图式所反映出的文化寓意方面；但大多数时候还是受其制约，体现在设计物的功能设置、操作方式、成本考虑以及造型、图案等装饰趣味方面。设计物是设计者和设计消费者之间发生利益联系的唯一媒介物和思想交流的唯一载体。设计者通过设计物的使用实践来检验自己的设计效果，并试图引导设计消费者改变消费习性；设计消费者在设计者的设计行为发生之前对动机和利益的考量起决定性影响作用，在设计行为发生后对设计成果和设计价值起纠偏性影响作用。我们把设计物对大众消费及连带的生活方式的文化影响程度，称为“流行”。设计物的文化含量，是设计行为的社会影响力的“酵母”，它是经由社会消费的空气、土壤、水分、温度来产生作用的，最终酿化成对人们生活方式的改变。这个变化，往往不以设计者的主观意志为转移，而是以社会主体阶层（平民百姓消费）为基础，社会主流阶层（中产阶级消费）为管径，社会主导阶层（精英分子消费）的全社会消费行为逐渐演化形成的。

有三个词汇——“时髦趣味”“时尚风格”“时代精神”经常被用于形容社会生活中流行趋势出现的新变化。这种新变化，主要是由围绕着设计物而展开的一系列事件导致的。“髟”，长发下垂的样子，加个“毛”，成了“髦”，意指毛发之中略长的那几根。《说文解字》解释为“杉之壮发也”。“时髦”延伸出来的意思，是指与一般事物稍有不同、略有所长的时下事物，如一条花边，一把小扇，甚至一个手势，一个眼神，都可能成为一种“时髦”。“尚”，古义为“上”的通假字，做动词使用，有崇敬、重视、效仿之意，如“学者多称五帝，尚矣！”(《史记·五帝本纪》)，“尚前良之遗风兮，恫后辰而无及”。(《张衡·思玄赋》)“时尚”，是指一时能引领潮流的事物，通常不仅仅是某一种单列的物品，而是围绕它发生的一系列影响和变化，形成了一种风格模式，供人们主动地学习、效法，导致有一定影响力的新方式、新方法产生出来。如“城中好高髻，四方高一尺；城中好广眉，四方过半额；城中好广袖，四方用疋帛”(《东观汉记·马廖传》)，这是一种服饰款式、化妆情趣方面的“时髦”之举；“吴王好剑客，百姓多创瘢。楚王好细腰，宫中多饿死”(《资治通鉴·汉纪三十八》)，这是一种君王引领下的尚武尚美的“时尚”行为。“时代精神”则在时效和范围上远远超过“时髦”和“时尚”，用考古的类型学观点看，具有“时代精神”的事物，多是每个时代具有标杆性正面含义的个别事件，能代表当时价值观显著特征，是解读那个时代文化进步性质的参照标准。人们依据它们，能推论出其他未知事物的属性、品类和大致时间、发生范围。如“精卫填海”“愚公移山”“苏武牧羊”“雷锋精神”，都是当时社会的文化象征、时代精神，而且能超越时空，是历代社会人们精神追求的学习榜样。

在人的日常生活中，经常有些不起眼的小物件出现，它的造型款式、使用方式、用后效果，能引起人们某种情绪上的小波动，营造出一些小情调，造成一些小轰动，形成一种生活趣味上的小流行，最终导致人们日常生活上一些小小的改变，这个流行现象叫“时髦”。这个改变是中性词，好坏不一定，真正的价值在当时一般很难辨别。“时髦”的事物一般很短命，不久即被大众厌倦、抛弃，自然这个“时髦”小物件就不再流行，彻底失去影响，消失了。如果它有幸能延续下去，成为比这个事物所流行区域更高一个层次的社会阶层的人们所仿效的事物，或者干脆直接产生于社会的“夹心层”(指中产阶级、布尔乔亚、小资、白领等)，就会被作为一种模式在一定的时空范围里固定下来、流行下去，这个流行现象叫“时尚”。如果超越了时空界限，这个事物依然被一代代人长久牢记，持续流行，它就会被奉为这个特定时代的经典事物，成为这个时代的一种文化象征而永载史册，这个流行现象叫“时代精神”。古今中外，曾有过无数的设计案例，真正能列入“时代精神”范畴的设计物，如凤毛麟角，少之又少；堪称“时尚”的设计物，如群星璀璨，时有所见；被称为“时髦”的设计物，就不胜枚举、数不胜数了。什么是具有时代感的设计事物？就是那些被当年时代的雨雪风霜啃噬得斑驳陆离的“怪玩意儿”。时代感强的东西，一定与过去人们的审美习惯相符，却不一定与现代人们制定的各种审美标准平行，时时散发着唯有那个时代所独有的浓烈的文化气息。以上是笔者看着一张家庭旧照时的感想，里面有一架母亲常用的、笔者在儿童时代就很熟悉的老式缝纫机，生铁铸的脚踏板上还翻造着一行字：南京市红星工业生产合作社，1952 年。

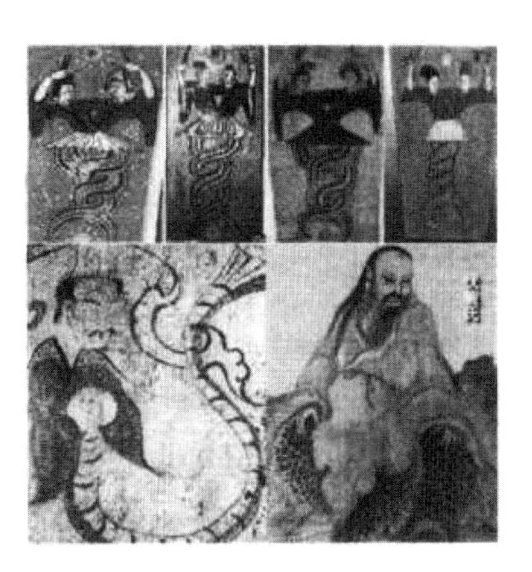

图 2-16　一组不同时期画作中伏羲与女娲发型的比较

研究历代的女性发型，应该是解说社会流行发展趋势最好的设计史教科书。从古籍文献中的图形史料看，史前女性的发型并无太多可考之据。但有一点可信，就是作画的古人们都认为，先祖时期女子的头发就该盘卷在头上，而男子头发或披或结，都不及女子高——虽然男女都不理发（图 2-16）。洪荒初耕，诸事维艰，男女闲时披发及肩，劳作时皆绾发（就是把头发打一组结）。唯一的区别，就是女人发结打在头顶的发根之处，且盘束数道，由荆钗骨簪固定，形成发团，所以发卷在上；男人发结打在脖颈之后，仅一挽而已，所以发束偏侧。女人先于男人束发于顶项之上，是由当时社会的特定文化角色决定的；农耕发展起来以后，“母系社会”瓦解，男人成了生活资料的主要来源和人口繁殖的“血亲父本”，其主要社会角色唯“田力”而已。田间劳作，蛮力当先，顶上个发卷，不利于脑袋出汗时快速散热，所以披发、束发，关系不大；马虎挽结个“马尾巴”发式，在脑门上箍一道布质“汗带”（跟现代网球运动员头上戴的发带的功能差不多，以免汗水流入眼眶中，其中盐分腌辣眼睛，妨碍工作），就算挺“时髦”了。女人被留在家中，主要工作是照顾孩子，还要喂猪饲羊、洒扫浆洗……工作对象、工作方式极为繁杂多变，头发若四散乱飘，一来会妨碍怀中婴儿哺乳、进食；二来畜栏结构复杂，披头散发若有羁绊，容易受伤；三来女人操持家务，在屋内外跑出跑进，也不轻松，大汗淋漓亦属正常。若散发披面，和着汗水，可能阻挡视线，所以不如干脆一绾，顶于头上了事。后来农业和手工业发展，国家形成，社会经济百业分工，不唯农耕为业，还出现了完全脱离“田力”的皇权贵族、商贩乡绅。于是男人们也学着女人绾发，再将发团以布帛裹之——这个裹头发的小方巾织物，就是当时社会流行的“时髦”物件，各依自己的经济实力置办，金缕银囊，尽显妖娆。有些还学女人用起了各式发簪。这些脑袋上最初的“服饰工程”设计，便是男人帽冠之雏形。女人则更加努力地把头发卷做大做强，搞出各种在我们今天看来不可思议的“时髦”发髻样式。殷墟出土的商末期“妇好墓”，有一尊玉雕人像（图 2-17），据说就是“妇好”本人的造像。她的发型很是讲究，先是在脑后被分组编成无数小辫，然后结成平面网状向前延伸，于额骨前上方再“绾”成横卷（里面衬件估计是筒状玉器或金银器），颞骨至枕骨顶部皆有弧形固定头饰，兼有其他坠饰，或插或戴，悬挂两侧，材质估计也是金银或玉。妇好这个发型，不但技术难度太大，而且费工耗时（每天边上没四五个小宫女、老宫娥忙手忙脚伺候着忙活一两个时辰，根本没法完成），靡费甚巨（一脑袋顶戴，随便拔一件都能让普通人吃喝一辈子），一般女人就是想学着“时髦”一下也办不到。因此“妇好发型”肯定流行不起来，就不能叫“时髦”了，不妨称之为“时尚”，即一种象征着特定阶层高贵身份的文化符号。具有“时代精神”的女性发型，应是“五四”之后普及于社会各新式学堂的“学生头”（后来也被人戏称为“耳道毛”“妹妹头”）了。据传“学生头”发轫于英伦，传于东洋，在新文化运动前后传入中国。其发仅及肩颈，无须编结，且无任何簪坠饰物，不但尽显干练清爽、朴素大方、自由外向的新女性精神面貌、革命气质，亦符合职业女性生活节奏加快、争分夺秒、无意过多耗时粉饰的新式流行思想观念。从诸多民初文学艺术作品中我们得知，每一个第一次剪新式“学生头”的青年女性，都仿佛经历了人生的重大抉择，完成了在心理上与封建礼教彻底决裂的“断奶”仪式，下决心投奔到火热的大时代革命潮流中去。当然，剪“学生头”的新女性们的革命理想成功与否，另当别论。可以说，中国社会几千年，没有哪一种发型像民初“学生头”那样具有鲜明的“时代精神”，含有丰富的进步文化价值。“学生头”一经流行，不但成了旧式女性和新式女性的身份标记，人们还发现“学生头”在审美上也有许多长处：不事卷束的一头直发，其如丝如缎的黑质，既可以衬映东方女性之粉嫩肌肤，刘海边梢还勾勒出（或遮掩）其椭圆形脸蛋，可尽显我国青年女子脸型精致玲珑之娇美。于是社会女界大兴“革命”之风，几乎一夜之间全剪成了“学生头”。直到今天，此发型依然常盛不衰，只是各色人等因身份和想法不同，在边沿末梢上烫染些“时髦”小花样而已。其基本样式，迄今逾九十年不变。

图 2–17　“妇好墓”玉雕人像

随着人们生活方式和生产方式的不断变迁，生活用具和生产工具也不断发生变异，大多数永远消失，少部分脱胎换骨得以延传，极少数存留至今。中国古代社会也曾流行过许多“时髦”的事物，它们绝大多数早已从我们的视线中消失，一些为数不多的当年的“时髦”物件，以文物的方式存留于世。判断设计物的文化价值，要视其对社会生活方式的影响大小而定。流行起来的，不一定都是有价值的；时髦趣味，不一定都能成为时尚风格、时代精神。

第三节　设计的文化语境

设计的文化语境，主要指设计行为发生后的“外部文化条件”，通常指整个文化背景和社会环境的综合影响程度。这是设计效果发生、设计受益实现、设计价值肯定、设计传统形成的决定性外因条件。没有设计的文化语境，设计效果就很难实现，设计行为本身就会被否定，如同“水中月”“镜中花”一般。设计的文化语境，也对设计行为发生前设计者的创意构思产生间接影响，主要体现在设计者对自己和自己的服务对象（设计消费者）所处的整个文化背景和社会环境的判读上是否出现偏差，偏差的程度有多大。一般情况下，设计者对设计的文化语境的解读偏差与设计效果成反比；特殊情况下，设计者对设计文化语境的主动性调整、提升，是设计流行元素的基本动力之一（另一部分动力来源于设计消费主体的调整、提升需求）。

构成设计文化语境的第一因素是经济水平。一个社会的总体经济水平，决定了一切以社会成员为服务对象的设计行为的创意产生、实施可能、消费范围、受益程度。有什么样的经济水平，就有什么样的消费水平，也就有什么样的设计水平。因此，社会的总体经济水平，对所有的设计行为起着决定性的、不可逆转的、压倒性的作用，是设计文化语境的核心内容，也是设计行为发生的外部文化条件中的先决条件。

构成设计文化语境的第二因素是技术程度。以自然科学知识为先导的科技知识是推动一切经济活动的最大动力来源，经济活动又是人文科学建立的基础条件。一个社会的总体技术实力（包括实体造物技能和思想创意技能），通常凝聚了这个社会文化环境下孵化的自然科学和人文科学的具体成果，也反映了这个社会的生活状态、生产水平的基本面。因此，技术程度是制约（或促成）一切设计行为发生的重要外部文化条件。

构成设计文化语境的第三因素是人文传统。设计者的创意与实施、设计消费者的物用和心理需求、设计物的功能价值和导向意义，都无法脱离人文传统的强大影响。不同人文传统条件下的设计行为，很可能有截然相反的设计效果。

构成设计文化语境的第四因素是自然状态。一个社会的自然状态包括了地理气候条件、矿藏资源条件、人种族群结构等可资利用的总体自然条件，对设计物的材质选取、成本估算、动力来源、使用方式、流通范围等，都起到至关重要的影响作用。

一、经济水平

社会经济发展直接导致的结果，就是使人的生活状态得到极大改善，这是人所创造的一切文化行为的最初动机和终极目的。人的经济行为本身，就是一种地道的文化行为，是以文明意识的“物化”方式改善人的生活方式的行为。所有的文化形态，本质上都是经济形态的补充与完善。我们评判一个社会文化事物的价值，分析它的成因，最可靠的方法便是从研究它所依附社会的经济形态以及所达到的经济水平高度入手。

人在采食—产食、造物—设计的经济行为中孕育、催生了人的文化；人的文化，则教化改造了人本身，反过来又促进提高了经济水平。设计是人的经济活动规模、能力、成果达到一定程度以后出现的事物，是缩小人的主观意志与客观现实之间巨大差距的一种努力。设计的文化性，就是完全依靠经济水平才能体现出来的人性化、人格化、人文化内容。如果设计的文化性无法通过经济活动来展示其提升经济水平的基本功能，其文化性就根本不能成立。换句话说，如果造物行为最终没有获得一定的经济效果、不具备一定的经济价值、不存在经济受益主体，那它就不属于设计的范畴，有可能属于动物性本能的利用自然行为，也有可能是单纯的观赏性艺术行为。人的设计之所以不同于一般的造物行为，正是人所独有的文化品质使然，这个造物特点，又恰好反映出人在经济活动中思维的逻辑性和行为的规律性特征。

经济与一般性的劳作不同，是一种兼有“经营行为”（最大限度地组织起有效的生产和销售）和“接济行为”（最大限度地使占有者、使用者、消费者和自己双向受益）的群体性综合产销活动，设计仅是经济活动中的诸多文化形式之一。个人的造物行为，其成果的占有者、使用者、受益者如果只有他自己，这个造物行为则不能称为设计行为。设计行为必须包含完整的“经济利益链接体”：设计者和他的服务对象，以及他们的社会群体。之所以特别强调三者之间的经济利益链接关系，是因为设计的主体价值，首先必须要满足个人和群体具体的经济性物用需要，在此基础上才谈得上其他附加价值的实现。排除了经济性物用需要的任何创意与制作行为，任何单纯的政治性、社会性、文化性心理、情感、意识需要，都该被划分到艺术创作范畴中去，与设计行为无关。清醒地认识到设计活动的“经济性”本质这一条“红线”，可以使设计者产生有价值的设计动机、树立良好的设计态度、制定切实可行的设计目标，进而顺利完成设计实施计划。每一个时期的设计水平都伴随着经济水平的提升而提升；反过来，设计水平的提升往往也有益于经济水平的提升。两者属于交替促进、交叉影响的关系。

中国古代社会的主要经济形态集中于两大社会产业实体：一个是农业，另一个是手工业。整个中国古代的文化形态（包括设计），本质上都是这两大实体产业经济活动的配套服务体系。历史上无数有识之士都能理解这条颠扑不破的真理：中国社会就是农业社会；农业的命运，就是中国的命运。可以说，中国社会几千年的政治斗争、文化冲突，都是紧紧围绕着农业生产、农民待遇、农村状态展开的。尤其是近现代史波澜壮阔的大时代变迁，几乎每一次天翻地覆的社会改革，都与中国农业的命运紧密相连。连伟大的资产阶级民主革命先行者孙中山先生，都把“耕者有其田”奉为国民革命的最高政治纲领。毛泽东发展了源自欧洲发达资本主义社会的马克思主义理论，与中国革命实践相结合，坚持走农村包围城市的道路，创建了新中国。牵系着亿万中国人命运、孕育我们民族复兴希望的改革开放伟大实践，吹响的第一声号角就是中国农业的“家庭联产承包责任制”。四十年来，数十亿进城“农民工”（现在全国城镇还活跃着近两亿农业户籍人口）充当着中国经济改革的主要劳动者，以及城乡开放、产业开放、文化开放的主要实践者。如果没有他们的巨大努力和牺牲，一切改革和进步都是不可能实现的。

中国古代农业的伟大成就，既包括看得见、摸得着的“物化形态”的丰富成果：物产品种、专用农具、农田园林、水利设施等；也包括看不见、摸不着的“文化形态”的丰富成果：育种技术、耕作技术、排灌技术、收割技术、气象预报技术、土壤改良技术、田间管理技术、粮食加工技术等，以及与全部农业生产环节相衔接的农用器具设计与农业技术发明。中国古代农业不但养育了世世代代的华夏子民，孵化、培育了中国人世代相传的生活方式（稻米主食）和生产方式（粮、棉、桑麻种植），还铸造了中国古代社会几千年历史的文化传统，并向周边不断辐射传播，为全人类的文明进化做出了极大的贡献。

中国古代手工业，是除农业之外最重要的实体经济产业。如果说中国古代农业所孕育的中国文化传统还带有“农耕文化”的某些缺陷（以家庭社团为基本单位的、自给自足的小农经济的天然局限性），手工业则凝聚了古代中国自然科学和人文科学的最高成就，代表了不断更新、不断提升的先进经济生产形式，为每一个时期的社会经济不断提供生产效能的强大推动力，还为中国传统文化的更新换代与延伸拓展，不断注入新鲜活力。造物—设计行为，便是中国古代手工业这种经济推动力、文化影响力的重要组成部分。

中国设计传统有一个独树一帜的优点，就是用手来表达人的创造欲望、审美意识。与天然性经济成分占主导地位的农耕方式有所不同，手工造物方式一直是新思想、新科技步入民族历史的社会舞台。生产环节中手的运用占主导地位，加大了产品出现“意外”因素的概率，而“意外”的不断出现，又带来创新的机会。当代美国设计史学者鲁迪梅尔认为：“利用意外效果进行创造就是运用手艺过程的结果及品质。我们常说‘可喜的意外’，在创造过程里，‘可喜的意外’常被善加利用。简括地说，意外在手艺可及的范围里就是机会。”（《手工艺、创新和机器生产》）。古代中国人的每一项手工艺经济与文化成就，都是按照这种意外—机会—创新的循环更新模式发展起来的，是后来被千篇一律、简单重复的现代化机器系统生产所破坏的优良的古代文明缔造方式。全世界普遍实现电气化工业以后，为了抵消系统生产带来不可避免的机械重复所造成的产品创新意识普遍下降，人们把原来手工生产中集设计与制作、生产与销售多重职能于一身的工匠们，按各自在产品环节的任务加以分工，专门设置了“设计师”的职业，以加强对原型产品的“个性化”设计。古代手工业生产原有的循环更新模式，就被“压缩”到设计者对“原型样品”的“预先设想”和“实施计划”中去了。这也是现代经济条件下新型生产系统对古代文化传统的一种创新性的继承途径。

从史料文献中我们得知，虽然古代中国社会的经济性质被后人界定为“农耕文明”，但由于长期的单一种植型农业经济需要负担繁殖过快的大量新增人口，造成了自然生态的过度破坏，古代农业本质上一直处于超负荷运作状态，而且一直没能彻底解决中国社会的粮食问题。这个根本性的矛盾，也是导致古代中国历史中不断出现社会动荡、内部战争、民族兼并、政权更迭的重要原因之一。当每一个新兴政权取得稳定以后，能引起社会整体经济蓬勃发展的重要经济原因，大都是由手工业的新产品、新技术带来的巨大经济收益和文化突破。西汉前期“文景之治”的繁荣，与矿盐业和冶铁业有关；唐代“贞观之治”和“开元、天宝”时的盛唐景象，与丝织业、木作业、烧造业有关；两宋时代经济的持续繁荣，与瓷业、造船业、造纸印刷业、海盐业、冶金业有关；清中期“康乾盛世”，与织造业、彩瓷业、家具业、矿业、玉石业有关。每一种手工业的技术创新和产能突破，都会大大地将社会经济水平提升一步。

最值得夸耀的中国古代手工业成果之一，是随成吉思汗蒙古大军传入欧洲、进而传到全世界的“中国式马具”（包括铁镫、鞍桥和挽具）。从汉代画像砖和其他美术作品中可知，起码在魏晋之前，中国人骑马还没有铁镫、鞍桥，估计往马背上垫上一片毡子，就凑合骑了。生手骑没铁镫和鞍桥的马，跑起来必须双腿紧夹，缰绳紧挽，不然一推倒栽葱。这种骑马方式严重制约了无蹬无鞍时代骑手在马上做其他动作的能力。现存较早的铁镫，始现于东晋（图 2-18）。有了鞍桥和马镫，承载人体重心的下半身被从前后左右四个方向“固定”住，上身被完全解放出来，可以任意在马上做各种高难度的战术动作。在蒙古大军还没有横扫莱茵河畔之前，中世纪欧洲人最厉害的骑兵，看起来也显得十分笨拙、可笑：双方各穿一身百斤不止的铁盔铁甲，再一只手牵缰绳，一只手夹持一根杆子有碗口粗、丈二长的木柄铁矛，然后打马对冲——谁被刺下来，谁就输了。如果双方都没刺掉下马，就兜回头重新来过。基本上没有什么战术动作，十分枯燥单调（图 2-19）。中国马具传入欧洲之后，才使欧洲骑兵神气起来，学会了像中国军人那样在马背上张弓射箭、舞刀弄枪，各类小说中描写欧洲人骑马的情节也变得生动、活泼多了。

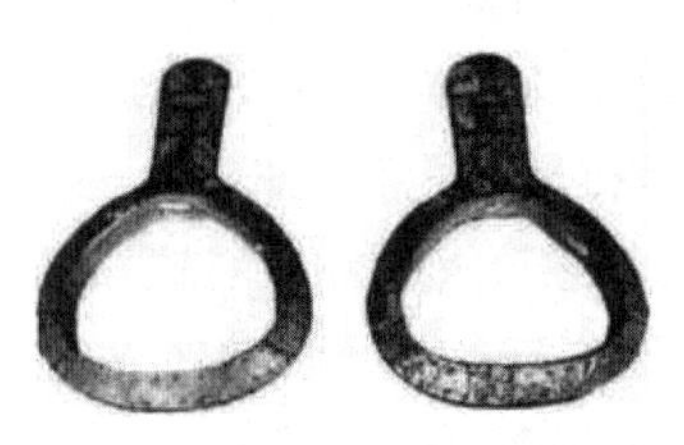

图 2-18　辽宁北票出土的东晋马镫

图 2-19　拜占庭帝国之重骑兵

中国古代社会经济的实体产业形式，除去官办产业可以“毕千人之力于一役”地组织大规模生产外，民间的产业主体，一般以家庭式手工作坊为主。这个具有特殊性质的产业形式，还负载了文明教化的附加功能。在利益完全一致的生产劳作中，心手相传的生产经验和生产技能被完整地承传、改良。一个出身于手工作坊的人，通常都具有丰富的生产生活经验，这对于人的心智成熟是十分便捷的教育途径。在对文化资源、生活资料实行独占的中国奴隶封建制社会，这种在手工产业成员之间自我完成的普及型民间教育，对于一个社会的整体文化状态而言，具有特殊的意义。可以这么说，中国古代大多数有关自然科技的发明创造，都来源于民间手工作坊的“世袭”工匠们。

古代农业和手工业，一直从根本上左右着中国古代社会经济水平的提升或下降。这是中国古代设计行为最重要的外部文化条件，也是一切产生设计创意、检验设计效果最重要的“文化语境”。

二、技术程度

中国古代社会的自然科学和人文科学成就，很大部分显现在中国古代的造物技术之中。与全世界主流文明形态一样，每当一种重要技术取得新突破，都会导致中国社会中经济、文化、甚至政治上的一系列连锁反应。例如，在战国时代，某一项手工造物技术的成果，甚至可以彻底改变一个国家的命运：赵人率先使用铁制铧犁，农耕业迅猛发展，使赵国一举成为国富民强的中原主宰；齐人率先使用木轮造车技术，百业跟进，使齐国一度称霸天下，号称“万乘之国”；而冲出函谷关的秦军，率先使用弓弩，借此掌握了战场的主动权、机动性，不但打败了原先在军队人数、战车装备上远胜于自己的赵、楚两国大军，兵不血刃地使齐国献册纳籍，签下“城下之盟”，还改变了战争的战术方式，以两轮战车为先导的列阵行进方式被彻底抛弃，以弓弩步兵和轻骑兵为先导的机动作战时代宣告来临（图 2-20）。

图 2-20　青铜弩机

很多西方学者质疑中国人在古代工程技术方面的成就，原因之一就是中国古代缺少西方人从古希腊、罗马时代就相对发达的像模像样的实用机械装置，因为这是一个主流文明形态能够达到什么样的技术高度的重要衡量标志。其实这个观点并不完全正确，因为各主流文明形态的技术方式虽然存在明显的方向差异，但并不存在明显的水平差异。在中国古代社会这样长期依靠农业、手工业支撑的“人口经济”状态，劳动力从来不缺乏，因此对于机械代替人工的迫切性，与古代、中世纪的欧洲完全不一样。古代中国的主体经济有两大优势：几乎取之不尽、用之不竭的人工劳力和人工动能；几乎放眼皆是、唾手可得的植物原材料，加之以血亲家庭为单位的农业经营模式（自耕农、契约田租雇农、季节雇农）和以家庭为单位的手工业经营模式（血亲家属、帮佣工、学徒、契约合作）的生产特点，更为注重作物和产品的成本低廉、使用方便，而单位产品的生产效能一向不存在外部压力，缺乏对大型机械运用和开发的兴趣。连营造业也体现了这样的特点，农民放下手中的农具，人人可以和泥翻坯、烧砖造瓦、伐木凿榫、立柱架梁。社会大型建筑营造项目，也多依靠征调农业、手工业劳力服“徭役”完成。这与人口劳力相对缺乏的古埃及和古代欧洲热衷于发明替代型劳力的大型机械的需求动力，完全不一样。充裕的劳动力资源、充分的天然原材料资源和成本低廉、操作简便、用途单纯的整体技术要求，是中国古代的技术发展方向和技术发明特点。

事实上，在古代机械的发明应用领域，中国人几乎涉及了每一个层面，还在减负传输（制陶拉坯轮具、独轮或多轮车辆、辘轳、水车等）、时空计量（记里鼓车、水滴沙漏、日晷、单臂杆秤、墨斗、步规、珠算盘等）、动能开发（水路风帆、多桅风车、鼓风机、水碓、火镰、家庭大灶、火炕、多用膛窑等）、精度加工（打孔器、石臼、石碾、扬谷机、砥石研磨等）等专项技术发明与应用上，有着自己独特的诸多贡献。这些机械装置的发明和技术运用，凸显了古代中国社会形态所达到的技术高度和文化深度，展现了古代中国技术程度的特点——创意巧妙而不繁杂，应用简单而不低级。

中国古代造物技术的优势，并不是通过机械装置的发明与机械产能的应用来体现的，而是通过精心设计生活用具、生产工具来体现自己的设计观念和技术标准。这些人造物充分体现了实用性极强的小型化、专项化、通俗化的，以人工动能为主、天然动能为辅提供动力来源的中国古代“技术特色”。拿运输工具来说，在蒸汽机车发明以前，中国人一直在陆上交通运输方式和水上交通运输方式上具有一定的技术高度。无论是大规模人群交通、物资运输，还是小范围的人员往来、物资分流，都有系统性的技术支持和设置装备。比如，古代战争有个特点——打仗打仗，说到底打的还是钱粮。粮草物资如何及时、充分、安全地输送到军事前线，是个事关成败的后勤保障问题。这就涉及技术成果如何灵活运用和设置装备如何“因地制宜”的问题。

自古以来，人们一直对秦国在攻打楚国时，是“如何保障六十万秦军粮草和其他战争物资”的问题充满了疑惑。楚国与中原诸国有两点很大的不同：一是地域辽阔，战略纵深大。楚国国土面积有长江北岸其他六国面积相加总和那么大，与秦国相距遥远，郢都等战略要地离秦地边界的直线距离，比秦到其他六国最远端都要长很多。二是地质地形条件极为复杂。作为秦军伐楚战略方向的江汉地区，水网密布、沼泽遍地，且多有丘陵、坡地，对大规模集群行进和粮草运输极为不利。悍马强弩的秦军，习惯于北方平原地区的作战方式，多凭借一马平川的地理条件，施行围点打援、机动迂回、分割包抄、攻城拔寨策略，占尽优势。可南方楚国的地理环境，对于要保障六十万人以及相同数量的作战马匹、超过六十万的民夫及超过十万辆牛车的人畜口粮饲料供应来说，别说运输线随时可能受战事威胁，就是在当时的技术条件下，如何经过水网密布、沟坎遍地的江南泥路，每天把一百多万人和两百多万头牲口所需的粮草送抵前线，就是个大问题。难怪第一次伐楚，三十万秦军深入楚地以后便土崩瓦解，全军覆灭。这里不但有军事统帅骄横轻敌、指挥失当的原因，也有后勤保障被楚人完全截断、粮草悉数被劫后秦人军心动摇、斗志松懈的原因。后王翦、王贲父子受命统帅六十万秦军卷土重来，吸取了上次粮草随队而行、导致失利的经验教训，在后勤保障上做足了准备：把数量庞大的粮草及作战物资先用牛车、舟船经由相对平坦宽阔的旱路、水路，运抵占领了水旱交通枢纽的接敌前线各战地要塞集结；再由十数万民众用独轮车分载粮草物资，经由泥泞坎坷、狭窄曲折的滩地小径、坡地荒路，分批分期运抵密布战区、防卫坚固的火线屯集点；最后由挑夫和士兵将物资和粮草直接送入军中。秦军这种特殊条件下的大规模运输，开创了“三级军事后勤运输模式”，即分别由三种不同的运输工具作为技术支持和设置装备：舟船—牛车，独轮车，扁担—箩筐。

两千三百年以后，20 世纪 40 年代的“淮海战役”（国民党称之为“徐蚌会战”），再次印证了这种“中国式的军事后勤保障”的无比威力：超过一百五十万的江淮农民，硬是冒着炮火用独轮车把大量军用物资运上火线，把十万伤员运下战场。而装备着现代化运输工具（卡车、飞机、轮船）的国军却在辽阔的江淮大地有劲使不上，处处受袭、处处告急，落得缺吃少穿，弹尽粮绝。结果无论在装备上、经验上，还是在人数上都占尽优势的八十万国民党精锐部队，惨败在基本属于农民装备的六十万共产党军队手下，从根本上动摇了国民党的统治根基。当年战役指挥者之一的陈毅元帅曾富有感情地说：“淮海战役的胜利，是老百姓用独轮车推出来的！”

中国古代和现代的技术程度，必须完全适应中国各个历史时期社会特殊的经济水平、自然状况、人文传统，才能形成和承传下来。任何忽略中国社会具体实际情况的技术发明，都无法在中国这块土壤上形成和生存下来——这不但是我们搞设计史论研究的人必须牢牢记住的历史经验，也是现代和未来的中国设计师们必须明白的设计原则。

当然，古代中国社会在全世界独一无二的技术程度，要是不考虑其技术成因、应用路径、发展方向上的本质差异，强行与古代外国的最杰出工程技术整体相比，确实也存在某些天然缺陷：没有实现批量化、系统化的机械产业模式，长期缺乏全社会统一的标准化产业计量方式，在发明技术转换成规模产能上缺乏西方那种逻辑性、规划性、整体性。这也是进入蒸汽机时代以后，中国没能再向全世界贡献什么像样的发明创造的原因之一。这并不是中国的技术传统出了大问题，而主要是技术体制（官民之分）以及技术需求导致的特殊技术定位所致。但笔者依然要强调，中国古代社会的技术与设计，在存在天然缺陷的同时，依然是全世界最优秀的技术形态之一。成也萧何，败也萧何，中国古代技术与设计传统就是这么一种优劣相杂、良莠不齐的混合型文化状态。不理解中国古代社会经济文化的独特结构，就无法正确理解中国古代技术史的独特性质，也就无法解读中国传统设计的“外部文化条件”。

三、人文传统

现在西方学界流行的“物质文化决定论”[1]，是古代中国人早就解决了的思想观念问题，而且还是中国社会人文传统始终不渝的一个重要特点。中国设计传统，就是中国社会的精神文化附着物质文化后形成的文化遗产的一部分。

[1] “物质文化决定论”意指社会的精神文化是依附于社会的物质文化而存在的，“有什么样的物质状态，就有什么样的文化品质”，即“衣食足而知荣辱，仓廪实而知礼节”。

不是所有古代的东西，都能列入传统范畴。“传”下来了，也“统”起来了，才能叫“传统”。传统事物有“纵向”与“横向”两个评价标准。“纵向”评判标准，就是看它在历史演进的过程中延传的时间有多持久；“横向”的评判标准，就是看它在当时的社会特定空间范围里是否属于典型事物，是否起到一定“统合型制”的影响作用。有了这个“时空”尺度，无论古今中外，绝大多数瞬间即逝的美丽事物，都不属于传统事物。还有一条附加品质判断标准，有些社会陋习也影响很大、流传甚广，即便“传”下来了，也“统”起来了，但皆属该铲灭之列，要坚决把它们从传统之列剔除出去。比如中国古代男人扎大辫子、中国古代女人裹小脚，都是传而统之、流行了几百年的老玩意儿，但这类与社会新规不合、与进步潮流逆行的事物，都要从传统中彻底清除。所以，传统的时空尺度是相对固定的，无法改变；传统的优劣尺度又是不断更新的，更新的依据就是“即时社会需要”——人类就是在这种对自身传统的不断更新、不断改造中，取得进步的。

人文传统是由人格塑造、人性伦理、人文教养组成的文明教化模式，对设计者和设计消费者、设计物都有深刻的影响和制约作用。人格塑造，指每个人在“人之初”时都必须接受被动性塑造，以形成起码的“人格”。“格”者，即感观他人之常规、戒条，接受这类条规为自己的常规、戒条。人格是做人的底线标准，也叫“做人的资格”。比如，婴儿“人格”还未形成，任意哭喊嚎叫，谁也不会责备；但要是成年人还这样，不是脑袋出了毛病，就是“人格”出了问题。成年人的“人格”标准就复杂多了。再比如，人是不能吃人肉的，父母是不能忤逆的，公众场合是不能随地大小便的……如果连这些条规都不能遵守，这个人就连“做人的起码资格”都没有了，我们称之为“丧失了人格”。人性伦理，指人的一生都是在自己所处的生活方式（包括家教家风、厂纪校规、国法天理）、自然环境、经济条件、社会风俗的长期浸淫中形成自己的道德情操、伦理常识的。比如，一个人理应具备常规性的待人接物能力，往好的方向发展，就是谦谦君子；往坏的方向堕落，就是卑鄙小人：上不孝顺父母（古代要延伸到君王社稷，今天延伸至国家民族），中不悌爱兄弟姐妹（古今都延伸到同宗、同乡、同事等），下不怜惜子女（古今都延伸至侄甥外戚、下属晚辈、残障人士、弱势人群），自私自利、损人利己，这就是“人性的缺失”加“伦理的泯灭”。人文教养，则是更高层次的修养内涵，是可以供别人效仿、学习的楷模。比如中国古代有“家国天下”情怀的“士人”标准：内在要弘毅坚忍，心胸豁达，明察洞悉，睿智贤达；外在要忠君爱国，济世救难，舍己取义，杀身成仁。反之，如果没有此等人文教养，即便是学富五车、权重显贵之徒，也如庭狐社鼠，祸国殃民，丧邦辱族；或是蝇营狗苟、引车卖浆之流，也如市井中之封豕长蛇，贻祸乡邻、败家害业。以上做人做事的三级标准，就是古代中国社会关于文明教化的具体要求，也是中国人迄今世代相传的“人文传统”——不管做得到做不到，只要是个中国人，即便心里有些不以为然，一般不敢公开叫板，正面挑战这个华夏祖先传下来的人文传统。

设计者在创意过程中，只有理解他的服务对象群体社会究竟具有什么样的人文传统，才能全方位地了解消费行为的发生，不仅仅是物质性的生理需求，也是情感性的心理需求（包括喜怒哀乐、取舍扬弃）。设计行为的成败，其实与设计者所处社会的人文传统有很大关联。

四、自然状态

我们把一定时空范围内，顺应自然环境、利用自然条件前提下形成的人的生活生产固有方式，称为“自然状态”。中国古代社会之所以形成包括自己独有的生产生活方式在内的文化体系，很大程度上与我们民族所处的自然环境有关。自然环境所提供给人们加以利用的条件，是设计行为最重要的外部文化条件之一。拿设计的“实施计划”阶段彼此衔接的六大核心环节来说，每一个步骤都与“即时”的自然状态密切相关。

（一）材质方面的选择

中国人造物造器，多选用天然植物型原材料和烧造型合成材料，这个“材质选择”的特点，是由中国大多数地区特殊的自然环境造成的。中国疆土多处温带、亚热带，光照、水分充足，广大地区（特别是南方和一千五百年前的北方）土质肥沃、水系均布、植被丰厚，物产繁多。以中西建筑材料对比为例，两河、埃及、印度以及后来的欧洲、玛雅—印加文明，多以石质砖、柱为主，这是由于它们的文明疆域不是地处高温的热带、赤道附近，就是低温的寒带、北极附近，不是地处地质复杂的山区，就是沙漠干旱地区。苍天独厚，唯有中国全境大多数地区都属于适合植物生长的地段。虽然中国国土面积仅占世界面积的二十六分之一，但全世界已知的数万种植物种类，超过四分之一都能在中国境内找到。由于植被丰厚、水分充足，植物的循环再生系统又使得中国地区的土壤成分含有大量有机质养分，泥土黏性大、可塑性强，且有色金属矿藏丰富，烧造陶瓷、砖瓦、铜铁相对便利。这个得天独厚的自然条件，理所应当地被进入文明初始阶段的中国先民充分利用，形成中国人造物造器的材质特点，并世代传承下来。中国古代建筑以土木结构为主，早期是“版筑夯墙、立木柱梁、草结屋顶”，后来草木利用技术提升为榫卯、斗拱、框架等木作工艺，还派生出草编类工艺；泥土利用技术提升为砖瓦、陶瓷、琉璃烧造工艺，还派生出冶金类工艺。古代农具等生产工具和家具等生活用品都是以木质材料、烧造材料占绝对比重。占压倒性比例的植物、泥土性原材料利用，延伸到中国古代造物的很多领域：植桑以养蚕，缫丝而织绸；植麻以浣纱，结束而纺布；植树以割漆，髹饰而结物；掘土以调浆，塑坯而烧器；掘矿以焚石，铸煅而成具……中国人的这个以土木为主要原材料的造物特点，还催生了中国古人意识形态中的“物质自然观”，金木水火土的“阴阳五行说”（或“五行常胜说”）以及它的反面“五行不胜说”（墨子等）都表明了这个原始物质观：以木为主，金、水、火、土是它的辅助或转换的条件；以土为主，金、水、火、木是它的辅助或转换的条件。

（二）动能资源方面

总的来看，中国古代社会经济长期处于“人口经济”形态（即以养活大量的人口为主要目的，一切生产方式、生产技术围绕着人口资源的充分利用的产业形态）。因此，人力资源是中国古代经济生产的主要动力来源。从农业、手工业的生产动能提供来看，绝大多数生产器具的动能来源，都是由人力提供的。人力资源作为农业、手工业最大动能提供的原因，既有人口基数庞大、社会劳动力资源丰富的因素，也由于古代主体产业形态以家庭单位为主，经济核算中以人力动能成本最为廉价。垦殖生产和手工制作的各个主要环节，基本以人力为主，以兽力为辅，继之以风能、水能，最少使用机械动能。例如，在中国古代农业最重要的谷类粮食十个生产环节中，都是以人力为主进行全程生产的：选种育秧（人力）、开垦耕地（人力、兽力）、插秧播种（人力）、田间管理（人力）、灌溉排涝（人力、水能）、收割采集（人力）、脱粒脱水（人力、光能、风能）、粉碎加工（人力、水能、风能、机械能）、贮存仓集（人力、兽力）、物流运输（人力、兽力）。在上述十个生产环节中，人力动能可以在任何环节中取代其他动能，而其他动能却无法在任何环节中取代人力动能。由于有这样的动能提供方式，中国古代的农具（包括水利工具）基本由人力提供主要动能。手工业也是这个状况，以陶瓷烧造为例，在八个生产环节中，也以人力为主提供生产动能：取土采料（人力、兽力）、粉碎筛选（人力、水能、机械能）、拉坯塑形（人力、机械能）、釉料加工（人力、机械能）、包浆挂釉（人力）、器件搬运（人力）、窑膛烧结（热能）、贮存运输（人力、兽力、机械能）。人力在大多数环节可以取代其他动能（火力热能除外）。

（三）工序设置方面

在规模化、批量化、商业化生产形成以后，生产步骤的工序安排，是产品生产的重要环节，也是显示产业技术水平的最高舞台。中国古代手工业在工序设置方面，有自己独特的方式与传统。手工业自然状况的特点，最充分地显现在工序设置方面，以及设计技术、材料、工具和人员调配的综合组织能力上。工序设置是成熟产业不可或缺的关键标记，通过一种产品生产过程中的工序设置，可以看出它在技术上的高度和当时社会文化的成熟度。古代手工业是从成熟的农耕时代后期发展起来的。由于粮食、丝麻种植农业迅速发展，人口急剧增长，社会对日常生活用品和生产工具的需要量日益扩大，从农业生产中分离出专门生产生活用具和生产工具的劳动力，就成为一种必然。最初的专业手工劳作出现在木作、编织、陶器三个手工行业。随着技术进步和产能提高，在春秋时期出现了手工行业广泛的社会大分工。当时比较发达的手工业有陶器、玉器、纺织、木作、青铜铸造、漆器、皮作七大发达产业，它们经济产能的总量，在当时的社会经济活动中已能与农耕产业并驾齐驱。按照考古类型学分析，我们可以从一些对代表当时产业基本状况的存留实物及文献资料的分析研究中，看出当时这些行业生产的分工情况和工序设置情况。例如，有文献记载最早的“工序问责制”产生在春秋时代漆器制造业的一些关键部门。“卷素器”是当时漆器生产的主要产品，它的制作大致可以拆分成六个步骤：木作—裱糊—底涂—面髹—漆绘—罩清。在工序最前端的“木作”部分的工匠，专门负责处理的工作有大量任务：“木材细作”（将厚木板细作成很薄的木片）“曲木定型”（将木材薄片浸水泡软，荫干，然后圈成器形，每一道与每一圈接缝用兽骨熬胶粘接）。当时负责这些木作工序的工匠，被称为“梓人”。丝织、麻纺、铸造行业，都先后出现细致的专业分工。正因为中国手工业较早地出现了细致的职能分工和专项技术，中国古代手工产业呈现出与世界其他地区手工业不一样的三个技术特点：一是匠人的主观能动性特别明显；二是生产过程的高度协作性、精确性；三是以手艺为压倒性比重的技术优势。这是古代中国手工产业世代承袭的基本自然状态。

（四）操作方式方面

中国古代设计传统还有一个显著优点，即在造物伊始，就确立了人造器物的“适人性”原则。“适人性”设计，主要指设计物使用者在操作该器物时的舒适度，包括手感、肤感、触感和视觉、听觉、嗅觉所引起的生理舒适度和心理舒适度，是所有设计创意中必须考虑的重要内容。由于主要依靠土石草木等天然材质，降低了器物原材料成本；由于大量依靠人工手艺，降低了器物制造成本；由于适人程度很高的操持方式设计，强化了器物的实用功能、使用寿命、应用范围，更降低了器物的功能成本。以日常生活用具和农具、手工具为主题的中国古代器具设计，在这方面有很好的设计传统。以各主流文明形态流域都较早发明、设计的古代梯子为例，就能感受到中国古代工匠在“适人性”设计方面的特殊才智和细致设计。春秋青铜器和汉画像石中就经常可见古代的中国式木梯，与现在农村地区还在广泛使用的梯子并无二致。中国古代梯子都有两根主支柱，其口径粗细根据梯子的整体纵向长度而定（越长越粗）；两根支柱中间等距离间隔着细横档，其密度均为 50cm 左右（上下浮动 10cm 以内）。材质为纯木结构，北方梯子多为硬料木材、榫卯结构，南方梯子多用竹竿穿接。旧石器时代农耕初期（距今六千年前后）的南方“干栏式”建筑，是典型的“有巢氏”房屋结构，即像鸟儿结草为巢那样在“地面上空”建造居所。南方古代“干栏式”建筑，底层均不住人，是饲养家禽家畜的场所；上层住人，并堆放粮食和其他生活资料。有条件的还盖有第三层，多作为仓库。这个建筑特点，既避免了南方温带地区特有的潮湿气候对人的身体健康的不利影响（古人称为“瘴气”），也对居所的安全有一定保障（既能防止野兽、虫蛇长驱直入，也能预防盗贼或陌生人轻易入室）。这个建筑样式，迄今仍在长江上游山区和西南广大农村地区广泛留存、沿用。那么，南方“干栏式”建筑内部楼层之间和外部出入口与地面之间，是怎么沟通的呢？答案只有一个：梯子。可以说，如果没有梯子，“有巢氏”房屋或“干栏式”建筑都是不可能存在的。因为人没有长翅膀，不可能像鸟一样飞上去；也不可能要求妇孺老弱像精壮汉子爬树一样，每天攀爬出入。只有设计并制作出梯子那样的升降装置，还得老少咸宜，才能使“有巢氏”的后代们住上“干栏式”房屋。外部出入口与地面之间的梯子，还应该是“活动”的，家人聚齐，熄灯睡觉前，抽掉梯子便可以安心入睡了。这个梯子的安置与回收方式，可以随时阻断外面与建筑内部的一切联系，具有很强的防御功能。一架看似很简单的中国古代梯子，折射出中国先民在“适人性”设计方面的极高智慧，堪称典范。笔者个人推测，最早的梯子理应是中国古代南方“干栏式建筑”的附属装置，后来才广泛传播到各地，并派生出多种用途。几千年来，阿拉伯、印度、欧洲等国家和地区的民用木梯样式也传入中国，在中国边境地区如西南、西北等地迄今仍能找到存留实物。但汉族人只使用传统的中式木梯，因为无论在结构功能、制造工艺上，还是在使用便捷程度、安全性上，中式木梯都具有无可比拟的巨大优势。其核心技术便是“榫卯结构”设计和木作工艺，从中国南方先民建造“干栏式建筑”时起，就被牢固确立了，几千年来没什么大的变化，流传迄今，是中国古代设计中少数经典的“终极设计”案例之一。比照古代西式梯子的结构和功能，无论是制作难度、攀爬难度，还是搬运难度、安置难度各方面，中国木梯都棋高一着。即便是在现代的北欧、俄罗斯乡村的某些地区，人们还在继续使用一根圆木凿齿的笨拙“梯子”，而不知道这种“古典式梯子”。妇女、儿童、老人、病患能搬动吗？架上屋檐能安稳吗？缺口狭窄的平面，稍不留意会掉下来吗？

（五）关键技术、工具方面

在古代经济生产活动中，一项关键技术的产生，一个关键工具的发明，往往意味着一个生产实体的诞生或者成倍放大。这方面的事例不胜枚举。中国古代社会由于依赖于天然原材料供应、依赖于自然型动能提供、依赖于自给自足的经营范围，通常对关键技术和关键工具的五大要求是功能实用、操作轻松、结构简易、成本低廉、维修便捷。这些特点一方面促成了中国传统设计唯实务真的突出优点，另一方面使有一定难度、操作复杂的新技术、新工具较难推广。这个传统非但没有降低技术与工具的应用门槛，反而使中国古代技术和工具的发明、设计，一开始就必须具备实惠、方便、简洁、低廉的优势，否则断然难以存活下去。对此有充分的认识，是理解中国传统设计“关键技术与关键用具”固有特点的要害。拿室内取暖来说，关键技术的进步和关键用具的改良，就经过了漫长的历程。最终定形的各种室内取暖方式，都是不同时期、不同地域的人们顺应自然环境、利用自然条件时“妥协与抗争”的结果。彝族（四川南部的大小凉山）、土家族（湖南西北部桑植山区）、瑶族（广西北部三江县）等少数民族山寨居所的日常取暖方式之间尽管有很大的差异，但从古至今依然保留着“火塘”保暖的习惯。这跟他们的居所条件、房屋结构、生活方式、操作习惯有很密切的关联。这些南方山区的人们，虽然地处温带或亚热带，冬季绝对温度不一定很低，但山区白昼温差很大，夜晚温度很低、湿度却很高，寒意刺骨、潮气逼人，室内没有火温来降低水汽、保持一定干燥性，人是很难受的。为节约木柴，夜间铁质锅状的火塘里只保留着未燃尽的炭火，散发着呛人肺腑的阵阵青烟，上方悬挂着各种熏得黝黑的猪肉条、鸡鹅家禽和叫不上名的果蔬杂食。火塘安置在掏空的楼板中央，板壁四周的上方留有栅栏格状构件，估计兼有散烟、透气、进光之用。又例如，东北扶余市（吉林与黑龙江接壤处）蔡家沟的热炕，北方大炕条件要好得多，一间屋子大炕要占掉一半多，冬季人们进门就脱鞋上坑，吃喝唠嗑全在炕上。四壁封闭严实，只在向南处开有门窗，且墙体厚实，土墙为“干打垒”泥砖，里面都掺和了秸秆碎屑。北京故宫原“军机处”（康熙、雍正两朝内阁大臣们商议国事的重要地方）保留了满人从“龙兴之地”关外东北带来的热炕特色：一大片房间，里面的热炕就全连接着，一头一处生火供暖处，兼作茶房膳坊，不间断供应热水热食。建筑材料比民居要强很多，墙体是烧制的青砖，架空砌就，有防冷隔热隔音的多重功能；地面是细烧白泥瓷砖，细致、结实且防滑。从以上各地冬季室内取暖的传统方式看，各处关键构造在于生火装置、排烟装置，关键技术重点在于热能的保暖和其他利用、散烟、防火灾发生——这一切全有赖于当地的自然环境、自然条件。曾有一位东北的老者详细地画过东北大炕内砖砌烟道的分布图，并一一解释为什么东北农村迄今仍流行这样的大炕：在超过全年一半时间的寒冷季节，室内大坑是人们主要的活动场所，如何保证冬季燃料（以玉米、高粱等农作物的秸秆为主、枯枝杂草为辅）的充分利用，是东北大炕关键技术和关键构造的核心。坑体内部弯曲的砖砌烟道结构，对热能有吸收、储藏和散发作用，可以充分保障热能的贮存时间，类似现代电油取暖设备外装的散热片。一头连接着大炕边的灶头生火处，另一头连接着伸到屋顶高处的烟囱以排烟，既安全又实用，而且屋内没有一点烟味，取暖、烧水、煮饭三不误。一般下午烧四五个小时，热量可以维持到凌晨，清晨再烧两小时，可以维持到中午。

（六）使用、流通方面

中国古代社会经济主体的产销流通特征，总体上说缺乏大规模商业流通机制，以自给自足的民营产销体制为主（销售单位多为以家庭为主的农耕生产单位和手工生产单位）。这个经济主体结构的特征，决定了农业、手工业产品使用和流通范围的特征。比如，粮食作物是古代乡村仅次于真金白银的“硬通货”，长期以来起着中国社会商品交换的货币功能，在社会动乱、战祸天灾频发的时代，尤其显著。民国晚期，很多地区物价飞涨、货币贬值，公务员和教师的薪俸偿付，不再是发“金圆券”等钞票，而是以大米作价结算。那时候一个湖南、江西乡村小学教师的基本月工资是一石稻米。农民换取日常生活用品，也往往挑着稻米进城，直接以物换物，挑回油盐酱醋茶和日用杂货，并不通过钞票实现。手工业也一样，兵荒马乱的年代，利润计算也有直接以大米折合的方式计算。这是中国社会生态条件恶化、动荡不安、经济发展水平停滞不前造成的“流通替代手段”，是古代中国经济活动自然状态的负面特征；古代生产工具与生活用具的使用，多“各自为战”“各取所需”，不是中国先民不具备科技与工艺（相反，古代中国几乎在自然科学和人文科学各个领域都有丰富的文明创造），而是标准性型制、批量性生产、科技性改良工具、用具的使用与推广，一直受到经济主体自然状态的压抑——这是政治体制和经济体制双重弊端作用的深刻影响所致。那么，在古代中国社会，究竟是否存在过一定规模的标准件产品的流通呢？自然是有的。在官体经营模式下的外贸生产，如隋唐时代的丝织产业、南宋的瓷器业、明清两朝的手工全行业，都曾多次有过辉煌的业绩，为庞大的国库开支以及军事征伐、河工水利专项费用，提供了强大的财政保障。但作为中国社会主体的民生经济实体，始终在区域性的流通范围、多轨制的产品标准、小规模的产能集结的传统形态中运行。技术应用的推广难度，造成了商业流通范围的狭隘性；商业流通渠道的不畅通，又导致了新技术推广使用的局限性。这是中国古代封建社会长期维持的“官”“民”体制的自然状况，它是我们研究中国设计传统与古代经济结构、政治体制、文化氛围的社会自然形态之间联系的重要分析依据和研究切入点。

作为中国设计传统的“外部文化条件”和设计行为的“文化语境”，中国古代社会的经济形态、技术程度、人文传统、自然状态，都有与造物—设计行为相互作用的长期经历。

其间虽利弊参半，导致了诸多弊端，但也造就了中国设计传统（特别是中国民具设计）的优秀文化品质，总结起来有六条，即“设计思路简明、设计选材简易、设计功能简捷、设计结构简约、设计操作简便、设计装饰简朴”。

第四节　设计文化与科学观

科学观的建立，对每一个主流文明形态的发展、存续之重要，从文化遗迹和存留文物的片段信息中就能解读到：一些曾经非常灿烂的文明是如何从人们的历史视野中消失的。科学观是由自然科学与人文科学认识论和方法论武装起来的意识形态，科学观的社会接受程度，是一个社会文明程度和文化高度的“晴雨表”“风向标”。

先进的科学观是先进价值观的主体，是“普世价值”的基本内容。先进的科学观就像一只“魔术棒”，即点即变，立竿见影，不仅直接导致社会的经济水平发展、技术程度提升、人文传统改善、自然形态受益，还间接导致一个人、一个群体、一个社会从思想意识到思潮观念的深刻变化。先进的科学观像久旱禾田中的雨露、连阴天气里的阳光，可以及时挽救濒临绝境的民族文化机体，把其从自身积弊的泥沼中解救出来，还可以“细雨润无声”地影响社会每一个角落里的每一个人，给那些远离文明、挣扎在生存窘境的弱势族群不断带来新的希望，引导他们走向光明未来。

设计，从来就不是孤立的造物活动。它不但受到所处社会自然条件、人文传统的制约与影响，反过来，也是最集中反映生产生活方式变化、消化自然科学与人文科学思想进步成果的先锋领域。设计行为中所蕴含的人的主观能动性和创新精神，一直是将先进价值观“物化转换”的具体体现，也一直是人类进步文化的核心内容。

设计文化，既是设计者、设计消费者、设计物三个设计主体之间相互联结的“三位一体”的内在关系，也是这“三位一体”的设计发生事件与所处社会生产方式和生活方式相互影响、相互作用的外在条件。设计行为，是仅仅停留在被动地反映社会生产和生活的自然需要，还是积极主动地引导社会生产和生活的改良趋势和发展方向，是设计行为文化内涵优劣高下的判定标准。这个“积极主动地引导”社会向良好的、进步的、合理的方向变化的酿化“酵母菌”，就是在设计者与其服务对象之间发生双向作用的科学观。

文化就是“人化”，是人与人之间的文明教化。主张科学的文化观，就是以科学思想影响、提高自己和他人的意识观念，以科学技术武装、改良自己和他人的行动作为。科学与文化，是一体两面的同一事物，科学性越强的文化，一定属于先进文化；文化性越强的科技，也一定属于先进科技。反之，没有科学性的“文化”，一定是伪文化；没有文化性的“科学”，也一定是伪科学。在传统文化范畴内，我们通常把没有科学性的“文化”行为，叫作“迷信活动”，如麻衣相面、跳神巫祝、凶吉占卜、测字打卦。传统设计也是如此。随着社会科学认识和科学方法的不断进步，科学标准也不断提高，经时间和空间的反复检验而被淘汰了的那些设计创意和设计实物，通常都是由于自身原有科学性质的不断丧失、不再符合社会共识标准的科学认定，而被彻底清除出设计的传统文化序列。我们今天研究中国传统设计文化，便是要从历史中学习总结经验教训，寻找出设计事物与科学文化之间的联系变化规律，牢固树立以科学文化观为先进设计首要条件的正确方向，使我们今天和未来的一切设计行为更具有科学性、文化性、先进性。

科学文化观的建立，不是一两个人能在短时期内创造出来的；它的先进性标准，也不可能是恒定不变的，它是一个长期、反复、曲折的演进过程。这点和人类社会的进化方式极为相像。虽然演进过程中会因为出现个别人物、个别事件而引起跌宕起伏、异峰突起的剧烈变化，但总体上是一个永无休止的、反复变化的波浪形曲线上升形式。这些突兀的人和事，加速了（或延缓了）整个演化进程，但不可能中止或改变进程本身的演进规律。套用考古学的"类型学"概念，把那些推动（而不是阻碍）科学文化演进过程的人物和事物，立为能代表"当时当地"的标杆性科学认定准绳，去衡量"同时同地"的其他人物和事物，就可以确立对"那时那地"文明体系整体认识的可靠依据。

不断地创新，是传统得以延续的最佳方式。没有恒定不变的所谓传统，也不是所有创新就一定有价值。判定的标准是什么？唯有科学根据。科学根据都是先有了科学认识，再掌握了科学方法，解决了过去没有解决的问题，便成了一种成功经验。成功经验被反复积累、反复检验，又反复淘汰，最终只剩下极少部分相对固定的经验，便被总结成能揭示某些规律性的典型性认识和方法——我们称之为科学。用科学方法来判断、思考、处理、解决我们面临的所有难题，这就是我们的科学根据。根据能正确反映事物本质规律的认识论，我们叫它"科学思想"；能正确按事物本质规律处理事物的方法论，我们叫它"科学技术"。思想和技术都是看不见、摸不着的意识观念和思想能力，它们都是精神领域的东西，而精神事物又无一例外地必然产生于对客观物质存在的充分认知与掌握之中——精神性质的是非对错先不论，起码是一种"自以为是"。符合物质规律的精神成分为"是"，不符合物质客观规律的精神成分为"非"，这该是科学观的底线标准。如果科学思想和科学技术构成了我们认识问题、解决问题的基本观点，我们便拥有了"科学观"，这该是科学观的定性标准。葆有一份对科学观最起码的认真态度和敬畏心情，是我们做事情避免犯错误、吃苦头的最起码条件。人的科学观的养成，就像是点一盏灯、开一扇窗，登一处坡，越是视野开阔、胸怀宽广，我们便越觉得心明眼亮。

人类的文明史，其实就是科学观逐步建立的历史。科学思想是社会文化意识形态的核心内容，科学技术是社会生产生活能力的核心方法。全社会的科学思想的传播普及、科学技术的应用普及，是社会进步的最大推动力。没有被科学思想所武装的技术，就会失去发展动力和存在价值，落伍于时代和社会需要，被逐步淘汰、清除；没有转化成科学技术的思想，就会"无用武之地"，被"束之高阁"，永无出头之日。所有文化史、技术史、思想史，还有设计史，都反复印证了这个硬道理。

设计物是人造器物中那些经由人的科学思想启发的"创意设想"和通过人的科学技术实现的"措施计划"而产生的事物。设计行为本身既是"认识论"，也是"方法论"，是否有科学根据，是它能否普及开来、流传下去的主要原因。造物行为与设计行为的最大区别，在于利用自然的主观意志和客观手段。前者是利用自然条件对自然物质进行人为的模仿和复制，后者是利用人为手段将人的意志进行“物化”的发明和创造。人造器物包括了所有的设计物，但设计物却并不包含所有人造器物。例如，人工种植的稻米、棉花，人工修建的鱼塘、牧场，人工制造的大饼、饭团，都与设计无缘。这些事物尽管含有人的想法、动机、手段、办法，但主要依赖纯自然因素而存在，人为因素所占比例很低，它们的“人工化”过程，其实是人们按照这些事物的天然形态、天然构造去“人工复制”，并不需要过多地改变它们的自然构造。在这些“造物行为”中，自然因素是主导因素，人为因素是辅助因素。造物行为中的绝大多数意识，很大程度上是人的生理本能对自然客观事物的天然反映、条件反射，虽然含有部分科学元素，但远不是科学理性思考后的“想法”与“办法”，较少有主观能动性的发挥余地。因此，这类造物行为和所有动物、植物适应自然、利用自然的“行为”，只有程度、手段、形式的区别，没有本质的区别。然而，造物行为是设计行为的文化母体，设计思想孵化于造物意识，设计方法酿造于造物手段，在由造物意识上升到设计思想、由造物手段上升到设计方法的“质变”过程中，起决定性作用的“催化剂”“酵母菌”“孵化器”，就是人的科学观。以科学观为核心内容的设计文化，是设计行为的内在品质和外在条件的综合体。

那些对自然物质进行“初级加工”的造物造器行为，也与设计行为不相一致。“初级加工”不需要改造，只需要改良；不需要改变物质的原有天然成分构成关系，只需要改变物质的原有天然形态来适应人的需要。例如，人工编织的丝束、布匹，人工修建的渠道、畜栏，人工制造的饺子、面包，都与设计无缘。因为这些事物尽管含有很多的创意、构想、技术、工艺成分，但目的和实用效果依然是利用物质天然属性中的自然成分，直接满足于人本能的生理需要，较少顾及人的精神满足、人的情感愉悦、人的意志体现，人的科学观“想法”与“办法”也仍然没有占据支配性地位。

设计事物是人造器物中人的高级意识和人的高级技能所“合成”的高级产物。设计创意包含“主动性”“想象力”“预见性”这几项依靠主观能动性的思想认识；设计手段包含“逻辑性”“合成性”“计划性”这几项符合客观规律性的行为能力。设计行为也分为两大类：技术设计和艺术设计。艺术设计范围里的设计动机和设计目的，不再仅仅解决人的肉体上的生理需要，还要解决人的情感上的心理需要。技术设计范围里的设计动机和设计目的，则要解决生产环节更加“科学化”的技术升级问题，以确保生产流程的高效率、大批量、低成本，也要解决操作者、使用者、拥有者的“愉悦感”问题：用起来轻便省事、顺手、易懂，一学就会，一用就灵，还成本低廉。这都是造物行为升华到设计行为的一个“质”的飞跃，都靠包括人文科学和自然科学两方面的科学思想和科学技术来解决。延展前例进一步说明，从种棉、摘花到织布、上浆，这两种层次的生产环节都属于造物行为，只涉及部分技术设计（耕种栽培技术、田间管理技术、作物加工技术等）。但从提花、刺绣、印染、色织，到款式设想、布料开片、打版放样、缝制成衣，就全属于设计行为了。除去各环节的技术设计（我们叫“工艺”），还要进行艺术设计（款式、图案、色彩、面料质感等）。挖个沟，引点水，给田排点多余的水，给苗补点需要的水，这都谈不上设计；建个水库，修个涵洞，接上十里八乡的管子，安上百八十个提水闸门，这就需要好好进行一番“技术设计”了。耕地播种、除草施肥、排涝灌溉，都不属于设计行为，只属于有一定技术设计成分的造物行为；扬场脱粒、粉碎加工，再做成面、馒头、饺子，仍然不是设计行为，还是有技术设计成分的造物行为。如果你把面粉做出“花样”来，不仅仅可以吃，还能看着很美，使人获得愉快，使人肚皮、脑袋两样都满足，这就属于设计范畴了。

科学的介入，使人的思想、行为产生了质的飞跃，而其他动植物则仍停留在原地。科学观的建立，也是由猿到人变化的“点金术”。人类通过科学观认识了世界，改造了世界，同时也改造了自己。

我们用表 2-1 来概括上述观点：

表2-1

<table>
<tr><td>思　想
（追求自我意志、自我价值、自我荣誉的精神享受与心理满足）</td><td>享　受
（追求高品质、高舒适度的物质享受与生理满足）</td><td>艺术设计：
以满足心理追求和生理享受为双重目的的思想与行为
技术设计：
设想以有具体目的的针对性技术手段解决所面临的问题</td><td>无</td><td>无</td><td>设计行为</td></tr>
<tr><td colspan="6">科学的介入（科学思想与科学技术综合而成的科学馆形成）</td></tr>
<tr><td>意　识
（有主动性、选择性的意识）</td><td>要　求
（有倾向性的舒适度要求）</td><td>对外界变化能产生部分主动性适应意识和主动性改善行为</td><td>有血亲、情感、憎恶等反射式意识，有善意或恶意行为</td><td>无</td><td>造物行为</td></tr>
<tr><td>反　应
（刺激性条件反射）</td><td>需　求
（生理性本能需求）</td><td>人的行为受自身的生理需求和对外界刺激时产生本能的“条件反射”式的心理反应所支配</td><td>动物与其他生物之间的“捕食或被捕食”的食物链关系，支配了它们的生理需求和思维反应</td><td>吸纳水分和养分的消极生理需求支配终身，只有极少数植物有被动性刺激反应</td><td>劳动行为</td></tr>
<tr><td>心　理</td><td>生　理</td><td>人</td><td>动　物</td><td>植　物</td><td></td></tr>
</table>

就人的心理和生理层面来说，设计与造物之间存在着巨大差距。这个差距是人能够和其他动植物相区别的差距，我们把这个差距称为“文化”。人类正是借此攀登上劳动—造物—设计的“三级台阶”，才提升了自身生理上的心智和肌体构造，产生了心理上的思想和主动性行为，最终变成了人，创造出人的文化。这个劳动—造物—设计的三级台阶，成

了人和其他动植物行为差别的区分标准。劳动行为，是人和其他生物共同具备的采食与生存技能；劳动行为中出现的造物行为，是人和极少数动物才具备的特殊技能和主动性意识；造物行为中出现的设计行为，则是人独有的“人化”（即文化）行为。

科学的介入，是人的劳动—造物—设计行为升级的关键动力。所谓“介入”，并不是说科学是一种外来事物，被人“刻意”注入自己的思想行为中。科学观是人类在劳动行为、造物行为的长期生产生活中逐渐形成的，又反过来推动了人的生产生活进步。设计行为的出现，标志着人的文化的成熟程度，是人的科学观形成、完善到一定程度必然出现的事物。设计事物，通常是科学思想和科学技术共同作用的结晶体。

科学观对设计行为的决定性影响，是随着“设计者”主体的变化而变化的。这不仅仅是指史前人类与现代人的文化差异，而且也是每个时空概念中共处的设计者个体之间存在着的文化差异。文化的本质，其实就是一种价值传输，核心的文化内容，也就是科学观的推广、递接、普及，是人与人之间的文明教化的相互影响，是人与物之间的良性循环的相互作用。人所独有的科学思想和科学技术的横向普及与纵向传递，是文化活动、文化形式（也包括设计文化）的全部存在意义，这就是科学观为什么是所有文化进步最大动力的根基所在。设计文化也与自己的母体文化一样，由科学成分决定了自身的成败优劣。

第三章　当代设计中成熟的传统文化元素

我国是一个拥有五千多年历史积淀的文明古国，具有深厚的文化底蕴。然而，在当代生活中，我们常常将“保守”“落后”视为传统文化的代名词，一方面是由于在改革开放的大浪潮中，我们热衷于享受现代西方工业革命带来的物质财富，热衷于追捧潮流、前卫的新奇事物；另一方面是由于我们放弃了对传统文化的继承、发展与创新。我们似乎离传统文化越来越远，我们的民族身份正在逐渐消亡……事实上，我们所追捧的很多被看作是“前卫”的当代设计艺术并非完全是反传统的，例如当代装饰艺术、行为艺术、绘画、影像中随处可见传统文化的影子。在当代设计艺术中体现传统文化精神，运用传统文化符号进行设计创作，是对传统文化的重新审视，也是中国当代设计对自身文化的再造活动。

第一节　传统文化元素在当代设计中的意义

一、中国传统文化符号

符号是一种具有意义的标识，可以是图像、文字、声音、动作，也可以是一个人物、一起事件，甚至可以是一种文化思想。在不同国家、不同地域有着不同的体现意义，它是从远古时期不断延续下来的人类对于客观世界认识、解释与探寻的符码。中国文化有着与西方文化不同的符号系统，中西文化由不同的符号系统所建构。中国传统文化符号是中华民族历史遗留的思想、艺术、风俗、生活方式等物质文化与精神文化现象的体现，代表了中华民族的文化精神，具有相对稳定、流动与变异的特点。它具有能指与意指两方面的作用，如梅、兰、竹、菊等能指方面，代表中国人的喜好特征；“傲骨”“气节”“吉祥”“纯洁”等意指方面，代表中国人的气质与精神。文化的能指与意指之间的关系并非一成不变，文化符号会随着历史时代的变化而产生新的意义，新的意义必将建立在原有意义的基础上，这就是符号相对流动的特点。既然符号是一种运动的发展状态，那么，在当代设计中运用传统文化符号，就需要用发展的眼光来对待，硬贴传统文化符号标签、滥用传统文化符号的做法都是不可取的。

近年来，许多设计比赛的兴起，为当代设计师提供了展现设计才能的舞台。而一味效仿西方设计的观念也逐渐被抛弃，一些设计比赛纷纷打出了传承传统文化精神的口号。在此情形下，传统文化符号一时成为设计人员的“新宠”。同时滥用传统文化符号，机械式地模仿、照搬照抄、为了应用而应用的现象也层出不穷，很多设计人员没有真正理解传统文化符号所代表的文化精神与意义，因而也不可能在他们的设计作品中展现传统文化的特质。他们只把目光锁定在传统文化的表象上，设计出来的作品给人的感觉是矫揉造作，缺乏自然而然的情感流露。在当代设计中运用传统文化符号理应以正确理解所要运用的符号为前提，传统文化符号作为传统文化精神的载体，其中有很多已经远离了当代人的生活，这是毋庸置疑的。当代设计师在设计创作中需要在充分了解当代人生活方式的基础上来运用传统文化，这是当代设计的需求，也是传统文化得以持续发展的动力所在。

二、传统文化符号与当代设计

在当代设计中运用传统文化符号，使设计作品具有文化神韵，在追求设计创新的同时又不失传统风格。当代设计的表现手法已越来越多样化，如何提炼传统文化符号，通过设计的形式折射出传统文化精神是需要当代设计师潜心研究的课题。中国传统文化形式多样，其中中国画、书法、剪纸、刺绣、皮影、京剧、脸谱等堪称是中华文化的精髓。对这些传统文化符号内容加以利用与精华化，能让设计作品更具生命力。就拿书法来说，它已成为当代设计中一种重要的传统文化符号，其独特的艺术风格、深刻的韵味所表现出的装饰性，在当代设计中能呈现出独特的视觉效果和文化底蕴。现代包装设计中，就有很多运用书法这一传统文化符号的成功例子，例如茶叶的包装设计。香港著名设计师陈幼坚先生将传统书法、水墨画符号与当代包装设计进行巧妙结合，表现出深厚的民族文化底蕴，形成独具特色的包装设计艺术风格，同时又不乏现代设计感。钟表设计以素净的黑白二色为基调，不禁使人联想到阴阳两极。陈幼坚的设计概念取材自书法的“永字八法”，更有趣的是，当分针指向某一个整点时，会呈现出该时刻的完整汉字（图 3–1）。

图 3–1　陈幼坚设计作品

三、中国传统文化符号在当代设计中的文化意义

对中国传统文化符号在当代设计中的应用，我们应该从文化层面出发，透过表面的传统文化符号去理解深层的文化价值与意义。这不是简单的元素符号的粘贴，而是通过元素

符号再次审视其所代表的时代文化，是一次重返历史的文化旅行，是古与今的一次“文化盛宴”。传统文化就在那儿，关键在于我们如何去仔细品味。

当今设计界盲目的“西学热”使得设计文化处于一个迷茫与徘徊的状态。设计文化是否到了被质疑与批判的程度，我们暂且不说，值得提出的是，我们现在的确需要一种超越的精神，以突破当今设计界的浮躁文化，用一种精神理念来规范当今的设计文化，而这种精神理念，需要我们从传统文化中寻找答案。多元的思想、各种观念的交汇丰富了当今时代的需求，迎合了大众不同的个性需求与审美需求，整个时代呈现出“百花齐放”的局面。但现在“百花”开得并不鲜艳，更多的是杂乱。“百花齐放”的局面不可怕，最怕的是失去精神理念。而回到传统本身就是一种超越，是净化心灵的方式之一。

回到传统、净化心灵的意义就是让我们回溯历史，追寻传统文化符号所代表的那个时代的文化意义，以解决当今设计文化处于迷茫与徘徊状态的问题。最具代表性的中国传统文化符号青花瓷，以其温润、淡雅的文化内涵让无数文人骚客为之倾倒。青花瓷不仅代表中国人的品格，更是代表中国对外的形象符号。其独特的文化品格一直被视为中国传统文化符号的核心形象代表。当代设计作品中，就有许多运用青花瓷这一传统文化符号进行创作的成功例子，如丙火机构的女足海报设计作品《品茶论“足”》（图 3-2）。作品之所以成功，是因为通过提取传统文化符号“青花瓷”的文化品格，体现出女足盛宴的文化内涵。从这幅作品中，我们看到了一种休闲文化，即“喝茶盖碗”的休闲文化，它作为成都文化的一个缩影，是整个作品选材的亮点，令人回味无穷。另一幅女足海报设计作品《领扣》（图 3-3），体现的是一种女性精神文化。在中国传统社会中，女性一直处于低等的地位，男尊女卑的封建思想延续了几千年。女足文化所宣扬的当代女性精神带给我们太多的联想，是在反思中国传统女性的卑微，还是在宣扬当代社会男女平等的思想？作品带有很强的文化意义。

图 3-2　女足海报设计作品《品茶论“足”》

图 3-3　女足海报设计作品《领扣》

每个时代对传统文化符号都有其特定的理解与定位。在当代社会语境下，当代艺术设计中对传统文化符号的运用应赋予其全新的文化意义，以迎合时代不断创新发展的需求。当今社会文化不断进步，人们的文化水平、认知意识不断提高，曾经被定性的文化艺术可能要再被赋予新的时代内容，对传统文化符号的认知也需与时俱进。提倡观念创新，敢于突破传统文化的束缚，是对传统文化符号最好的运用方式。

在当代设计中，突破传统认知观念的束缚，对传统文化符号进行新的文化定位，在运用传统文化符号时，也将产生新的文化意义，例如商周青铜器（图 3-4）的文化特质。在商周时期，青铜器被看作是“神化器物”，作为宗教文化、祭祀文化物化的载体，神圣不可侵犯。这一时期青铜器造型大而厚重，制造工艺也达到了青铜发展史上的巅峰时期。在当代，我们仅将青铜作为一种普通材料来使用，如当代的雕塑与壁画创作中，就有使用青铜这种抗腐蚀性的材料来制作的例子，以便于作品长久保存。在当今这个工艺与科技主宰设计文化的社会中，我们已很少考虑青铜这种材料在传统意义上所扮演的角色与其所包含的文化内涵了。传统意义上的青铜文化还有没有再被谈论的意义，这个问题值得思考。但需强调的是，丢弃传统不可取，复制传统也是不可取的。在当代社会语境下，我们要有创新意识，立足于当代设计背景，从传统文化中选取具有时代意义的元素符号来进行创作，这样设计作品也就具有新的时代文化意义了。

图 3-4　商周青铜器

第二节　当代设计中的内容性传统文化元素

中国传统文化符号在设计中的运用，是在当代设计理论与传统造物思想指导下对我国丰富多彩的传统文化符号的解读、转换、再应用的过程。在当代设计过程中，有意识地撷取传统文化中具有代表性的积极元素，对其采取解构、变形、综合等方法，运用新材料、新工艺，再现传统文化的精髓。为便于描述，本节粗略地将中国传统文化符号分为如下几类，当然各类别间可能存在交叉。

一、自然符号、哲学符号

早在甲骨文出现以前的新石器时期，先人就开始在陶器上刻画纹样、符号。纹样有堆纹、锯齿型花纹、剔刺纹、戳印纹、绞索纹、鱼纹、动物图案等（图 3-5），反映出先人在黄河流域一带的捕鱼狩猎生活。这些纹样自由奔放，表现出原始社会特征与人们的思想意识。其中西安半坡出土的人面鱼纹彩陶盆（图 3-6）简洁生动，具备丰富的想象力与概括能力。原始自然纹样经后代发展演变，一部分成为民俗符号、吉祥符号，比如鱼纹。从新石器时代早期河姆渡文化陶器到汉代画像石，再到现代家居装饰，各式各样的鱼纹深得人们喜爱。这些富有原始美感的符号在当代设计中融合运用，可让当代高速、紧张的钢筋水泥丛林里多一些情趣和自然的点缀。

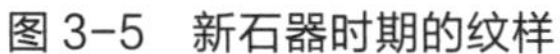

图 3-5　新石器时期的纹样　　图 3-6　人面鱼纹彩陶盆

早期符号主要是巫师占卜用的表示卦象的卦象符号。在出土的一些叉形骨器和龟甲上，就刻有卦象符号。此类符号有一定的哲学属性，也是中华文字的起源。由此从新石器时代早期一直到魏晋时期，在器物特定位置上常有一些刻画符号，成为先人“制器尚象”的习俗。如陶制容器上常出现“王”“旦”“目”等符号。陶器由“离”卦所象征，据考证“王”“旦”“目”等亦属“离”卦。

今人对陶器上的自然符号、卦象符号尚可理解，而河图洛书（图 3-7）、易经三图等理解起来则十分困难，当代设计对其往往敬而远之。即便在当代设计中运用，其对受众来讲往往是信息隐晦、含义众多、不为现代人所理解的。但它是科学的、合理的、自然的，在当代设计中具有很强的实用价值，比如五行观对设计中选色选材的指导，再如设计构思中的阴阳呼应、九宫格局在建筑设计中的运用等。且不说易学下的符号系统作为设计语言如何为设计所用，本节单就在当代设计中《易经》是怎样的一种思维方式，以及如何用《易经》思想指导设计作简要论述。

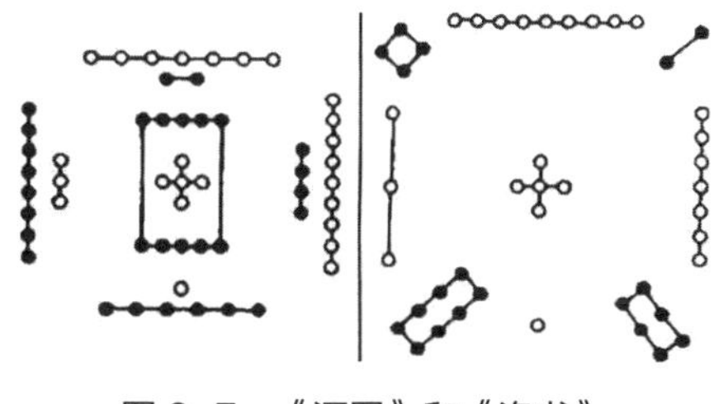

图 3-7　《河图》和《洛书》

易经六十四卦中包含了天地生成之理，是人类智慧与文化的结晶，是儒、法、墨、道等诸子百家所有学术思想的根源，被誉为“群经之首，大道之源”。易经六十四卦与三百八十四爻包含自然事物全部变数，教给我们为人处世的准则，设计自然包含其中。至于卦辞与爻辞中的设计智慧，值得我们去体会。

二、礼乐、祭祀符号

依赖于中国古代哲学、伦理在具体事物中的渗入，礼乐、祭祀相关事物有了功能外象征意义的符号属性。虽然此类符号不如民俗符号、吉祥符号、民族符号等在现代设计中应用广泛，但礼乐、祭祀符号赋予了器物最本质的哲学内涵。例如，五行之主太阳为火，大地为土，草木为木，山石为金，河流为水；在《周礼》的国家重大祭祀中，鸡为木畜、羊为火畜、犬为金畜、豕为水畜、牛为土畜。《周礼》讲：南为阳，故天子南面听朝；北为阴，故王后北面治市。左为阳，是人道之所向，故祖庙在左；右为阴，是地道之所尊，故社稷在右。传统文化中阴阳五行观在气候、地理、医学、建筑、商业等各方面的体现，反映了古人对世间万物阴阳五行化的符号特征。

关于礼乐与祭祀符号的理论，《周礼》是重要著作。《周礼》居于“三礼”之首，为儒家经典之一。《周礼》原分六章：《天官冢宰》《地官司徒》《春官宗伯》《夏官司马》《秋官司寇》《冬官司空》。西汉时期，《冬官司空》一篇已经遗失，汉人取《考工记》补之，形成今日的版本。关于其书的真伪、成书年代都存在争议。但不可否认的是，《周礼》是一部以人法天的理想国的蓝图，反映出古人在当时哲学思想下依据国家体系现状所作的理想化、体系化的国家构思，并具体到宫廷、民政、宗族、军事、刑罚、营造，洋洋洒洒四万字，涉及社会生活的所有方面，对鼎、乐、车骑、服饰、玉器、祭器、丧器等具体符号在礼制祭祀上有详细表述。

《周礼》中的旗。关于旗的规定，“司常掌九旗之物名，各有属，以待国事。日月为常，交龙为旂，通帛为旜，杂帛为物，熊虎为旗，鸟隼为旟，龟蛇为旐，全羽为旞，析羽为旌……龙旂九斿，以象大火也；鸟旟七斿，以象鹑火也；熊旗六斿，以象伐也；龟蛇四斿，以象营室也；弧旌枉矢，以象弧也”。文中描写了旗子不同的形态、图案和使用规范（图3-8）。如以日月寓意国和王，交龙寓意军队，勇猛的熊虎、威震四方的鸟寓意军队的编制单位，龟蛇寓意军队捍难避害等。另外，以“斿”的数量表示单位级别。

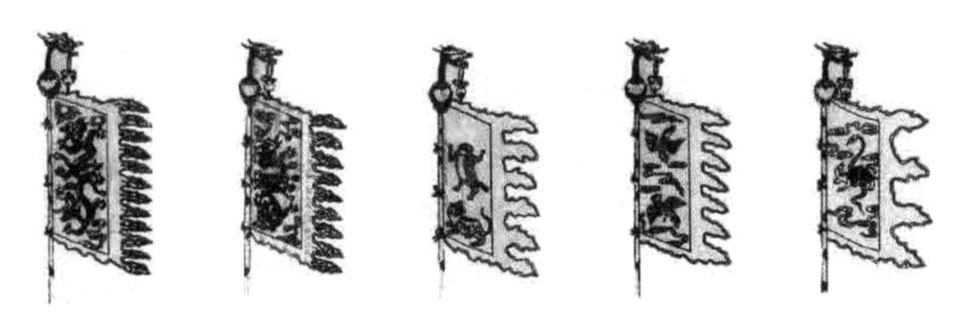

图3-8 常、旂、旗、旐、旆

鼎是礼乐重器。鼎有烹煮肉食、祭祀和宴享等各种用途。鼎出现于商代早期，历经各个朝代，一直沿用到两汉乃至魏晋，是青铜器中使用时间最长、变化最多的器皿。虽然鼎有其具体的使用功能，但对普通老百姓来说，即使不能经常食肉，也不能卖这种“贵金属”

器物。因此鼎成为周及后代贵族身份等级的标示物，有了所谓“列鼎制”，如“天子为九鼎八簋，诸侯为七鼎六簋”“王日一举，鼎十有二物”。郑玄注曰：“‘鼎十有二’，牢鼎九，陪鼎三。”当代设计中有一些对鼎元素的应用，由于鼎的种类繁多，有方有圆，有三足、四足，有各种各样的装饰纹样，不同的形态有不同的意义，设计实务中应区分。如在商代方鼎中，鼎体厚度早期的薄，晚期的厚，体形上早期多为正方形，晚期多为长方形。

玉礼器。玉石在中国传统文化中有着举足轻重的地位，展现出了中国文化鲜明的民族特色。不同时代的政治思想和艺术风格，赋予了玉石不同的文化语义。早在新石器时期，玉石就经打磨成为一种工具或装饰之物。到黄帝时期，玉石有了礼仪、权利的象征意义，黄帝曾以玉分赐部落首领，作为享有权力的标志。发展到周代，玉石的礼器地位变得极高，《周礼》记载：“以玉作六瑞，以等邦国：王执镇圭，公执桓圭，侯执信圭，伯执躬圭，子执谷璧，男执蒲璧”，“以玉作六器，以礼天地四方：以苍璧礼天，以黄琮礼地，以青圭礼东方，以赤璋礼南方，以白琥礼西方，以玄璜礼北方”。六瑞和六器是周王朝正式建立的国家典章制度。六瑞标志官职种类，镇圭、桓圭、信圭、躬圭、谷璧、蒲璧此六玉为天子、公、侯、伯、子、男所持（图 3-9）。六器为用六色玉祭祀天地和东西南北四方之神，由此玉石有了统治江山、容人安人、尊而不屈、卑而不伸、祭祀等更为丰富的语义。春秋时期，孔子有曰：“君子比德于玉焉。”《礼记》云：“君子无故，玉不去身。”此时玉石又被赋予了伦理化、人格化的内涵，玉石成为君子的化身。到了西汉，玉器又有了辟邪厌胜之意，有刚卯、严卯、司南佩、铺首等新的形式，在图形符号上出现了貘纹、兽面纹等以达到驱疫逐鬼、形魄不朽、灵魂升天的目的。经过后代的不断发展，玉石有了当代包括招财进宝在内的社会方方面面的美好寓意。

图 3-9　玉　圭

《荀子·强国》：“人之命在天，国之命在礼。”玉作为礼器，在古代早期玉器设计中遵循严格的礼制规范，不同等级和身份的人所持玉石在尺寸、材质、纹饰上都有着明显的区别。一方面，玉石设计思想中对礼的重视值得当代商业化设计所深思；另一方面，玉作为重要的传统文化符号，包含了丰富的文化信息，值得现代设计参考。2008 年北京奥运会的奖牌设计选取了璧造型，璧最初寓意说法不一，今多指和合思想、君子之德；奖牌的挂扣位置也采用了璜中常见的玉双龙蒲纹。北京奥运会的奖牌与历届奖牌相比显得很有特色，富有中国味道。

三、神话符号

神话符号包括神话人物、神话故事及故事背后表现的中心思想。神话符号为当代设计提供了极其丰富的素材，尤其在动画设计、游戏设计中大量神话人物的再塑造、神话故事的演绎，让古老的神话故事真切地展现在现代环境中。神话成为不朽的设计题材，当代设计手法的运用带我们走进了神秘、奇幻的神话世界。神话符号为当代设计提供了丰富的题材，但当代设计对神话符号的认知误区也较多。

神话是一种流行于上古时代的民间故事，所叙述的是超乎人类能力的众神的故事，虽然荒唐无稽，可是通过古代人们之间互相传述，却往往被认为是真的。它是原始人类思想艺术的结晶，是原始人类的认识和愿望的理想化，它用丰富多彩、生动有趣的故事向我们展现了古代人类对人类起源的畅想，勾勒出了丰富、奇幻的图画，故事中也隐约反映出古代人类积极进取、勤劳勇敢、不怕艰辛和不畏强敌等崇高品质。这一时期，人类借助神话来解答他们对自然、对人类发展的认识，用神话来解脱自己内心的矛盾和迷茫。在这些引人入胜的故事中蕴含了复杂而深刻的思想内涵，不仅反映了人类社会的发展过程，同时也反映了人类意识的成长过程。他们的意识随着社会的发展而成长，不断与自然和环境斗争，不断走出各种困境，不断认识自我，不断完善自我，推动着社会的进步。总的来说，上古神话是先人在万物有灵的观念下无意识的集体信仰的产物，它朴素、真实，深刻地反映了人类的真实本性，是早期人类的世界观，是地域文化的原始基础。

神话传说是一个民族最坚实的文化根基。中国上古神话是中国艺术、造物乃至中华民族传统文化的生命之源。早在先秦，我国就有许多神话名著，如《山海经》《楚辞》《吕氏春秋》等。汉代的《淮南子》《吴越春秋》以及魏晋六朝的《搜神记》《述异记》等著作中也都有许多神话故事。其中《山海经》中的神话故事最为丰富，书中记载了炎帝、黄帝、山神、土地，还有君王的历史、谱系等。以上古籍中呈现出诸多神话人物，他们外形怪异，超凡脱俗，“法”力无边，这是中国上古时期赋予神的特征。

与以希腊神话为代表的西方神话相比较，中国神话具有鲜明的民族文化特点。

第一，体系不完整。由于上古中国地域广阔、氏族众多且没有文字记载，依靠口口相传，许多神话各自传播，形成了中国神话零散、片段、不成体系、人物关系混乱的现象，构不成完整的世界观。中国神话一直未能形成如《圣经》《伊利亚特》《奥德赛》那样的巨作。如伏羲和女娲的关系，有的记载为兄妹，有的记载为夫妇，也有记载既是夫妻又是兄妹。再如后稷和叔均的关系问题。在《山海经·海内经》中写着：“后稷是播百谷。稷之孙曰叔均，是始作牛耕。”这儿说叔均是后稷的孙子。而在《山海经·大荒西经》中写道：“帝俊生后稷，稷降以百谷。稷之弟曰台玺，生叔均。叔均是代其父及稷播百谷，始作耕。”从这里可以看出叔均是后稷的侄子，这明显和前面的说法是矛盾的。

第二，中国神话历史化过早。孔子提出的“子不语怪力乱神”“敬鬼神而远之”的观点，对神话缺少客观的认识和评价。在“罢黜百家，独尊儒术”之后，统治者根据自己治国的需要，在记载、删改、增益古神话时加入了儒家很重的理性化、伦理化色彩，以致上古神话被改得面目全非。然而，我们仍然可以看出其中久远的神话故事和英雄神话，如夸父逐日、精卫填海。这些仍是现代我们应自勉的优秀品质，成为现代人的宝贵精神财富。

上古神话人物在儒家纯理性主义世界观的影响下，在很早就被阐释成上古历史人物的同时，一定程度上也使得中国神话体系化，这种系统以“帝系”为准。从少典到尧、舜、禹以及夏、商、周的“历史”是否可信？孔子显然是将尧、舜等都当作客观存在的圣王来敬仰的，后来的司马迁更是将其作为可靠史实来编写《五帝本纪》。

由于神话历史化时未能涵盖全部中国上古神话，导致了许多未被历史化的神话在民间流传，如《列子·黄帝》载“庖牺氏、女娲氏、神农氏、夏后氏，蛇身人面，牛首虎鼻”。这些未被历史化的内容，在民间祀神活动中保留下来并随着社会的发展经士人整理修改形成了精怪故事。这些民间形成的万物皆有“灵”的自然崇拜观念，经演变而形成后来的民间信仰。

第三，在中国上古神话中经常存在“化”的观念。《山海经·西山经》中有“其子曰鼓，其状如人面而龙身，是与钦䲹杀葆江于昆仑之阳，帝乃戮之钟山之东曰嶢崖，钦䲹化为大鹗”《山海经·北山经》中有“发鸠之山，其上多柘木。有鸟焉……名曰精卫，……是炎帝之少女，名曰女娃。女娃游于东海，溺而不返，故为精卫。常衔西山之木石，以堙于东海”。《山海经·海外北经》有“北饮大泽，未至，道渴而死。弃其杖，化为邓（桃）林”。《庄子·逍遥游》中有“鲲”化为“鹏”（即鱼化为鸟）这一著名的神话。《述异记》有“昔盘古氏之死也，头为四岳，目为日月，脂膏为江海，毛发为草木”。这些变化尽管多样而又奇异，有一点却很明显，即一物成为另一物时基本要满足一个条件——“垂死或死后所化”。其共同点都是表明“死亡即开始”，也就是生命在一个人身上终结时由另一人物来延续，以至生生不息。这是古人对世界万物认知的观念，也成为《易经》中的重要思想。

第四，中国神话中农业题材较多。这是由中国农业的主导地位造成的，关注自然气候，关注人力农耕，自然而然形成了很多相关神话，如女娲补天、羿射十日、鲧禹治水以及日神、月神、雷神、雨师、风神、谷神、河伯神、土地神（图 3-10）、五方神等神话传说。这种神灵崇拜，都着力于对大自然的神化，反映了中国古代社会以农为本的农业文化特色，形成了中华民族相对于西方不尚战的民族特性。

图 3-10　土地神版画

四、地域（民族）符号

古代信息不畅、交通不便，各部落、种群间联系较少，由此形成了地域与民族独特的意识形态，并在实际的日常生活、生产中产生了此类符号，带有较强的地域、民族思维特征。如闽南的红砖厝建筑特征，体现了古代闽南地少人稠的特点，人们生活相对艰苦，闽南人对皇室生活十分崇拜，认为皇室建筑是最美、最高贵的，于是后来富裕起来的闽南人盖起了他们理想中的建筑形式。傣家竹楼（图 3-11）、福建土楼（图 3-12）、自贡龚扇，以及各民族服饰等无不跟其大的文化背景密切相关。地域符号在设计中的应用可以带来展现地域风情的设计效果。

图 3-11　傣家竹楼

图 3-12　福建土楼

以旅游产品为例。据统计，近年来在旅游时超过半数人会选择购买具有地域或民族特色的产品，此类产品应具有地域代表性、纪念性，便于携带和保存，能够引起游客对该地区的回忆。地域产品是文化标志，是对地域文化的宣传，在旅游业中有着至关重要的地位，也是保护和传承传统文化的重要手段。但目前，许多旅游区出现同样的产品，如木蛇、九连环、鲁班锁、华容道等，这些虽然属于传统产品，但因缺少地域、民族特色，游客购买热情逐年降低，已不为大家所认同。现代地域民族产品一方面要对传统产品进行真实还原；另一方面，针对在当代社会中实用性不强，游客购置后往往是观赏、纪念、储藏，背离产品的基本功能等问题，在设计上必须开发将地域符号融于现代的产品，在满足纪念性的同时增强实用性。

什么样的地域符号能展示地域特色，是设计首先要研究的问题。许多符号虽然具有代表性，但在现代传媒手段的功能化与多样性下，一些符号早已司空见惯，不再能满足游客求新的需求，逐渐失去吸引力，陷入"机场艺术品"的泥潭。发掘新符号的同时，要注重发掘符号深处的地域文化精神。精神的传递永远不会让游客产生审美疲劳，这种精神包括当地人民所共有的品格及其创造的物质世界所展现的气韵，需要设计者深入其中，去体会、去感悟、去发现，这远比书籍、影像给人的印象要强烈且真切。

地域符号要走向全国、走向国际。《推背图》第五十九象讲："谶曰：无城无府，无尔无我，天下一家，治臻大化。"乐观地讲世界将向着求同存异、互惠互利、走向大同的趋势发展。在世界一体化背景下，在文化与商业携手的背景下，任何地域文化都将面临"罢黜百家"与"焚书坑儒"的危机。在"消费者为导向"的时代，只有让更多人了解、认同地域符号，才能体现它经济与精神上的双重价值。

五、民俗符号、吉祥符号

此类符号贴近民间生活，展示出劳动人民对美好未来的向往，在各民族与地域间更具有普遍性，是传统文化设计的"国际语言"。其中很多内容经过数千年的流传，成为一个个活灵活现的元素符号。如龙纹、祥云纹、蝙蝠纹、鱼纹等纹样，通过年画、戏曲、刺绣、玉雕、石雕、制陶等形式展现，为人们所喜爱（图3-13）。此类符号具有明显的亲和力特征，不同于其他的传统符号，在设计中几乎不受限制。通过对此类符号的运用和改用，不仅能形成更为丰富的设计手段和装饰效果，而且较容易得到受众心理上的积极反应，带来无限的遐思。此类符号虽然是一种"国际语言"，但在设计中不可落于俗套，不同符号的寓意和蕴含的文化精神仍具有细部差异，设计中需注意使用语境的限制。

图 3-13　陶瓷器五彩蝙蝠葫芦纹碗

笔者认为，设计中没必要刻意强调变形，因为形一变，精神指向性就模糊了。所谓"解其意，取其精，延其神"的论调实为空中楼阁，很难实际操作。一些符号原本就很简约，符合当代审美需求，没有必要变，然而设计过程中似乎不变就不能体现设计师风格。事实上，变并非不可，如“龙纹”再怎么变，它的骨架也不能变，一旦变到似龙非龙、似蛇非蛇的地步就失败了。理想的状态是以当代审美需求为导向，寻求现代设计要素与传统元素的结合点，以自然融合为上，相互修改为中，硬是拼接为下。

第三节　当代设计中传统文化元素的外现

当代设计中传统文化元素的外现主要体现为表象符号的介入。所谓表象符号，指的是传统文化的外在具象化、直观化的体现。表象符号融入当代设计中，对丰富设计作品的形式美有着立竿见影的效果，极大地丰富了设计元素，带来表现力十足的设计作品。这些表象符号品种繁多，如传统剪纸、龙纹、凤纹、莲花、祥云、篆刻印章、甲骨文、钟鼎文、彩陶纹样、太极图、旗袍等，数不胜数。传统文化符号悠久的历史、别具一格的风范与多样的形态，为人类历史谱写了充满智慧与灵性之光的篇章，具象化的传统文化符号是中国古代劳动人民为满足自身需要创造出的智慧的结晶。

传统文化符号在当代设计中的外在表现即表象符号的引入，包括图案、色彩、形态三大类。

一、图案

传统图案符号运用于设计作品中，能简明扼要地表明作品的设计风格，给消费者留下“中国风”设计的第一印象。常见的图案符号有吉祥纹样、篆刻印章、汉字等。在设计作品中直接导入传统图案符号，或许在当代很多设计师的眼里被看作是肤浅的符号应用。但事实并非如此，好的图案的引用，更注重图案符号本身与作品的“神韵”交流，如果运用得当，两者就相得益彰。如图 3-14 中式壁挂中莲花纹的运用，既增强了空间的通透感，又给人一种传统的视觉美感。

图 3-14　莲花纹中式壁挂

二、形态

《辞海》里关于形态的定义是：形态表示特定事物或物质的一种存在或表现形式。中国传统元素里的形态多样，有传统家具、灯笼、青铜器、玉器、折扇、中国结、文房四宝、糖葫芦、长命锁、古钟、古塔、罗盘、斗笠等。传统家具有着巧夺天工的结构设计，符合人机工学的设计形态，体现出一种自然的和谐之美；青铜器的外形特征明显，独具风格；中国结的编制方式独特巧妙，结构形态体现出劳动人民的聪明智慧，带有浓郁的东方神韵。这些形态在数千年的历史沉淀中不断散发出熠熠光彩，其中蕴含的设计理念历久弥新，为当代设计提供了丰富的养料。

将传统文化符号的形态运用于当代艺术设计中，不仅使设计作品增添了古色古香的中国韵味，同时为消费者带来了一份文化归属感，能在一定程度上使消费者内心产生共鸣，满足消费者的文化诉求。当代艺术设计对传统形态的运用方式是动静结合的，不是完全照搬，也可以抓住有意味的形态细节部分，把握神韵，提炼传统形态的精神内涵。

三、色彩

色彩是影响人类视觉感官的一个重要因素，不同的色彩、明暗程度、饱和度都会带给人们视觉上的不同感受。同时色彩还具有语义功能，运用于产品上的色彩能暗示产品的使用方式、操作方式以及象征意义，在很大程度上影响人的生理、心理层面。

例如电器上采用黄色标志来提醒人们当心触电、注意安全，红色的信号灯用来标志禁止、停止和消防等。色彩的象征意义还包括绿色代表生机、白色代表纯洁、黑色代表庄严、蓝色代表忧郁等。色彩在一定程度上已经构成了我们审美的核心，影响着我们的感知与情绪，调节着我们的生理与心理状态。

传统色彩符号种类繁多，风格上百家争鸣，水墨色彩的淡雅、红旗色彩的庄重、玉器色彩的晶莹剔透、年画色彩的斑驳，这些构成了传统色彩符号的内涵。中国红与黑的搭配、青花瓷的色彩，更是传统色彩中的经典。这些色彩符号都是当代设计艺术取之不尽、用之不竭的宝贵素材，运用于当代设计作品中能增强作品的中国韵味，体现设计作品独具特色的色彩魅力。

第四节　当代设计中传统文化元素的内涵

当代设计中传统文化元素的内涵主要体现为隐性符号的引入。传统文化的隐性符号运用于当代设计中，其带来的文化精神意义远远大于显性符号的运用，设计作品如同被注入了“中国魂”。隐性符号在设计作品中的形式表达内敛、含蓄且不张扬，给观赏者带来的不仅仅是视觉上的刺激，更是精神上的沟通与交流。传统隐性符号在设计中的运用，主要是体现符号所蕴含的哲学思想、审美心理、价值取向。

一、哲学思想

先秦时期，百家争鸣，多种哲学思想相继产生，给中国这个多民族的国家提供了丰富的思想文化，其中对后世影响最大的哲学思想主要有儒家思想、道家思想与佛家思想。儒家思想推崇人与社会的和谐发展，对于整个人类社会道德行为举止的规范影响跨古至今，在设计中的表现有：传统器物的制作、形态、结构、色彩等都有严格的创造规范与标准。道家“人法地，地法天，天法道”的哲学思想是道家思想的精华所在，体现为尊重人与自然的和谐相处，提倡修身养性、身心合一，在设计中表现为：因地制宜，尊重自然环境，讲求器物巧夺天工的美。例如明式家具的质朴自然、榫卯结构的恰到好处、椅背与人体弧度的协调，就是道家思想的体现，对当代家具设计思想有着重要意义。佛家主张事物本身的精神内涵、以小见大的哲学思想，打破了艺术形式上的有限性，将作品升华到“意境”的层面，为艺术形态提供了精神思想上的无限性。

二、审美心理

丰富多彩的历史文化孕育了中华儿女独特的审美心理。传统“中和为美”的审美心理正是中庸哲学文化的美学体现，在器物上具体表现为整体造型的和谐、适度夸张的结构、四平八稳的形态特征。这种看似中庸和谐的造型表现，在精神层面上有着非常深远的文化内涵：平淡至真，于平实中追求意境的无限，于统一中展现无穷的变化，于朴实中表现耐人寻味的精神追求。传统审美心理影响了华夏民族一代又一代造物者的审美观念，这种影响似乎是与生俱来的，且根深蒂固，运用于当代设计中表现为不过分夸张、张扬的造型，不繁复、缤纷的色彩，却能引人入胜、发人深思、韵味深长。

三、价值取向

中国传统价值取向主要以儒家思想为标准，个体修为表现在仁、义、礼、智、信等方面，认为义重于利。个人的修为常以其审美标准来展现，审美的清雅、内敛、刚劲等构成了传统设计艺术美学中的价值取向。

第四章　在设计学中融入传统文化的必要性

我们处在一个兼具开放性、包容性与多元性的设计时代。随着苹果、索尼、IBM 等品牌取得成功，越来越多的人使用这些国外产品。在消费文化、精神文化占主导地位的当代社会，使用国外产品甚至还成为一种时尚及身份地位的象征。走在大街小巷，你不用仔细观察便会发现，人们手中不是握着苹果手机就是索尼手机，这些舶来物如海浪般席卷了中国的大半个消费市场，导致国内产品一度销售困难。于是，人们开始反思并急于从中国传统文化中寻找灵感。在不假思索的前提下，传统文化符号的使用已到了泛滥的地步，这似乎成为新一轮的时尚狂潮，脸谱、祥云、旗袍等传统符号随处可见。在此情况下，正确认识与把握传统文化与当代设计结合的关系显得尤为重要。

第一节　设计的职责与文化战略

当今世界，除了直接的军事、高科技威胁之外，文化意识形态的侵入同样也是发达国家抑制发展中国家的重要招数之一。美国每年在全球范围内利用其文化产业宣传与极力推广“美国价值观”，而由此盈利的产值竟占美国 GDP 的 31%，约 4.5105 万亿美元。这种“文化介入”方式所带来的不仅仅是高额创收，更为致命的是以西方文化价值观去毁灭一切与之对立的文化价值观。在与西方国家之间一百多年的战争与磨合中，我国也不断地调整着姿态与策略，与之抗衡着。近年来随着国力的增强，我国逐步调整经济政策，提高自身文化产业的实力与出口额度，并通过加大对传统文化的保护力度，增强我国文化产业的整体实力和竞争力，以抵制西方文化价值观的一味影响。而设计无疑是从属于文化意识形态的产品，对内可以促进商业消费，满足国民精神与物质的需要；对外作为输出的文化商品，必须树立自身明确的民族品牌特征。

如今，大数据时代的到来给设计学科带来了机遇，更带来了巨大挑战。这个多元文化碰撞交流的互联网大平台既是发展的最佳沃土，更是极大的擂台。如何使自身文化立足于世界之林，文脉不断，如何由“中国制造”转变为“中国原创”，已成为当务之急。在信息大数据时代，倘若我们妄自菲薄，失去自身文化与内在精神的支撑，我们就如同被抛入到一个混乱庞杂的信息场域中，每天主动或被动地吸入大量信息，随着快速而多变的西方操作的节奏，陷入层层迷茫之中。而在西方物欲价值观下引发的精神压力在内心的痛苦膨胀并不能随着物质奢靡消费而得到缓解。近年来，西方价值观自身也在反思与调整。相反，中国文化中所特有的“人与人”“人与自然”“人与各维度空间”的和谐圆融理念和自足自信之哲思对于当下种种问题来说，愈发显现出其大智慧与长久性。若此时出现一个由传承中国文脉思维而出的设计，可能本身就是一剂清凉甘露，直接满足当下社会中的精神所需，冷却当今人们过多的烦恼欲望。所以传统文化哲思下“中国语境”设计的创造与成熟，在全球范围一味推崇美国式西方价值观的当下，是如此迫切，是我们的“当务之急”。

就此我们来重新审定“设计”这一概念。广义地看，影响“设计”外延的因素有很多，也是当今中国设计领域应该十分重视与强调的，即一个民族整体的内在气质与精神价值取向、历史文化积淀与哲思惯性、文化审美倾向与民俗习惯，包括经济、军事等因素。它会使不同文化、不同地理区域下所外显出的“设计”作品呈现出极大的差异，并呈现出各自不同的哲思与价值取向（如古希腊与古印度文明中不同的人文艺术显现，古巴比伦、古波斯以及古代汉地不同文明下不同的人文艺术显现等）。同时也让我们深思的是，民族与民族之间或主动或被动的交流接触——或融合发展或冲突变化，也时时因文化内涵的变化折射在“作品”这一概念上。如从佛学东渐到中国化佛学（唐风）确立的数百年漫长历程中，佛教融道、儒最终形成互补互融的“儒、释、道”三家的心性内涵而成为中国文化的支柱，显现在佛教艺术中的造像、壁画、洞窟与寺庙在形制上的一步步优化发展；相反地，近百年来西方文化大规模强制性地介入，因中西文化差异与冲突而外显的诸多“设计”作品，如上海外滩、天津、青岛等地遗留的诸多殖民建筑，多少让国人在心理上产生过不适之感。另外，同一文化下的历史性差异也会使其艺术人文价值有不同的变化倾向（如某一区域文化中大到城规建筑、小到文房雅玩的历史性演变）。

“现代设计”的概念除了按照某一特定目标（多为商业，也存有部分公益概念的）有秩序地进行理性创意，通过各种表现技法，并求助于当时一定的科技工艺付诸实践，并选用最合适的艺术语言来修饰，以区别于同类设计之外，更应在此基础上，向内寻求民族文化精神上的追求，谋求人与自然、人与设计物品之间的微妙调和，极力寻求符合当代某个民族的社会心理、精神需求、人文民俗习惯；向外则注重自身民族的文化特征与地位，以抗衡其他文化的侵入意图，在世界文化之林占有一方阵地，这同样也是现今各设计领域的职责。

所以无论是广义的设计概念，还是狭义的“设计学”内涵与目的，无论是对内促进国民消费，让人们熟知由自己祖先所创而现今几乎已经被遗忘的辉煌人文历史与文化精神，还是对外树立民族品牌，以抗衡文化意识形态上的全盘西化，其关键依然是在当下如何将传统文化进行本质传承，提升“设计”背后的文化精神、民族价值观的取向，甚至以自身文化中的宇宙人生之终极价值观来促进中华民族内在文化精神的凝聚力与集体自信力，也是本文极力关注的焦点。

第二节 设计文化的悖逆现状与文脉传承

由于受近代西方工业化思潮及当代经济全球化和文化多元化的影响，特别是受物质消费主义的冲击，中国文化的传统文脉出现断裂，中国传统“诗化思维”所具有的独特创造力也受到了极大的忽视，中国传统文化的核心价值观面临着严峻的挑战。尤为严重的是，随着中国城市化的快速发展，特别是一些承载着当代文化传播重任的大都市，由于过分强调现代工业文明的特征，在城市空间的审美上，失去了中国传统固有的人与自然和谐圆融的审美意境，那些能够使人修心养性（儒家为“存心养性”，道家为“修心养性”，禅家为“明心见性、心性修为”），进而促使人们感悟人生价值，体悟人生终极理想的自然山水的审美时空，被西方现代化文化价值观指导下的工业化设计思维所取代。当代中国设计大多缺乏东方文化所具有的“心性”内涵和审美意境，直接表现出消费主义、物质主义、欲望诉求等西方价值倾向，从城市规划、建筑设计、环艺景观、公共艺术、产品家电到广告包装等，现代设计理念的匮乏与西化设计产品的泛滥问题十分突出。当代中国设计艺术多以西方现代工业文化审美为圭臬，以西方现代物质主义价值观为导向，导致毫无内涵甚至“反美学”的各类设计成为主流，那些“千城一面”“奇奇怪怪”的城市规划和建筑设计比比皆是。中国传统美学强调的设计“生活方式说”“共生美学观”等理论方法不被重视，盲目抄袭、简单复制西方设计中的“过去式”已然成为中国设计艺术的通病。显然，这其中根本的原因是，对中国传统审美文化和精神内涵的忽视，对东方审美中极其重要的在“人与人”“人与天地自然”“人与各维度空间生命”相互和谐、相互尊重之基础上建立而成的山水人文思想体系与“诗化精神”哲思内涵的视而不见，从而导致了中国现代设计艺术失去了自己应该具有的文化特征。由此可见，传统文化本质特征与传统美学意境观念对当下设计界的内在支撑作用是如此的重要与迫切。

假如说当代中国设计的价值观仅仅是延续了西方设计的“出彩于同类设计，使预设商业利润目标得以实现”的话，那么其综合价值的兴奋点也仅仅着落在一种“初级”资本商业上。如果以此严重丧失了自身文化建设，那么也就抛弃了几千年来的“物我相融、天人合一”先进文化的本质核心，反而嫁接了只有两三百年经验的西方资本文化“弱肉强食”的粗陋意识观念，将“设计”定位成一种唯一营利性的手段与途径——不管文化传承、不顾道德教养，不惜勾引出人性中贪欲自私的一面，只是利润到利润再到利润的过程。虽然设计学科发展到当下划分成越来越细的诸多方向，但不在乎自身文化、审美高度、道德教养，唯利是图、唯西方标准而标准的思维惯性一直存在于当今的社会之中。

事实上，在民国之前，历朝历代的“人文工艺”，大到皇宫寺院、人文园林，小到文房雅玩、瓷器摆设，中国意匠大师们都在谋求人与物之间的微妙调和，并且符合当时人们的社会心理、精神需求、人文民俗习惯，选用最合适的艺术语言来“雕饰显现”。通过“庖丁解牛”式的“技”来追求“技进乎于道”的“道”的修行，虽然这其中也含有意匠们内心之中的部分物欲，但基本上在传统道德学养下与社会道德“围堤”下被自觉消融。而那些被禁锢的“唯图利”心态与手段在近代西方价值观强行介入后，逐步变得正常化，犹如被打开的“潘多拉的盒子”一发而不可收，特别体现在国内当代设计者的心态与目的上，甚至变本加厉，与传统“人文工艺”通于宇宙天地的修为内涵早已相去甚远。以致偏离传统文脉而丧失中华民族内在气质，偏离历代“人文工艺”之“古意”，被强行嫁接西方“设计符号”等诸多设计充斥于大众的生活之中，从而导致当今中国设计“不中不西”的尴尬现象，可叹可悲！但这种尴尬又何止是在设计领域？人文艺术的整体塌陷源于民族整体文化自信心的丧失，源于传统文脉的几近断裂！但历史上有无数事实可以证明军事科技上的强势与文化发达和智慧上的高度、深度绝不成正比。纵观世界历史，可发现太多“武力侵略与文化反侵略”的例子。而中华民族溶于血、刻于骨的上千年积淀起来的人文艺术自有其文脉特征以及传承与发展轨迹，同样横亘在传统文脉下的“人文工艺”也自有其发展的本质规律与优势，国外只是了解学习的对象，国际只是参考罢了。

但回顾近代历史，作为现代学科之一的“设计学科”，与近百年中华民族军事、商业等的发展，都是伴随着西方文化价值观的输入，在“坚船利炮”下被动接受，又经历了殖民文化的变相改造与传播。所以这一学科与相关领域在近代中国一直处于“被教育”地位，因而其最初的起步就伴随着西方文化中心论与民族整体自信力的集体丧失。

同样，“设计概念”与“现代设计学科”的滥觞与成熟也都依附在西方“现代城市”这一载体之上。随着近现代政治中心、商业的高度垄断与少数群体的奢侈消费的发展，部分“城市”迅速扩展到“都市”概念，近现代设计的有效传播与资本商业的暴利扩张也随着“国际大都市”这一巨大媒介呈几何级数发展。可以说，当下这类的设计充斥在我们城市的每一个角落。同样，“现代城市”“大都市”等概念与政治中心、资本商业的运营模式及设计作品近代传播模式都是源于西方，所以其价值观也一直以西方文化价值观为核心，也迫使发展中国家硬性接受，实实在在地形成了军事上威胁、经济上搜刮的局势，然后是文化思维上的侵入。

曾经，我们生活在模仿西方现代文化价值观的“都市”概念之中。这些“都市”既非古希腊城邦国家之平等互助的“城市”，又非公元前三千年殷商抵御外寇报复而建成的“城池”，更非生活在自身文化传承之下、汉唐宫城遗风之中的古城。我们所生活的城市连衣食住行方式也在沿袭西方的价值观，因其牵动而改变，因其流行而风尚。甚至一些中小城市，更是奢望自己加速发展以尽早实现同步于大都市模式，例如在北京、上海等城市中大部分城区都是一味西化的城规、建筑景观。而这些一味西化的建筑，让人几乎怀疑自己是否踱步在异国他乡，一味地拷贝“世界都市”模式，毫不考虑自身先进文化中优秀艺术与区域文化的特色传承。“哈韩族”“哈日族”“cosplay”等奇装异服随时挑战大众的审美，不顾季节气候只为时尚的装扮也违背了传统文化中的中医常识。食品与饮食习惯同样改变了80后、90后的身体素质，肯德基、麦当劳、油炸薯条、半生熟牛羊肉与可乐的过量食用造成了不少人虚胖无力的亚健康状态。体现城市面貌最直观的莫过于城规与建筑景观了，可事实上，文化失落的尴尬处境、一味模仿西方价值观的做法，终于在短短一二十年间粗暴地抹去各城市的历史特征与区域文脉，基本上都是将中国城市“焕然一新”为方盒子形体，再在“平改坡”上加“老虎窗”（roof 谐音），呆滞地克隆着“千城一面，万屋一貌”的窘态。

人力的无端耗费，疯狂的大拆大建，历史古迹毁灭性破坏似乎已成必然。城市的历史文脉完全被割断，不要说有生动的城市文化形象了，到处充斥着全然不顾城市本身的“多样性”“特定历史性”“区域性”“不同地貌的复杂性”等因素而起的一幢幢西式摩天大楼，甚至一些“奇奇怪怪”的搞笑建筑也随处可见。而中国古代几千年的文化与外显的人文艺术虽经历了沧海桑田般的历史变革，但终不离民族文脉与自身文化特性，与如今的城规、建筑景观的囧态形成鲜明的对比。

在都市方面，发达便捷的地铁是都市高度运转的标志，繁多的地铁商业广告又是高速运转的资本商业的标志。或三维或平面，或动画效果或平面静态广告，或站内或车上，或座位或拉手，再加上人工广告杂志单片的发放等，可以说我们如同被直接淹没在资本商业的汪洋里而难以自拔。

最可怕的是，充斥在地铁广告中的所谓“俊男美女”，其“非常态”的眼神、姿态展现的均是西方价值观中的所谓“性感”“病态”，似乎全球就只有一个标准，一个欧美价值观国际化准则。此外，竟然有一半商业品牌中毫无中文或毫无中文主打文字的设计。

相对的，在中国传统文化中，是极其强调学习的方法与秩序的，即以德行、言语、政事、文学为序的一种轻重缓急、循序渐进的学习模式。一旦顺序错位甚至颠倒，其结果可能会导致损人害己并破坏社会秩序，可谓“不力行，但学文，长浮华，成何人”。如今，数千年来“以德为先”的“仁爱”教育被破坏殆尽，无视道德修为教养等“先修课程”，而片面掌握一些单一技巧，恰是无根之木。中国儿童从地铁、各类广告、媒体中，从小看到的就是“洋祖宗”的神话主角、人物场景、造型设计、色彩设计……或者是用日本动漫风格改造而成的《封神榜》《山海经》《三国演义》中的人物形象，又或是“魔兽世界”中的怪兽、扭曲病态的国外品牌的模特等，这种充斥在生活中的被迫教育，其危害性可想而知。这是因为资本帝国的强势，还是因为我们特别欢迎这种莫名的视觉传播？或许这些可满足部分人的“奴性心理”进而提高商业利润，那么我们有没有因丧失几千年优秀的民族文化导致的文脉断裂而感到羞耻呢？

事实上中国传统文化至当代，存在了数千年的传统文明日趋断裂、岌岌可危。而当今中国设计一味追求“现代、当代”性，出现过多的“多元化”与“百花缭乱”形式，类同夸大的模仿、夸张的“风格”及“个性”现状，表明几乎绝大多数中国“当代设计”放弃了对“中国人文艺术本质”的思考，包括高难度的技法体系与精神内涵的上传下承，而自觉滑向西方设计中心论而成为西方文化的附庸。一个不争的事实是，博物馆中的历代“人文工艺”恰是使西方人赞叹并为之膜拜的艺术，而一味西化的设计也正是西方人嗤之以鼻、掉头不顾的、带有贬义的“Made in China”。当今的中国设计就应该是中国精粹文化艺术的“本质传承”，当今艺术形式（包括媒介）可以是各呈缤纷的，但艺术所反映的文化本质、终极目标一定是凝固不变的。故而对历代文化思潮特征与“人文工艺”的梳理，就进一步说明“人文工艺”的本质与时代、时尚无关，与时尚的媒介更无关，因为它更多的不是“眼”的“视觉艺术”，而是“由凡入圣”之“心”的“深层表达”。

第三节　传统文化的“体、用”与“人文工艺”

众所周知，中国哲学的核心，在于人与人、人与自然、人与各维度空间生命之间的圆融共通，由此形成了东方哲学思维独特的文化价值观，以及对人类终极理想境界的思考与阐释。这种文化价值自身独具的“体、用”特征，外显为诸如“国家宗庙”“祭祀礼器”“帝陵皇冢”乃至文人士大夫的“园林丘壑”“诗书画印”“读经饮宴”等衣食住行的各个方面，并以各种艺术化的形态生动形象地表现出来。大到皇城规划、小到笔墨玉器等各类日常设计的艺术创造中，鲜明地反映出中国文化特有的人文审美内涵。历朝人文哲学思潮与历代美学意境不同的着重点如同文脉上的闪亮明珠，以点贯线，形成圆融精湛的中国哲思体系，成为东方审美文化中“诗化哲思”的一个个典型代表。

而博大精深的中国文化与文脉传承下精妙绝伦的艺术，二者之间又存在着精微的“体、用”关系与“理、事”作用。可以这样说，中国文化折射下的种种人文艺术，除书画、雕塑、音乐、舞蹈等形式外，那些被西方现代设计概念归类的历代城规、建筑、寺庙园林、人文景观、陈设、家具、文房雅玩、笔墨纸砚、文房工具等的呈现与发明，就算用当下所谓最“新”（“新”这种品评观念一定正确？就不用提升到文化层面思考？）设计观念来重读这些“设计”，依然会让世界为中华民族文化、民族智慧而倾倒和赞叹！反之，那些紧跟西方文化不敢落伍一步、以西方设计为中心、唯其马首是瞻的近二十多年来设计的作品，包括已成为万国博览会、成为国外设计“专家”试验对象又被谋取暴利却毫无整体城规可言的大都市的建筑与景观、产品与广告等设计“试验品”，西方“专家”们却是嗤之以鼻、掉头不顾。

传统“人文工艺”一直以返人本性为终极目标，通过工艺制作这一媒介，返归到本性“湛寂虚灵”的状态，超越现实而达到精神之终极理想。其尽力表现出宇宙万物谐和气化的意境大美，也是心性合一的基本前提。通于宇宙天地大心的获得体现了历代“佚名”意匠大师对宇宙人生本质的思考，而折射在作品之中。可以这样说，传统优秀的“人文工艺”正是这样一个从理想心念到“工艺制作”完美匹配、心性合一的历程，从某种程度上来说，就是从“庖丁解牛”到“技进乎道”的心性修为过程。

“中国传统文化”是中华民族从古至今不断积累发展而成的独特文化形态，不仅是抗衡西学体系唯一的完整文化形态，而且这个完善而丰富的思想体系蕴涵着对人类总体之精神内涵的终极思考，更是世界文化的瑰宝。这个深邃的哲思体系将个人与群体、人与自然、人与天地各维度空间生命有机地联系起来，始终追寻一种终极和谐、天人合一的境界，也由此深刻地影响了中国人文艺术的发展，成为“人文工艺”极为本质的内涵之一。传统文化与“人文工艺”，自上古以来就自然地形成了“母”与“子”、“体”与“用”的内在关联，并随着三教融合而愈加丰富与精致，“人文工艺”与传统文化的互依互照性也由此更为密切、骨肉难分。“人文工艺”作为中国文化的重要组成部分，一直深深植根于民族文化的土壤之中。它历史悠久，源远流长，形成了鲜明的民族风格，也凸显了“人文工艺”本身与其背后的深远文化精神之内在关系，并积淀出一整套完善繁复、高难度的表现形式与“人文工艺”语言。

“人文工艺”对宇宙人生的终极关怀目的，从精神审美高度到高难度的表现形式，从传统“人文工艺”语言的确立到现实应用，都明确地区分于西方文化中的“冷、热抽象”“包豪斯设计概念”，以及两百年来现当代资本商业时代“设计学科”的分类与发展。中国“人文工艺”足以在世界艺林傲视群雄。“拯救”与“逍遥”为两种不同哲思下的文化脉络，是由两种不同渊源而生的文化体系。无论是东方终极关怀式的“人文工艺”，还是以图利于资本商业为目的的西式“设计制作”，这两种不同宗教文化信仰与价值取向下的“人文工艺”与“设计”理解，都已证实各自辉煌的历史轨迹，也必将决定各自不同的发展方向与发展模式。

第四节　传统文化梳理与当今传承

单就“环境设计”“公共艺术”“空间研究”的发展来看，西方设计理念也经历了 20 世纪 30 年代重工业功能、轻人文精神，20 世纪 80 年代重“装饰”的“后现代”设计的过程（罗伯特·文丘里，1972）。直至 21 世纪初，西方设计大师们才真正认识到设计的根本目的是改善环境与人的关系，更是人类艺术化生存的基本追求并为人类带来自由，而非单一的商业暴利与殖民回馈。所以倡导可持续化环保设计的理念，是近 50 年探索才逐步醒悟的观念，随之逐渐转向了“环境与人文理念”“艺术化生存”“绿色可持续化设计”的设计理念与实践试验，所以整个西方设计史的演变也是一个逐渐成熟、开始步入本质内涵的过程。比如说，约翰·西蒙兹在其《景观设计学》（1999）中提倡景观设计的形式设计与人的心灵体验相结合；林奇在《总体设计》（1999）中提出将景观的概念上升到城市、区域等并进行总体视觉设计实践；拉特利奇在《大众行为与公园设计》（1999）中自觉将“以人为本”观念应用在环境景观设计中；麦克哈格的《设计结合自然》（2006）将“生态环保、植被、气候”等要素直接应用在环境设计内。彼得·沃克（2006）融合日本“禅院”风格，提出了“极简主义”设计理念，将自己所理解的东方哲学理念与“极简主义”观念结合起来，这是对舒尔茨《场所精神》（1979）中所提倡的“气氛”理念的再次发展。他认为“城市形式”应该与历史、传统、文化、民族等密切联系，借鉴了日本环境设计艺术及中国园林观念与美学。而小形研三的《园林设计——造园意匠论》（1984）、户田芳树（1989）等都相对较早地对“自然的描述”“自然的再现”“自然的体验”等中国传统山水理念有自觉的注重。事实上，中国文化的本质内涵与古人文化价值观一直是建立在“天人合一”“物我同一”哲思下的宇宙天地谐和基础上，表现出天地生命“天机之动”的心性特征，是一个由心性而发的追求宇宙人生终极关怀的完整体系。在几千年的实践与发展过程中，这一体系也早已超越西方单一的“绿色环保”设计概念，包含了约翰·西蒙兹的“心灵体验”、拉特利奇的“以人为本”、麦克哈格的“生态环保、植被、气候”运用、彼得·沃克式“禅院”风格的“极简主义”等设计理念。

然而就当代中国设计状况而言，在改革开放、大开国门的瞬间，人们被急剧涌入的、建立在眼花缭乱的西方价值观与物欲基础上的各类大小产品、建筑景观、广告包装等迷惑，文脉在被人为割裂的基础上再一次被怀疑并主动抛弃。反观中国当代设计近30年的状况，许多以“西方设计”为模式、以西方早期工业化价值为目的的方式，正如有的国外学者认为的那样，中国生搬硬套西方设计，反而将中国优秀的理念抛弃，失去了自身的文化传统。事实上，在这二三十年中，我们对建筑景观、公共艺术、产品与广告等理论研究和设计实践的探索历程，是基本在仿制西方而对自身文脉毫无思考的历程。在一次次反复挫败中，在西方“绿色生态”观念影响下，国内设计界才开始倡导绿色可持续化设计，也逐步认识到“绿色设计”“人文居住”以及对自身传统文化的传承及应用的重要性。国家有关部门在2002年明确提出城市环境设计要注重“环境和生态的保护”的理念，让人联想到梁思成在《中国建筑史》中，对20世纪30年代“不中不西”环境景观及不合民族时宜的“洋设计”的批评。近年来，业内有人提倡现代社会是生态文明时代，要探索生存、生产和生活环境可持续发展的设计模式；有人提出“诗意之住”，认为空间艺术要营造能实现生理、心理满足，使人身心舒缓、淡定松弛的意境；同时也有人强调民族文化在设计中的应用，主张环境设计应该具有中国传统文化特色，体现简明、大方、庄重的现代风格；也有人将城市与景观看作“生存的艺术”，追求“天地人神”和谐统一的设计理念及“现代性与民族性统一”，提倡对传统艺术的现代解读，等等。这显然是一种进步。由此可见，随着现代城市的城市规划、环境景观、公共艺术与产品广告的兴起、思考与实践，现代概念下的东西方都经历了从工业化发展初期的重功能设计到近几十年来重视人和环境关系的反思和觉醒的过程，所以我们不必妄自菲薄，一味西化。

近年来，虽然经过国内部分设计师的不懈努力，这种情况在局部上有所改观，但绝大多数的理论研究者和设计师还远没有这种危机意识，对自身文化传统和内在审美价值的忽视都显而易见。事实上，传统文化“诗化哲思”的精神内涵与外显的人文山水观，在中国古代各个时期已有了完美的阐释。因此，研习文脉、探究转化为“中国语境”下的设计语言，必定是中国当代设计的发展总趋势。

“人与自然”的关系作为哲学与艺术的永恒主题，在物质文明快速发展的当下，仍然是21世纪人类社会所要面对的最基本的精神性问题。从历史角度看，中国五千年的农耕文明一直“耕织”在“人与自然”谐和融通的文化哲思之上，从而形成了更为圆融贯通的中国传统文化中特有的“可观、可望、可游、可居”的山水精神。这种基于“人与自然”关系理解下的山水观，至唐宋发展为完善的山水美学意境，并凝练升华出完备的由“造景而造境”“万法兼备”的艺术理念和丰富的图式表达体系，对后世产生了重大影响。当代设计艺术需要将这种“林泉之心”修为下的“诗化哲思”转化为现代人文理念，并将其灵活地应用在各类设计艺术的表达语言之中，使当代设计艺术真正获得个人与社会、人与自然、人与世界万物生命和谐共融的人类终极理想，并充分实现宇宙大我、终极关怀的境界，最终实现传统和当代设计应用的完美统一。

在全球化的背景下，设计语言的创新，对于提升民族自信力、传承中国文化，使得中国产品由“中国制造”向“中国创造”的“诗化原创”转变，从而实现中国传统诗化美学理论与现代设计的实际应用相结合，都具有十分重要的现实意义。随着“文化复兴”的提出及“让中国了解世界，让世界了解中国”的双向交互观念的兴盛，随着外国人对中国文化的深入了解与中国人民对自身传统文化自信力的不断提升，中国文化、中国设计必将受到越来越多的青睐与重视。由此我们有理由相信，具有强大生命力的中华民族，其灿烂的本土文化，无论经受怎样的冲击与磨难，都可以从坎坷中奋起！

第五章　在设计学中融入传统文化的可行性

设计的民族风格是一个民族的传统文化、生活方式、审美观念在设计上的集中反映。一味追寻国际化的设计风格只会令我们渐渐失去民族传统，失去设计的根本。综观国内外每一位优秀大师的设计作品，无不以展现民族风格为目标，在自己的设计作品中深深打上民族文化的烙印。在设计中运用传统文化、民族文化不是浮于表面形式的赶时髦，而是要依托传统文化的特色、精髓与内涵。当然，本章的重点不是陈述在设计中融入传统文化的重要性，而是要进行方法论的探索。

在当代设计中展现传统文化精神的方法与途径有很多种，如大融合的设计、元素的组合与变形、传统符号的再设计、传统工艺与传统思维方式的借鉴等，这些都值得我们一一探究与分析。但我们认为正确认识两者之间的矛盾关系才是正确运用传统文化首先要解决的问题。

第一节　明确传统文化融入当代设计的误区

一、当代设计对传统文化的排斥

文化对个人与社会的影响是潜移默化的。然而，我国当代设计教育中缺少对传统文化的学习研究。在西方设计理论体系与具体教学方法完善的背景下，当代设计者与传统文化渐行渐远，认为当代设计环境是一个全新的世界，不必考虑也没心思考虑中国传统文化的相关内容，以现代设计思维与设计手法进行操作。设计是人类精神追求在造物中的体现，当设计教育离开精神文化土壤时，设计也就成了无本之木、空中楼阁，其创造力也就愈显乏味和颓然。

传统文化与现代生活的隔阂是客观存在的。我们曾一度谩骂传统文化，但当意识到其在设计中的作用时却又觉得无从下手。“民族味”和“现代感”似乎是设计作品中两个很难调和的极端，我们已经习惯了现代科技带来的新的价值观念、新的审美习惯和新的生活方式。所以，当代设计对传统文化的排斥根源还是缺少对传统文化的由衷热爱。

二、当代设计对传统文化的滥用

当代设计对传统文化已经有了很高的重视度，但在实际设计中对其运用却停留在对作品的点缀和装饰上，只能引起受众的新鲜感，而无法使其领略到传统文化的内在价值。当新鲜感不再新鲜的时候，文化符号的滥用问题就显现出来了。

（一）精神和内涵的缺失

第一，任何一件设计作品都处在不同的环境当中，这种环境特征向设计提出了不同的功能要求和个性限制，决定了该作品的独特个性。在建筑设计中一味强调地域建筑特征，将徽派马头墙（图 5-1）硬是安装在其他建筑之上，似乎“徽”味犹存，外观形态醒目，满足了人们的猎奇心理，但对周边环境所提出的精神要求却视而不见。珠海巨人集团旗下的一个保健品“脑白金”，不可否认它的广告通过直接的、硬行的、口号式的、以“礼品”为概念的营销方式实现了其经济利益。单从传统角度我们似乎也看到了“礼”“孝”的影子，但经过老年玩偶的演绎，着实让人无奈。中国人讲“千里送鹅毛，礼轻情意重”，收礼收的是爱心，却又有收与不收的区别对待，是在讽刺两位老人没修养，还是挑战受众的视听极限？广告强调“礼”和“孝”的观念似乎又和产品本身的功能没有多大关系，将“脑白金”换成“黄金酒”“黄金搭档”或“金六福”一样可行。要强调设计作品中的传统精神内涵，没必要采用大量具象的、不加筛选的传统符号。设计中传统符号的运用要和设计的环境内容相统一，结合现代大众需求，避免作品成为大众笑谈。

图 5-1　徽州建筑马头墙

第二，文化的地域性很强。如“妈祖信俗”，在福建、台湾等沿海地区能很好地反映出该地区的历史文化、民族风情或神话传说等民俗特征。当脱离了该地区到了内陆省份的时候，“妈祖信俗”只能单纯地满足视觉功能，符号背后的发自内心的认同感却不得而知。任何地方都有其独有的文化内涵，硬是将类似“妈祖”的文化符号在其他地域运用，却无法同时移植其文化内涵，往往会弄得不伦不类，仅是向异地提供一种单纯的视觉感受，没有任何民众基础和文化认同感。应尽量采取本土文化符号，即使仿也要仿一些本地区人们普遍认同的符号。各个地方的民居都是针对当地民俗和环境设计流传下来的，具有地域适应性和文化性。当前在新农村建设中，湖北和河南等地也仿建了徽州民居，但做得有点不伦不类，仅是一种单纯的视觉感受，没有任何实际的意义。

当代设计应站在历史的高度，审视整个人类文化创造的历史进程，体会古人对自然、对社会和对人类的理解，看到传统造物背后的文化因素。这种文化因素折射出的古人智慧高于具体的形式。

（二）传统文化符号的误用

在设计中，由于受对传统文化知识的认识不足和当代社会环境中急功近利、浮躁跟风等不良风气的影响，许多传统文化符号在设计中被曲解和误用。尤其是在媒体和影视领域，由于在仓促的作品制作中忽视传统民俗文化的真实性，冲淡了传统文化的真实内涵，误导了受众，增加了人们认识传统文化的难度，对中华文化的传承和发展产生了十分不利的影响。影视场景设计、服装道具及台词设计中不注重历史真实性的例子比比皆是。例如，电视连续剧《甘十九妹》中的一段："伊剑平：'不知天上宫阙，今夕是何年……'甘十九妹：'人有悲欢离合，月有阴晴圆缺，唐人李白这首诗，真是千古绝唱……'"若苏东坡九泉之下听到这句话，不知是喜是忧。又如，《神断狄仁杰》中所有士兵用的刀都不符合史实，士兵全部用的都是清末才有的牛尾刀，《唐六典·卫尉宗正寺》云："刀之制有四：一曰仪刀，二曰鄣刀，三曰横刀，四曰陌刀。"横刀才是当时士兵的标配。再如，《大明宫词》中太平公主出嫁时，武府的大门上贴了一个巨大的红双喜，虽然"囍"符号具有强烈的中华民俗代表性，但红双喜源于宋代，王安石面对自己双喜临门而作"囍"字，让人贴在门上，而后流传开来，而《大明宫词》背景是在盛唐时期。在南京举办的世界历史文化名城博览会上，曾多次在玄武湖城墙上和中华门城墙上挂满了"千纸鹤"，虽然纸是中国发明的，剪纸也是中国传统艺术，但折纸艺术却是在日本兴起的，并在日本广为流传。"千纸鹤"在日本传统中有祈祷得病的人早日病愈、祈祷某件事情成功的寓意，这不禁让人内心隐隐作痛。在影视和网游的冲击下，很少有人再去关注枯燥的原著。但值得欣慰的是，当代人能够细心发现这些穿帮镜头，一定程度上也还了中国历史一个公道。

诚然传统文化是不断发展革新的，随着时间的流逝和社会的发展，一些不符合时代发展的观念与习俗会被抛弃，一些有益于人类发展的文化传统会得到弘扬并衍生出新的内容，这是人类社会发展的客观规律。但这并不意味着可以对传统文化随意曲解和滥用，传统文化的本意不能被扭曲，文化符号的出处与寓意也要清楚。在日新月异的当代社会，保持传统文化的独立性和民族特色，加强精神文化建设，实现文化强国目标，是设计者应怀有的使命，应注重对传统文化的辨伪存真，守住并发展真正的传统文化。

第二节　在意识层对传统文化的解读和吸收

一、矛盾分析

传统文化如同一条连绵不断的历史河流，从过去流到现在，从现在流向未来，中华民族几千年的风尘烟雨便蒸腾于这条河中，它倒映着炎黄子孙伟岸的身影，回荡着整个华夏民族自豪的声音，更是记载了人类独特的文化记忆。然而，我们当代人对于传统文化总怀着一股极为复杂的感情，一方面极力想摆脱传统封建文化这把禁锢当代思想自由的枷锁，另一方面又需要传统伦理文化来规范过度贪婪的当代物质社会。我们处于极为矛盾的思想状态中，迫切需要在两者之间找到和谐点。事实上，任何事物都是在矛盾的状态中不断发展前进的，历史朝代的更替如此，传统文化的发展如此，当代设计的发展更是如此。当代许多艺术家与设计师对传统文化爱恨交加，当代设计艺术既想从传统文化中突破，又时刻需要从传统文化中汲取养分。当代许多设计家与艺术家在运用传统文化时，往往忽视了传统文化与当代设计两者之间的矛盾关系，在艺术表现与设计作品中打着传统文化旗号、滥用传统文化的例子数不胜数。因此，正确认识和把握两者之间的矛盾关系对于传统文化在当代设计中的合理运用具有重要作用。

中国是一个幅员辽阔、统一的多民族国家，各个地区保留着其独特的生活习惯、民俗民风，甚至在有些相对落后的地区，还流传着一些古老的较落后的风俗观念，这给当代设计的认知性与大众化造成了一定程度的困扰，使得设计师的设计作品总是不能满足他们的需求。即便是经济发达的地区，由于受到西方物质文化的冲击，消费者往往带有一点崇洋的思想，他们认为国外的东西就是洋气，甚至有种攀比的心理在作怪。长期如此，形成了一种恶性循环，消费者产生了对国产产品“条件反射”似的心理排斥。殊不知，消费者自身也有文化素质低的一方面，致使设计师在做设计时索然无味，感到不尽如人意。因此，贴传统文化标签便成为在短时间内开拓地区市场、弥补消费者文化失落感的唯一设计手段。

现代化的浪潮不断冲击着我们社会发展的每一个角落，人们的生活环境发生了变化，生活方式、生活观念、行为习性等各方面较之以往都提高了一个层次。人们的精神生活越来越受到关注，设计不再仅仅是为了满足物质生活而存在，设计日益与人们的精神生活紧密相连。那么，设计者应该以怎样的发展眼光来看待传统文化？文化就是生活，传统文化即传统生活的反映。当我们在设计中论述传统文化并企图从传统文化中寻找灵感时，当我们听到某个设计者的作品体现了对传统文化的独到理解时，我们得到的似乎大都是同样的一个结果，那就是对前人的思想、前人创造的器物、传统制度观念、风俗习惯进行研究，并把这些转换成一些简单的设计符号，在自己的设计作品中贴上这些符号。我们失去了当代设计应有的时代感与新鲜活力，甚至忘记了怎么思考当下的生活。传统文化的中心是人，传统文化的发展从过去到现在都是围绕“人”这个中心不断前进的，前人的生活方式便是传统文化的全部内容。时代变了，人的生活方式也变了，我们不假思索地在当代设计中运用传统文化，不就等于引导人用传统的方式生活？在此，我们不得不引申出这样一个话题，即“设计引导人”与“人引导设计”的矛盾关系。

设计理应是引导人的生活不断向前发展的，做什么样的设计，设计是为了什么人群而做，这些也都是由人来决定的。“设计引导人”与“人引导设计”本身就是既相互矛盾又相互融合的一对统一体。就像在 iPhone 流行的当代，连街头擦鞋的女子也会谈论苹果公司又新出了什么样的产品，这一代产品较之前一代多了什么功能等话题。另一个有趣的现象就是，据调查发现，拥有同一款产品的人也大都拥有共同的认识即共同语言，并且这些人在无形当中已形成了一个小圈子，这说明了我们在引导设计的同时也在通过设计引导人的发展。从物质与意识两者的关系来看，物质决定意识，意识影响物质，当人具有一定共识即共同语言时就走到了一起，并带着一定的时代特性向前发展。传统文化无疑是人们最好的共同语言，设计师如果能意识到这点，那么一切问题就好办了。

传统文化与当代设计两者之间固然存在矛盾，传统文化当中的许多观念会在一定程度上阻碍社会意识形态的发展，但瑕不掩瑜，传统文化中存在的许多超前的、现代性的思想观念确实值得我们在批判中吸收、继承与发展。传统与当代，我们不能也没有资格去评判谁先进、谁落后，就好比中国人先发明了火药，西方人后发明了火枪，我们能说西方的火枪比中国的火药先进吗？如果没有火药，又怎么会有火枪？事物都是处于不断发展的状态中，昨天对于今天是传统，今天对于明天来说也是传统。唯有站在历史的、宏观的、发展的角度去审视传统与现代，才是理解传统文化与当代设计关系的正确途径。在当代设计界，我们称能解决传统文化与当代设计关系的人为大师，贝聿铭做到了，陈汉民做到了，汉斯·瓦格纳也做到了。在他们身上，我们能找到一种关于文化素质的东西，能让我们产生一种似曾相识的感觉。著名工艺美术理论家张道一在谈到对传统文化的看法时说：“张果老倒骑驴，骑在驴上向后看上下几千年，纵横数万里，形形色色，五花八门，在比较中鉴别，在现象中归纳，理出一条思路，驴儿驮着往前走，走向新的时代，不是固守于旧的迂腐不化，而是创造者去开拓新的未来。”张道一的话已为我们指明了传统文化发展创新之路，即在当代设计中比较、鉴别传统文化，兼收并蓄，吸取其精华，重新理清思路，用发展的眼光去创造新的设计、新的生活。

二、大融合的设计

从整体上来看，当代设计呈大融合的发展趋势。当代设计不同于狭隘的地域性意识，不是一个民族、一个地区或是某个群体的设计观念，而是各民族、各地区乃至全球文化之间的相互交流、相互影响与相互融合的设计意识观。在新的符号设计中体现当代设计意识，就要求对传统图形的运用既要符合当下人的审美观念，又要适合当代传播手段的特点。传统图形在发展过程中，经历了几千年历史的洗涤，被不断注入新的形式、新的内涵，有些图形从古至今，结构上发生了变化，内涵上也发生了一些变化。因此，在当下设计中运用这些图形就要考虑在新的社会环境、设计背景下，如何更加贴近当代设计的审美原则。在当代设计中运用传统图形符号，一方面要注重图形的独特性与审美性，使传统图形符号与当代设计意识成反比关系，即在当代设计中借鉴的含量越少，设计作品就越具有现代感，借鉴得越多，就可能使当代设计作品缺乏当代活力。当然我们并不反对借鉴，从某种程度上来说，借鉴是走向设计创新的必经之路，设计创新是借鉴到一定地步的一种升华，两者是一种相辅相成的关系。另一方面，传统文化元素作为当代设计的组成部分，构成了当代设计创造性的组合方案，即“异质元素”“同质文化”的组合，把传统文化和当代设计文化注入新的设计作品中是一种思维的创造过程。传统文化并非一成不变，它之所以能历久弥新，是因为它能以海纳百川之势不断融汇新的文化，其中也包括异质文化。传统图形符号的生命之所以能延续，是因为传统与文化的作用。因此，在当代设计创作中运用传统图形符号要透过表面形式，不拘于传统的樊篱，把握住传统图形符号背后的文化精髓。同时要敢于超越，在新的创作中注入新时代的设计观念，通过设计作品达到国际交流、沟通的目的。

任何民族的传统文化符号都是该民族传统文化的物化形式，人们通过了解传统文化符号，会产生一种似曾相识的感觉，这是文化凝聚力作用的结果，是使设计作品在人们心中产生共鸣的客观条件。在传统文化中找到这一类符号，就紧紧抓住了人们的文化消费心理，也是设计作品成功的关键。此外，运用传统文化符号要学会“求异”，在当代设计作品中运用传统文化符号不是对前人的模仿与重复。美国设计家费雷比曾说过：“流行样式重复了前代人的样式，现在的一代人探寻吸取早期的样式并对它们进行分类，从而创造出表现他们独特的生活经验的新样式。”这就要求我们在运用传统文化符号时，要学会提炼符合当代设计观念的文化精髓。

三、对传统文化精神的解读与把握

提到美国设计我们会联想到开放、宏大，提到德国设计我们会联想到精密、稳重，提到北欧设计我们会联想到自然、简洁，提到日本设计我们会联想到精致、舒适，但提到中国设计就很难有一个明确的特征吸引人。虽然设计不强调国家或地区要有一个明确的风格或特征，但至少要有一个明确的精神内涵主导设计的发展，设计实务以这种或者这几种精神内涵为导向，稳扎稳打、步步为营，才会有设计积淀、设计氛围。谁都想自立门户，谁都想“创新”，但不是每一个设计者都具有对设计、对创意深入论证的耐心。设计远远不是一个创意、一个点子就能解决的问题，正如《易经》中阴与阳的关系，有“天行健，君子以自强不息”，就必然有“地势坤，君子以厚德载物”；有“终日乾乾”，就必然有“夕惕若厉”。《易经》的智慧始终是一阴一阳，永不分离。有成就必然要修德行，有创新必然要做系统完善的工作。

数千年来我们所追求的崇高的理想人格完全是源自《易经》，如“刚健有为”“自强不息”“先天下之忧而忧”的忧患意识等。这种文化精神物化后，在建筑、器物中表现出来的刚柔并济、阴阳相合、自然和谐、天人合一等特征经论证后，就可以作为设计的主导。在具体设计中，如刚柔并济，通过不同材质的搭配处理就会有不同的效果，是轻浮还是轻盈，是露骨还是硬朗。显然刚柔并济的观念就可发展为设计的标准之一。

对传统文化精神的把握需要对设计实务有规律性的认识。《易经》中还揭示了万事万物的发展规律，所谓“万变不离其宗”。“元亨利贞”，象征一个事物的初始、成长、收获、收藏，孔子在人事上解读“元亨利贞”，认为其分别代表仁、礼、义、智。无论当代设计怎样发展，设计的本源、手法的运用、设计的目的和设计的问题，这种发展的规律是不变的。设计中的“元亨利贞”是框架，文化精神是骨架，这样才构成了设计的基础。

下面我们就具体结合“天人合一”的思想来阐释。

首先，应知其然，知其所以然。“天人合一”是一个庞大而多变的哲学命题，其思想最早源自原始宗教的“自然崇拜”。《易经》虽然没有明确出现“天人合一”的概念，但已经蕴含着自然界与人类社会融为一体的观念。卦辞、爻辞中有许多表述不仅通过自然的比喻来讲述人事道理，而且还将两者合在一起来判断吉凶，所以这样就把自然现象和人事联系起来，并同等对待。天、地、人是《周易》中最重要的三个概念，《周易》的哲学思想是通过天、地、人三个概念组成的命题表达出来的。《系辞下》在解释六画卦的意义时说：“《易》之为书也，广大悉备；有天道焉，有人道焉，有地道焉。兼三才而两之，故六。六者非它也，三材之道也。”《周易》中并没有如一些人讲的“将人放在中心地位，说明人的地位之重要”的观点，天、地、人三才合一即“天人合一”，本意上没有讲人的地位之重要，人的地位再重要也不会有天地重要。《周易》将三才系统地对待，但并未强调哪一点是重要的。

孔子作《易传》，将《易经》中固有的“天人合一”的内蕴形象地解读和发挥了出来，其中包含着一系列朴素而又精辟的思想。如《易传》中的《文言》针对乾卦爻辞中的“大人”一词表述道：“夫大人者，与天地合其德，与日月合其明，与四时合其序，与鬼神合其吉凶。先天而天弗违，后天而奉天时。”这体现出了先儒“天人合一”的思维模式。经孔子、老子、孟子等人言传，一般认为“天”赋予了人的仁义礼智本性，“天”可以赋予人吉凶祸福，“天”可以与人发生感应关系，“天”是人们敬畏的对象，“天”是主宰人、国家命运的存在。可见“天”有自然之天、命运之天、道德之天等多重含义。《周礼》和《礼记》等书中就具体的祭祀、造物活动依据“天人合一”的思想进行了严格的规范，并以朝廷的暴力机构强制执行，对擅自变革者重罚。所以研究中国造物，对“天人合一”的研究是必经之路。

到西汉，董仲舒明确提出“天人之际，合而为一”，赋予了天更多的能力，并以五行学说、气化学说完善了天人合一理论体系，还引申出“天人感应”的神学观点，即君主施政态度会影响到天气变化。实为迎合帝王好鬼神的需求，将“天人合一”极端化，并陷入了君权神授的泥潭。与此相同的还有朱熹更为极端的“存天理，灭人欲”主张，将“天”归结为封建等级次序。此类思想将“天人合一”中的“人”有意识地限定在了特定的人群，只有特定的人以一定的手段才能实现与天相通、与天相感应。由此“天人合一”成为一种神学政治手段，逐渐脱离了人与自然环境的生态哲学关系的初衷。

其次，结合当代实际对传统文化精神的价值进行论证。“天人合一”是传统造物的重要依据，其能否成为当代中国文化精神的代表之一，对于当代设计是否还有它的理论价值，一方面是“天人合一”的自然和谐的生态伦理价值，另一方面是“天人合一”神学统治的特征，启示当代设计人与自然不仅是物质层面上的互通，也是精神上的感应。当代设计不仅要强调人与自然的和谐，自然也是关照当代人内心的一面镜子，是教化人向善的楷模，是审判人内心的法官。如墨子的“天志信仰”，祖先有“绝天地通”的神话传说，墨家的“天志”“明鬼”“非命”发展了此类传说，认为“天人两分”，不同于儒家所谓“天人合一”的宿命论。《墨子》云：“人无幼长贵贱，皆天之臣也”，“天之爱天下之百姓”，“既以天为法，动作有为必度于天，天之所欲则为之，天所不欲则止”。这种“天志”信仰在古代虽然不是正统思想，但已经深入民间。俗语讲“苍天在上”“上有天理”“天理不容”“人在做天在看”等，在当代设计中应通过重塑对“天”的信仰以遏制物欲带来的精神上的缺失。

最后，在设计中注重对文化精神的把握。综上所述，在设计实务中需要注重对人的定位。做设计不仅是在做服务，也是在做教育。日本民艺学家柳宗悦先生曾说，粗糙的物品容易养成我们粗暴对待物品的态度。器物为人所造，也影响着人的情绪、态度、观念。这方面做起来不难，没有多少深奥的道理，主要还是设计师自身应具有强烈的社会责任感。例如，在我国，分类垃圾桶的设计是否能够提高民众的环保意识，饮料瓶上的环保标识能否获得民众注意，烟盒上的“吸烟有害健康”能否提高烟民的健康意识，设计传达的信息是否有益于目标用户的心理健康。再如在传统文化符号的运用中，注意符号的精神导向作用，引导民众对传统文化精神的认知与行动等一些细节上的留意与把握。

再读“以人为本”。“以人为本”最早见于《管子・霸言》：“夫霸王之所始也，以人为本。本理则国固，本乱则国危。故上明则下敬，政平则人安，士教和则兵胜敌，使能则百事理，亲仁则上不危，任贤则诸侯服。”“人”即“民”，传达的是安民、顺民、利民、惠民、富民的民贵君轻的政策思想。到了20世纪末21世纪初，“以人为本”在社会多个领域被提及，尤其是到了2003年，“以人为本”成为科学发展观的核心，并发展了它原本的思想为当代所用。这里的“人”不再简单地解读为“民”，它是相对于权利的不平等、物质经济盲目增长、少数人利益下的一个概念，是发展了传统“以人为本”的观念。这时的“以人为本”，在当代设计中具有了一定的价值。与此同时，设计领域涌现大量关于“以人为本”的论调，主要针对的有两点：一是当代设计中非人性化的问题，二是资源环境的问题。笔者认为有硬搬古语之嫌，对此两点问题用“设计的民主”和“以自然为本”可以更为直接、更具批判性、更能一针见血地揭示当代设计中的问题，从而更好地提出建设性意见。

首先，在当代社会机制下，受众对于设计往往只有使用权，没有选择权，或者选择权为第三方所有，造成一些设计不思改进、和民众越走越远的现象。对于这种设计，我们自然可以用“以人为本”的思想来评判，但“以人为本”中的“人”指的是设计者、用户、上面讲的第三方，还是三者的有机结合？在传统的观念中只有“民”的概念，阐述“君”对“民”的政策，并没有将“民”的内部矛盾作为重点予以阐述。若在设计中硬是要用这种说法，似乎不够妥当。而“以人为本”又像是半句话，以何为末呢？从政治的角度来讲答案很明确，就是以更好的统治或执政为末。那么设计是以人为末、以美为末，还是以满足需求为末，甚至是以设计主管的意见为末？此类问题有待商榷。“设计以人为本”逐渐变成一句时髦的商业广告语，沦为滑稽之谈。“设计的民主精神”则要严肃很多，直截了当强调以上讲的各方权力的制衡，并从国家、市场、设计组织多方面进行了论证，提出了切实可行的方案。

其次，资源环境的问题。到底是以自然为本还是以人为本，在环境保护上一直存在争论，最后落脚于用人类所掌握的科学来对待自然。但科学并非真理，人类对自然的认识只是它的冰山一角，越去研究发现未知的事物越多，且我们研究自然多是研究它有多大的忍耐力，研究其容忍人胡作非为而不愤怒的临界值，以在不激怒自然的情况下攫取更多的利益，此类科学研究态度不仁义，需慎行。所以要了解自然，科学研究固然必不可少，对自然的直接效仿更为稳妥。

通过对“设计以人为本”“民主”和“自然”的重新阐释，在得到一个对设计更为清晰的观念的同时，也带来了一个问题，即民主和自然的关系。进一步讲就是自然界是否存在民主，人对民主的需求是不是人类自然发展的需要。其一，同一物种间存在等级的划分，狼群有首领，蜂巢有蜂后，但是它们的产生不是族群民主选举的结果，靠的是凶猛的暴力手段和优越的先天条件。不同物种间存在着“食”与“被食”的关系，这是否意味着自然界的“不民主”？“子非鱼，焉知鱼之乐”，把人类的特征强加给其他生命固然不妥，但动物界中有它的存在道理。通过现代科学研究我们知道，大到陆地海洋，小到浮游生物，自然界存在着严格的自然法则，形成了庞大的、系统的、不断发展的食物链系统。这套系统的自然性、合理性、持久性是其他事物所不可替代的，它也是万物共同参与演绎的结果，对每一个物种来说都是最合适的。其二，人类社会迎来了一个高度呼吁民主的时代，但无论哪个政权、哪个国家，由于既得利益者或权力把握者等垄断阶层的客观存在，都没能将民主有效落实。已有的所谓民主在部分人刻意建立的某种民主机制下存在，在过多的人为因素与少数人的主观意志操控下很难做到合理。人类民主的实现和“自然民主”一样需要共同演绎，不刻意为之，在自然的状态下实现真正的民主。民主本自然，民主具有自然的属性，至少民主应当是人类社会生活中十分自然的现象，它作为一个人类发展的需求，是继承于猿类祖先那里的自然的直觉本能，并被长期的自然选择所锻造，一步一步地优化着人类社会的发展。

所以，笔者认为民主蕴含于自然之中，进而对设计的论述是“以自然为本”优于“以人为本”。在传统文化精神中也并非只要是好的都能够运用于设计中，同样，能够放在设计中用的并非仅通过设计作品为受众所感知，更多的还是依靠设计机构尤其是设计者本身的克己役物、躬亲力行的修行。只有经过这些品行与基本功的修行，才会有以神统形、以意融形、形神结合、神超形越的游刃有余。

最后，文化精神的引入使得现代设计不再仅停留于对传统文化符号的模仿上，而是有了更深层次的贯穿。

第三节　在技术层对传统工艺手法的借鉴

一、对传统工艺、艺术手法的借鉴

随着当代设计的发展，我们日渐感受到传统工艺所带来的温馨感、亲切感、活力感。中国传统工艺蕴含着中华民族的文化精神和审美意识，富有“和、喻、灵、雅、巧”的美学特征，即便到了后工业时代虚拟设计、信息设计兴起，仍未看到它们能取代传统工艺审美的迹象。传统工艺在当代社会中不衰的活力源自其工艺形式相对机器更加接近自然，工艺作品中满是人文的痕迹，是地域文化延续的一种重要载体。

将完整的传统工艺置于当代设计环境中必然缺少生存的基本条件，无法与丰富多样、错综复杂的当代设计相融合，因此，对其进行解构性运用不失为一个很好的方法。所谓解构，就是把完整统一的传统工艺分解成若干部分，设计借鉴的对象不再是整个工艺，而是其中的某一项工艺程序或者物化局部等。

传统工艺主要包括如下几个部分。

工艺形式：包括与手工紧密相关的雕、磨、染、织、粘等方面及其技术要求。在设计中保留工艺形式，寻找新的创作题材或将其中的某项步骤加以运用。如国家级非物质文化遗产四川泸州手工油纸伞，在制作工艺中有一项“石印”的工序，让油纸伞有了丰富多彩的图案变化。在平面设计中，这不失为一个很好的表现手段。

成品：成品是工艺实施的结果，将成品细分后得到的各个局部也可以为当代设计所借鉴。这样的实例很多，也较容易操作，如满族服饰中的“马蹄袖”、侗族建筑中的鼓楼（图 5-2）、藏族唐卡的人物和色彩特征等，在设计实务中都可将其作为一种设计符号加以运用。

图 5-2　侗族建筑鼓楼

成品的使用：成品的使用是传统工艺的目的。在当代设计中我们为达到这种“用”的目的，完全可以避开传统工艺的低效，保留传统工艺品传达的精神和心理信息，采用现代的制造工艺。如藤编、草编或竹编制品在生产中采取批量化机械生产，甚至材质也可以是塑料或其他，这样既解决了虫蛀发霉和滋生霉菌等实际问题，也保留了传统工艺品的实用性。

二、对传统思维方式的借鉴

思维方式是一个民族或地区在长期的历史发展过程中形成的思维定式，是人们思考问题、处理问题以及解决问题所采用的思维方法。每个民族都有自己独特的思维方式，不同的思维方式指导下的设计活动的目标、过程与结果截然不同。中国传统思维方式是一种整体性、

“象”性、内敛性与包容性的思维方式，它有别于西方思维方式个体性、逻辑性、抽象性与开放性的特点。思维方式的差异促使各民族、各地区的科学文化活动朝着不同方向发展。在中国传统思维方式指导下的设计，是一种用整体、直观、形象的符号去表现客观世界的活动。

中国传统的整体性思维方式是一种重整体、重体悟、以经验为基础的直观思维。中国古代先民们在造物活动中十分注重相互合作、分工协作，同时还注重人与自然之间的和谐统一。庄子的“天地与我并生，而万物与我为一”，即“天人合一”思想就是这一思维方式的集中概括，也是贯穿中国古代造物活动的核心思想。在中国传统“天人合一”思想指导下的设计活动是一种尊重自然、尊重人的可持续设计活动。例如中国古代园林设计，以自然山水为主题思想，以花草、水石、建筑为物质手段，创造出具有高度自然精神境界的园林环境。此外，传统整体性思维还表现在古代先民所造之物讲究形、神、意的统一。整体性思维促使中国传统科学横向联系，促进了自然科学等与社会科学之间紧密渗透。如古代医学是自然科学（天文、地理、气象、历法）和社会科学（伦理学、社会学、政治学、兵法）相互兼容的结果。

中国传统“象”性思维方式是一种直觉思维方式，它的思维过程是“观物—取象—比类”。“取象”是对自然界中的物体进行仔细观察、分析与总结，进而转化成物象的过程。它既不是对客观事物的简单描画，也不是脱离客观事物的抽象符号，而是对客观事物特性的高度把握，将各种事物形象的象征属性进行归纳，即“以象归类”的过程。在这种思维方式指导下，古人注重事物发展各阶段之间的相互联系，根据已知事物来推测未知事物，对事物特性进行分析、总结与提炼。

传统思维方式对传统社会发展的影响也不全是积极的，其中也有消极的一面。如传统思维方式过于强调整体性，缺乏必要的分析和论证，致使我们没能经过近代的实验科学而直接进入现代科学；中国古代的天文学知识虽然十分丰富，但是这些知识并非探讨天文规律与本质的逻辑体系；传统建筑形式采用几千年不变的四合院或围墙的形式，过于中规中矩，缺乏形式上的突破与创新。当然，瑕不掩瑜，传统思维方式的积极方面对于当代设计仍然具有一定的借鉴意义。

三、对传统美学思想的借鉴

从当代设计的角度借鉴传统审美观念，要把握住中国传统美学发展的特点。在中国历史上，许多文人担任哲学家角色的同时也担任着美学家的角色，从孔孟老庄到汉魏的王充再到清代的王夫之，他们的著作中蕴含着大量的美学思想，体现出他们对待事物的审美观念。历史上许多著名的诗人、画家、书法家留下的许多宝贵的诗文理论、绘画理论、书法理论中也包含着丰富的美学思想。传统艺术在发展过程中，往往相互影响，例如在诗词、书画中可以找到古典园林、建筑艺术所追求的诗情画意之美、浑然天成之美。传统工艺产品受传统美学观念的影响，严格按照美学规律、原则等制作。此外，古人强调“技进乎道”，从技艺中追寻美的规律“道”，技艺的神化，进乎道，亦出乎道。传统美学中关于道与器、审美主体与客体的辩证关系都应该为当代设计师所把握。

西方文化一直强调主体与客体对立的、一分为二的关系，在审美观念中突出以个体为美，追求个性化、创新性、生动性。西方美学所欣赏的是局部的美、残缺的美、个体的美，而中国传统美学则截然不同。中国传统美学把整体性意识放在首要位置，讲求审美主体与审美客体相互统一、合二为一的关系。譬如古人追求的“天人合一”“中和为美”“情景合一”“知行合一”等都是整体性意识的表现。传统美学中的儒家美学讲究“以善为美”，追求真、善、美的统一，把美与善、伦理、道德联系在一起，探讨审美与政治、社会制度和人性道德的关系。孔子说：“君子而不仁者有矣夫，未有小人而仁者也。”“仁”是一种天赋的道德属性，儒家美学在这里强调的是审美中的道德问题，所以孔子强调艺术要包含道德内容，以德为美。

充分了解传统美学的发展与特点，能够带给我们丰富的美学思想。传统美学思想在传统器物中形而下的表现，给我们提供了新的灵感、启发。从美学思想角度出发去审视当代的设计，对当代设计理论的发展与实践都是大有裨益的。

四、对传统符号元素的再设计

设计创作不应拘泥于传统符号元素，而应该站在时代最前沿，对传统符号元素不断注入新的内容，紧跟时代发展的步伐。

（一）传统形象的再设计

传统图形符号蕴含着前人的创造性思维，体现了前人的创新意识。我们当代人在运用这些传统图形符号的同时应保留传统图形符号的神采神韵，保持传统图形中的精神内涵，并赋予其鲜活的时代特征。直接从传统图形中提取形象元素不是对传统文化的正确利用方式，提炼传统符号元素进行符合当代设计精神的再创造才是对传统形象的最好传承。

（二）传统色彩的运用

在人类历史的长河中，中华民族具有五千年光辉灿烂的历史与文化。纵观中国社会五千年的历史文化变迁过程，勤劳智慧的中国人创造了闻名世界、色彩缤纷的中国丝绸，色彩艳丽、栩栩如生的敦煌莫高窟壁画，享有盛誉、色彩斑斓的唐三彩，宋瓷、明瓷和清瓷以及丰富多彩的民族、民间服饰和工艺品，这些都是中华民族历史文化的结晶和珍宝。这些宝贵的文化财富是中国当代色彩专业人士研究色彩理论、色彩设计和配色技术借鉴和应用的宝库。继承和弘扬中华传统文化，是凝聚中华民族力量的客观要求，是建设有中国特色的社会主义物质文明和精神文明的现实需要。

中国传统色彩体系的形成不是一朝一夕的理论产物，也不是某个人的思想和行为准则。它是我们的祖先在长期的社会实践中，在对客观事物的长期观察和认知中，在诸子百家争鸣的思想火花碰撞中产生的，具有深远的历史背景、思想源头和民族情感。中国“五色学说”起源于中国原始氏族社会对色彩的崇尚，萌芽于奴隶社会殷商时期，形成于先秦时期，完善发展于秦汉时期。其形成基础是原始唯物观的“五行论”和“阴阳说”。中国古代的“五行论”起源于商代，“五行论”认为，世界由火、土、金、木、水五种物质构成，是最早的、单一的唯物观点。“五行论”的观点还被应用于古代医学的生理和病理上。而中国古代的“五色论”则建立在“五行论”的哲学基点上，并与“五方”（青色—东方、赤色—南方、黄色—中央、白色—西方、黑色—北方）联结在一起，充满着唯心主义、形而上学的观点，为统治阶级服务。

虽然古代阴阳学说把五种基本色与“五方”“五行”拧合在了一起，构成了神秘、复杂、唯心的哲学系统，但是，古代的五种基本色的分类有彩色系（赤、黄、青）和无彩色系（黑、白）以及十种间色，说明古代中国人不但开拓了基本的色彩系统和原理，而且还掌握了调色和配色的基本方法。如《尚书》中曾有记载：“以五采彰施于五色，作服”，五色即赤、黄、青、黑与白。春秋时期的《孙子》一书中记载“色不过五,五色之变，不可胜观也”。《辞源》中记载：“（五色）谓青、黄、赤、白、黑也。古盖以此五者为主要之色。”由此可见，古代中国人在社会生活实践中，已经逐步掌握了配色的基本原理。

此后，随着人类社会的发展、主观思维的提升和色彩观念的深入，逐步衍生出正色与间色、两仪之色、五行之色、五方之色、四季之色、四神之色、五色土和帝德之色等用色观念，形成了完整的中国“五色学说”理论和中国传统色彩体系。

传统文化是一笔宝贵的财富，是一种巨大的力量，同时又是指导人们行为的重要准则，并且得到后人的遵守和认同。它的生命力在于它不是沉睡在遗存下来的文献典籍中，而是作为历史文化的结晶承传下来，通过社会生活的各种媒介转化为现代人本身存在和需求的东西，是体现在现代人思维方式和价值观念中的东西。几千年传承下来的中国“五色学说”理论和中国传统色彩体系深深地影响了现代中国人的生活和用色习惯。中国人自古以来一向青睐明快、鲜艳的颜色，而较为轻视灰色，显然是受了阴阳五色学说的影响。中国传统的婚庆喜事离不开大红大绿等喜庆色彩，中国传统的“春节”又充满着浓郁的地方民间、民族色彩，凡此种种，与中国传统民间习俗有关的活动都离不开中国传统色彩体系。故此，青、红、黄、绿、紫、黑、白等色就自然成了中国人应用的主要色彩图谱，并且对造型艺术也产生了深刻影响。直至今日，五色观念仍在潜移默化地影响着我们的用色习惯和色彩审美，并且是中国色彩走向世界的重要形式符号。

当今，在中国五色学说基础上，结合现代元素进行设计的成功案例比比皆是，这些传统色彩的象征意义被赋予了时代性的新内容。例如，黄色不再是尊贵人士所享有的色彩，而已经演变成了一种可供普通大众使用的色彩；红色也不仅仅被认为是传统、保守的色彩，甚至在某个时间段内，红色还是街头流行的色彩。

在当代设计创作中运用传统颜色要与当代审美观结合，除了要突出时代感，使传统色彩脱离原始的俗气与陈旧感外，还要结合当代设计手法创造新的表现形式，使传统色彩焕发新的、符合时代精神的光彩。

（三）汉字的运用

中国的汉字作为一种文化符号，有着悠久的历史。汉字发展到如今，已经不再是简单的传达信息、沟通交流的符号。随着时代的发展，汉字的审美性越来越受到设计师们的关注，成为视觉传达设计中不可缺少的审美元素。然而，我国的汉字在视觉传达设计中的运用尚未形成体系，远不及邻国日本对汉字的研究与运用系统。我们乐于欣赏英文所带来的视觉冲击与美感，过分地追求西方化，使得国内使用西方文字作为设计元素到了泛滥的地步，最后的结果是导致设计作品山寨化，以致在国内注册都成难题。在此情形下，将汉字作为设计元素显得尤为重要。

当前很多汉字设计作品都偏重于对字体视觉形象的设计，忽视了汉字蕴含的文化精神。究其原因是缺少对汉字的深层次研究，需要我们从本质上挖掘汉字的文化意蕴，使以汉字为代表的传统文化在当代设计创作中大放异彩。

将汉字运用于设计作品中的方法有很多种，其中汉字的解构作为一种新的视觉语言的设计方法，是对汉字笔画外形与内涵意义的重新建构，以此达到形意结合，设计作品也就具有了生动的意蕴。比起一般的图形更加富有联想性，比起一般的文字则多了一份视觉审美性，解构后的汉字同时具有了象征性意味。

1. 同形重构

同形重构指的是将相似或相近的某些笔画结合共用，达到整体性，体现设计作品形简意繁的效果。在设计中需注意的是，切勿生硬地组合，要注意形体的自然融合。如吉林省图书馆的馆徽设计（图 5–3），以繁体汉字“圖”为整体造型，“吉”字巧妙地蕴含其中，以体现吉林省图书馆的地域特色和行业特征。厚重、对称、严谨的构图，象征“吉图”丰富的图书资源、雄厚的专业技术力量与科学规范的内部管理。位居中间的“吉”字彰显吉林省图书馆建设、交流的中心地位。图案外围的“囗”字，象征图书馆是物质文明与精神文明建设的窗口。整个图形整体性强，富含深刻的寓意。

图 5–3　吉林省图书馆馆徽设计

图 5–4　吉林省食品安全委员会徽标设计

2. 字图结合

字图结合是将汉字与图形相结合的一种设计方法，使两者达到形与意的完美融合，以体现设计作品的主题。如吉林省食品安全委员会的徽标设计（图 5–4），以汉字“吉”为创意基础，同时有机地融合了烽火台、盾牌、碗、笑脸等视觉元素，准确地反映出吉林省食品安全委员会的丰富内涵。标识主题恰似一面盾牌，“吉”字上半部分仿佛高耸的长城烽火台，体现出防范、保障和安全的含义，彰显食品安全工作的重要性。“吉”字下半部分将口字与饭碗图形巧妙结合，代表与百姓生活息息相关的各种食品。

3. 异形重构

异形重构指的是将两个具有相似之处的汉字进行置换、重叠，并做相应的加减法，以表现作品新的含义。在设计创作中需注意的是，要准确找到两个汉字之间的平衡点，充分处理好字形间的穿插与重叠，达到自然整合的效果。如《去毒得寿》的海报设计（图 5-5），将“毒”字与“寿”字巧妙重叠，以表现“去毒得寿”的主题。“毒”字慢慢烧毁，留下与“寿”字结构相似的部分，视觉上给人以想象的空间，更加吸引受众的注意力，达到了形与意的完美融合。

图 5-5 《去毒得寿》海报设计

4. 打散重构

打散重构是指将汉字的形与结构拆分，拆分后的汉字以特定组合方式重新组合或拼接。打散后的字体虽然显得很凌乱，没有完整性，但给人一种新的视觉效果，能引起人们的好奇与联想，吸引人的注意力。如“奥运海报——楷体篇”设计（图 5-6），将楷体字的笔画结构打乱，与人的运动姿势相结合，体现出奥运的主题，给人耳目一新的感觉。

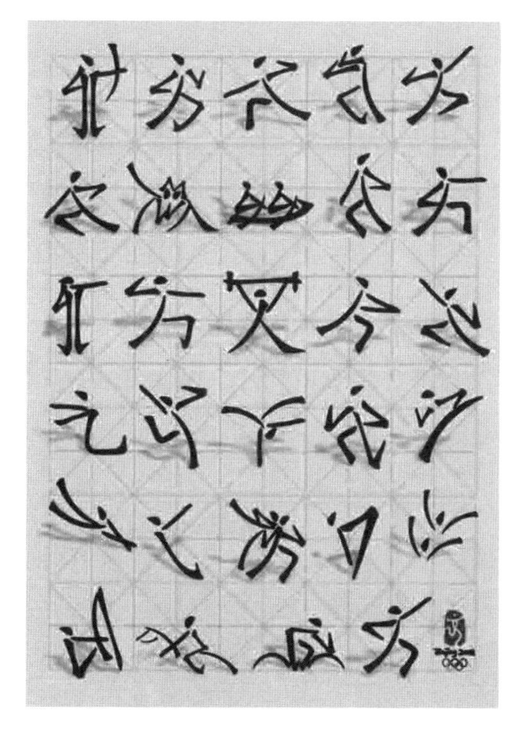
图 5-6 奥运海报——楷体篇

5. 中西结合

中西结合是将汉字与西文字母相结合。虽然两者在字形结构、字义内涵上存在很大差异，但设计师巧妙地抓住了两者的契合点，将汉字与西文字母进行同构设计，使作品产生了强烈的戏剧性效果。如中英快译翻译笔广告设计（图 5-7），将书法“馬”字与英文字母“horse”结合，将“恨”字与英文字母“hate”结合，汉字与英文字母的结合恰到好处，别有一番趣味。

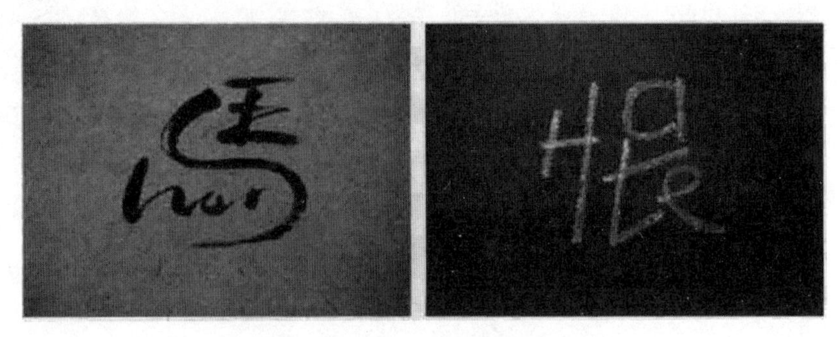

图 5-7　中英快译翻译笔广告设计

6. 字与“体”的融合

“体”主要指的是三维空间中的实体，字与“体”的融合主要体现在家具设计中。当代的家具设计既要包含民族意蕴，又要符合当代人的审美趣味，同时还需具有文化气质，使汉字与家具融合符合当代家具设计的人文理念。中国古代家具设计走着与西方截然不同的道路，当代中国的家具设计也应该形成一种独特的设计体系。一套完整的家具反映的不仅是人们的生活需求、审美需求与文化需求，而且也体现了一个国家、民族的设计特色与文化传统。以汉字为代表的传统文化与当代家具设计的融合，能形成具有文化感、时代感与民族感的当代风格家具。汉字与家具设计融合的方法主要有两种：具象融合与抽象融合。

具象融合指的是将汉字以整体或者拆散笔画的方式与家具相融合。从家具设计作品的某个角度看，能完整地显示出汉字的整体轮廓。从整体上看，汉字在家具上的体现较具象，识别性强。这样的家具设计作品也不乏文化气质，不失为“中式”风格家具（图 5-8）。

图 5-8　汉字与家具结合设计

抽象融合指的是将传统书法的神韵、线条感、稳定感与比例感和家具完美融合，是一种神、气、意的融合。融合后的家具流露出一种类似书法的一气呵成的、自然而然的美。我国古代明式家具就是书法与家具高度融合的典型例证。现代家具设计如汉斯·瓦格纳设计的“叉骨椅”（Wishbone Chair，图 5-9）也体现了这一特点。

图 5-9　汉斯·瓦格纳“叉骨椅”

7. 字与印章的结合

印章是中国特有的一种传统文化艺术形式，具有权威、诚信、职责之意。以印章为代表的传统文化符号的应用多体现在现代标志设计中，更能体现出标志设计的中国文化底蕴。需注意的是，将汉字与印章运用于标志设计中要避免结合形式过于简单、呆板的问题，否则会令作品死气沉沉，显得平庸、单调。在结合过程中应注意汉字的灵活运用，在表达作品主题的基础上将汉字适当变形后再与印章结合应用，会令作品更具艺术表现力。如图 5-10，南宋御街标志设计将“南宋”二字的篆体变形，通过规则有序的线条，展示了具有深厚历史文化底蕴和浓郁生活气息的“御街”空间格局。标志采用汉字与古印玉玺相结合的表现形式，颇具历史沧桑感，体现出古街独特悠久的历史。

图 5-10　南宋御街标志设计

第四节　恰如其分的元素融合设计

在设计实务中有许多具体的设计方法，其中“两个旧元素，一个新组合”的方法是以近似的联想方法求得这两个旧元素，并建立它们之间新的联系，是一种在建筑、工业产品、平面设计等方面能得到好的创意且操作性强的方法。如中国银行标志就是融合旧的元素铜钱与汉字“中”产生的新的组合，北京申奥标志就是融合旧的元素太极拳动作造型与奥运会五环产生新的组合。

一、元素

这里的元素可以是实际存在的，也可以是虚构或抽象的。

首先，元素必须是两个为大众所知的一主一次的元素。一个元素不能突出设计重点，而三个或三个以上元素，就显得设计不够集中，语意传达就会不明确。在需要多种元素的时候基本是分成若干个主次分明的设计单元，每个单元中仍是两个元素。选择元素时需要大众有起码的了解，这是元素语意传达的基础。元素不仅具有本民族的普遍性，也要具有国际的普遍性。比如汉字、唐诗、龙、龟、鱼等有明确的寓意，而睚眦、饕餮、玄武则不能为大众所熟知，对此类元素要谨慎使用，设计中如果有必要的话，需要做一些辅助性的引导。

其次，虚拟元素范围比较宽泛，广义上除了物质的元素外都属于虚拟元素。如影响建筑形态传统的“龙”“穴”“砂”“水”的选址，曲线建筑属水、尖角建筑属火等建筑形态的五行所属，“东为阳、西为阴”“大门居中”等具体的设计规则等，这里传统的风水观念就是一种虚拟的元素，影响着建筑的形态。再如特定的视角下阳桃是一个五角星，这里“特定的视角”就是一种虚拟元素。为得到特定效果而对传统器物做夸张处理，“夸张”就成为一种虚拟元素。

二、组合

元素组合是将与主题相关的元素组合在一起，使元素与主题相互衬托，令作品表现力更强，寓意更加深刻。在表现中国传统文化主题时，常常将书法、水墨等传统元素组合在画面中，在给作品带来文化韵味的同时也更好地烘托了主题。

如靳埭强为 2008 年北京奥运会设计的作品（图 5-11）。水墨元素一直以来都给人一种古朴典雅的感觉，但是在靳埭强的设计作品中，水墨被赋予了时尚的现代韵味，传统元素被赋予了新的生命力，朝气蓬勃的气息扑面而来，在图 5-11 中我们也可以感受到运动、阳光与健康的美。

图 5-11　靳埭强为 2008 年北京奥运会设计的作品

将一切设计要素元素化，使得设计至少在概念阶段思路更为清晰，剩下的工作就是做现代技术元素和社会文化元素的“加减法”了。“加减法”中强调元素要恰如其分，并非符合目标要求的元素都可以用。比如城门和保险柜的门，同样是门，同样具有安全的内涵，但城门给人的是历史的、力量的感觉，而保险柜的门给人的则是精密的、隐蔽的感觉。同样是传统龙纹，也有“五爪天子、四爪诸侯、三爪大夫”的差别。

组合有多种形式。以城市规划设计为例，城市有老区与新区之分，老区承载着城市文化的历史积淀，新区带来了现代文化的新鲜血液。城市中有居住区、工作区，工作区里又有商业区、工业区，工业区里又有低污染、高污染之分，这些构成多层次的两两相应的元素体系。首先是拼贴方法，即依据整体的目标规划、城市未来发展战略，在元素的量与质上进行拼接。这种拼贴的元素间往往保留着各自清晰的边界，不利于大规模、复杂的城市设计。其次是叠置方法，即选取性质相近的元素拼接并增加元素间相交面积、增加元素间的影响程度等，以达到元素边缘模糊的效果，使得多样化、分离的、相互冲突的元素被组合在一起，形成新的稳定结构。最后是“减与加”，即城市规划中的拆与建。拆建什么，拆建哪里，拆建多少，这种方法将复杂庞大的系统工程量化后，设计过程就会变得简单许多。

三、元素的积累

这种设计方法要求设计者掌握丰富的“词汇量”以供加减之用，并掌握对“设计词语”的再设计能力。设计者学习过程中元素的积累是一个漫长的过程，急于追求有深度的设计，往往会弄巧成拙。元素的结合运用得到的是设计的不同深度。到底设计是定位在视觉的刺激、用户认同上，还是观念反思的层次上，取决于设计市场的需要。而设计市场的需要是多样性的，并非每一个设计都要努力做到最深层次。恰如其分、自然流露是元素结合方法的要点，不必刻意求深、求新、求异。

下面从元素分解的角度分析优秀设计案例，如国际大学生“反对皮草”设计大赛中，中国学生冯辰的作品《醒醒吧，妈妈》(图 5-12)。这幅海报包含了两个元素，一个是客观存在的皮草展柜前的场景，另一个是虚拟的千百年来在每个人心中根深蒂固的母子亲情，两个元素构成了一个悲剧的场景，这种悲剧又是那样的宁静，引起了受众的深度思考，是一件很成功的作品。

这给我们带来一些启示：第一，元素结合要唤起受众最柔软、最纯真、最善良的本性；第二，要获得受众的认同，要么是悲剧，即最美好的事物被彻底毁灭，要么是大团圆结局，即整个场景如童话般充满诗意；第三，不疼不痒的设计很难引起受众的共鸣。

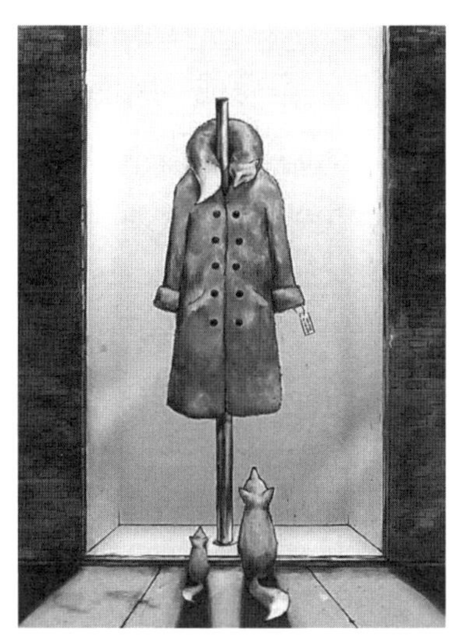

图 5-12　冯辰《醒醒吧，妈妈》

第六章　中外著名设计理念及启示

放眼历史上的著名设计师，无一不是在对传统文化的继承与发展中获得设计灵感与创意源泉的。他们或是对传统造物思想去粗取精，将其运用到自己的造物活动中；或是对传统美学思想进行去伪存真，挖掘其所处设计语境下的新内涵；或是对传统建筑文化批判继承，追求自身设计的民族性与时代性。贯古通今，兼收并蓄，兼具传统情怀与人文情怀，最终形成一种具有民族特色的设计语言。本章从中外著名设计理念及设计作品入手，探究传统文化在当代设计中的体现与传承。

第一节　梁思成“新而中”的设计理念

一、梁思成“新而中”的建筑创作思想

梁思成是中国近现代建筑史上的集大成者，是中国建筑界的一代宗师。其父梁启超先生为我国著名的思想家，梁思成深受父亲的影响，一生都致力于探索“民族化”“中国化”的建筑发展方向。他既系统地学习了中国传统建筑文化，又广泛地涉猎西方优秀建筑文化，从而造就了“古为今用、洋为中用”的博大精深的建筑思想。其中，梁思成提出的“新而中”的建筑创作思想对中国建筑设计史的发展影响颇深，对当今建筑设计理论及建筑设计实践的发展具有一定的现实意义。

梁思成的建筑思想内容涉及广泛，包括建筑创作思想、建筑教育思想、文物建筑保护思想、城市规划思想等。其中“新而中”的思想是他建筑创作思想的核心，也是他进行建筑创作评价的标准。他所主持设计的建筑是他在潜心研究中国传统建筑文化与深入学习西方建筑文化的基础上进行创作的结晶，如 20 世纪 20 年代设计的吉林大学教学楼（图 6–1），20 世纪 30 年代主持设计的北京大学地质馆和女生宿舍、北京仁立地毯公司改建工程，新中国成立后的任弼时同志墓（图 6–2）、人民英雄纪念碑（图 6–3）、扬州鉴真纪念堂（图 6–4）等，这些都体现出较高的技术水平与艺术美感，传达出一定的文化意蕴，设计风格简洁、大气、富有整体性，始终贯穿于建筑设计中的是他对中国特色建筑孜孜不倦的追求。

图 6-1　吉林大学教学楼

图 6-2　任弼时同志墓

图 6-3 人民英雄纪念碑

图 6-4　扬州鉴真纪念堂

梁思成的建筑创作思想主要分为以下四个阶段：20 世纪 20 年代西方古代与中国古代建筑形式的初步融合时期、20 世纪三四十年代探索中国新建筑创作思想时期、20 世纪五六十年代创作思想的完善与 20 世纪 60 年代后“新而中”的思想形成时期，每个时期的建筑创作思想都充分体现出他强烈的民族感和时代精神。在其建筑创作思想从慢慢形成到发展成熟的过程中，梁思成提出的“新而中”的建筑创作思想与评价标准在他后续的建筑研究与实践过程中始终如一。“新”是他对建筑新风格的探索，也是他具有敏锐洞察力的体现。在他看来，建筑不仅要具有新风格、新技术，而且不能脱离大众生活的实际需要，要与人们日益发展的物质生活与精神生活同步，与时代发展同步并进。“中”是梁思成对传统建筑文化态度的体现，是他对民族风格、民族形式的追求，他认为“中”是建筑创作的根。中国拥有几千年的建筑传统，如何在新时期将传统建筑文化的精髓与当前建筑形式的发展需要相结合，是梁思成理论研究的核心问题，这一理论思想同时也在他的建筑创作实践中得到了全面的阐释。总的来说，“新而中”是梁思成建筑创作思想的灵魂，“新而中”就是要创造具有民族文化特征与时代感的建筑艺术，创造符合大众生活与审美情趣的建筑艺术。

二、建筑创作思想特征

根据梁思成的建筑创作思想从建立到成熟的发展过程，从中可以窥探出他建筑创作思想的特征。

（一）民族性、时代性的设计定位

民族性是贯穿梁思成建筑创作思想的灵魂，从早期的探索西方古典建筑与中国传统建筑形式的初步融合，到后期“为中国创造新建筑”的“新而中”建筑创作思想的完整建立，建筑创作思想理论与建筑创作成果如何体现民族性是梁思成一生不懈努力的追求目标。其中，“新而中”的思想简明扼要地概括出了他的建筑创作思想的特征。“新”即体现出创作思想的时代性，建筑创作要符合新时代的精神，反映新形势下广大人民群众的生活需求。“新”是建立在“中”的基础之上的，梁思成认为创造新的建筑形式要建立在体现中华民族特色的基础上。梁思成建筑创作的时代性与民族性特征，很多人在文章中都有提及，已被大家广泛认可。

（二）潜心研究与敢于创新的精神

梁思成先后在清华大学、美国宾夕法尼亚大学、哈佛大学完成学业，系统地学习了中国古典建筑文化理论与西方建筑文化理论，创办了东北大学建筑系与清华大学建筑系，并将西方近代科学的研究方法引入中国建筑文化的研究中，调查、研究了遍布全中国各地的大量古建筑。从中可以看出梁思成潜心研究的工作态度与献身于祖国建筑创作事业的无私精神。作为一位建筑学家，他是敢于创新的，从不跟着前人亦步亦趋，有自己独到的见解。他认为建筑要有文化内涵（这一理念的提出在建筑创作并不受重视的当时是比较震撼的），建筑与其所在城市的整个文化背景要相联系与统一，建筑设计要体现城市文化的内涵，反映广大民众的文化需求。这不仅是建筑创作要有文化意义的需要，同时也是创建民族化建筑艺术的需要，更是新时代社会文化发展的需要。梁思成一生设计的建筑并不多，每一件建筑作品都是他深厚文化修养与艺术修养的体现，他敢于创新的精神为后世建筑创作指明了方向。

（三）古为今用、洋为中用

梁思成在对中国古代建筑与西方建筑研究的过程中，提出“新而中”“西而新”“中而古”“西而古”的建筑创作评价标准。“新而中”是上乘；“西而新”次之，反映了他对盲目学习西方建筑、照搬西方建筑形式的反对；“中而古”再次；“西而古”是下品，反映了他对复古思想的反对。无论是西方古代建筑还是中国古代建筑，都应该立足于当代人们的生活需求、立足于中国本土文化，有选择性地吸收传统建筑文化的精髓部分，为当代所用。梁思成的目标只有一个，就是为中国创造“新而中”的建筑。为了实现这个目标，他研究西方建筑文化，为了在比较中更加客观地认识中国传统建筑文化，博采众长，广泛吸取西方建筑文化精华；研究古代建筑以更加有利于将其运用到现代建筑创作中去，体现出他“古为今用、洋为中用”的建筑创作思想特征。

（四）理论与实践相结合原则

梁思成理论的出发点与落脚点都是为中国创造“新而中”的建筑。他秉持理论与实践相结合的思想原则，十分重视在实践过程中探讨理论、检验理论，认为脱离实践的理论是空洞乏味的，只是理想中的乌托邦而已。建筑艺术不同于其他设计艺术形式，建筑创作成果的最终目的是要运用到生活当中去，建筑与人的生活方式息息相关，不管是何种建筑形式，都要满足大众的物质生活需求。同时，建筑艺术还需有文化内涵，用以满足大众的审美需求、精神需求。梁思成总是尽可能地将他的理论转化为实践，寻求在建筑创作中解决问题的思维方法。

三、梁思成建筑创作思想对当代设计的启示

在国际化、城市化进程日益加快的今天，当代中国的建筑形式已越来越失去自己的民族特征，取而代之的是千篇一律的国际化的建筑形式，这与人们快速增长的物质文化需求与精神文化需求大相径庭。如何创造符合大众需求的民族化的建筑形式成了当务之急。目前有少数建筑设计人士已经意识到了这个问题，并献出了自己的微薄之力。然而，“新而中”的建筑创作之路还任重道远，这绝不是仅仅凭少数人的一腔热血所能完成的艰巨任务，还需要设计界所有人士的共同努力。梁思成的建筑创作思想虽时隔半个世纪之久，但对于当代建筑设计仍具有一定启示与教益。当前中国的许多建筑缺乏本民族特色，因盲目地追求西方新思潮而流于模仿西方建筑的外在形式，抑或是对中国传统建筑形式的“拿来主义”“复古主义”，因而不可能创造出符合新时代本民族人群生活方式特点的建筑。梁思成“新而中”的建筑创作思想反对对中西建筑文化的简单模仿、结合，提倡文化精神上的提炼、融合，以指导建筑设计实践，产生出崭新的具有民族特色的现代化建筑。当代的建筑设计工作者，应该深入学习梁思成“新而中”的建筑思想精华，使西方建筑文化、中国传统建筑文化在当代建筑设计中能融合发展，创造出“中国化”的当代建筑艺术，为中国建筑设计的明天谱写光辉的一页。

第二节 贝聿铭的“传统情怀”

中国传统建筑具有悠久的历史传统和光辉的成就。从陕西半坡遗址发掘的方形或圆形浅穴式房屋发展到现在，已有六七千年的历史，中国传统建筑和欧洲建筑、伊斯兰建筑一同被称为世界三大建筑体系，在科学、艺术、美学、伦理等方面有着重要的研究价值、实用价值。建筑设计涵盖了设计的多个领域，近代以来同大的设计环境一样，面临内外多重困境。在这方面，美籍华人贝聿铭在中国建筑的传承上做出重要成就。贝聿铭是享誉海内外的著名建筑设计大师，作为最后一个现代主义建筑大师，他的设计注重几何化造型的运用，注重建筑的能效，《华盛顿邮报》称他的建筑设计是真正为人民服务的都市计划。贝聿铭对中国建筑设计有着深远的影响。早在 1982 年香山饭店落成时，就掀起了中国建筑界对中国传统建筑与现代主义相结合的大讨论。贝聿铭说：“我企图探索一条新的道路：在一个现代化的建筑物上，体现出中国民族建筑艺术的精华。”晚年的贝聿铭有意将中国精神作为设计手法的内力，并以此为他曾经的设计手法寻求根据，摆脱设计的任意性。

一、建筑的和谐

贝聿铭在建筑设计上注重本土元素、地域材料和整个文化氛围的协调一致、融会贯通。在苏州博物馆新馆设计项目上，考虑到目标的周边环境，如太平天国忠王府、世界文化遗产拙政园、苏州民俗博物馆、狮子林等，在深厚的文化氛围下，贝聿铭采用了苏州民居粉墙黛瓦的基本元素，在色彩上做到统一。在材料上没有使用传统的灰瓦，而是选用了一种容易获取的叫作“中国黑”的花岗，淋湿后色彩由黑灰变成黑色，与粉墙形成更强烈的对比，更有了江南雨后的清新感，如图 6-5 所示。结构上以传统木质形态包裹现代钢结构，既解决了结构稳定性问题又协调美观。在房顶采光上采用了传统建筑房顶纵横交叉的斜坡形式，但避开传统采光不足的问题，采用了现代玻璃结构，体现了他“让光线来做设计”的理念。在整个形体上不仅简约，也做到了“不高，不大，不突出”，既突出和谐又不失其特征。

在中国银行大厦的设计上，贝聿铭也充分吸取了中国传统建筑中园林的特征。以“曲径通幽”和“步移景异”为设计原则，用流水和石材造景，在大厦的东西两侧设有庭园，庭园中有水系、假山与树木，营造了一个小型生态环境，并与建筑融为一体，为整个建筑带来生机。建筑形态上有着竹笋的特征，寓意“勃勃生机、蓬勃发展”，与城市现代化建设的精神相协调（图 6-6）。设计中也加入了传统风水的考量，建筑周围水系的构建，水流生生不息，以示财源广进。

图 6-5　苏州博物馆新馆

图 6-6　香港中国银行大厦

二、建筑与自然的和谐

建筑融于自然的设计观念，是贝聿铭一生尤其是到了晚年的重要创作中心。在手法上注重内庭的设计，将自然景观引入建筑内，烘托出建筑的自然氛围，如伊弗森美术馆、狄莫伊艺术中心雕塑馆与康乃尔大学姜森美术馆等。到了晚年，贝聿铭在内庭设计上更加注重自然光的利用和布置，如巴黎卢浮宫的玻璃金字塔、香港中国银行大厦等。到了1988年，贝聿铭决定将承接的建筑工程由大规模转向小规模，如中行总行大厦、美秀美术馆、苏州博物馆新馆、中国驻美大使馆等，没有了之前高大雄健的建筑体态，代之以更为朴素、自然，更具有亲和力的设计特征。

日本美秀美术馆（图 6-7）是贝聿铭晚年的代表作。在日本远离城市的滋贺县甲贺市的自然保护区，贝聿铭精心绘出了一幅桃花源图，彰显出东方独有的意境美，实现了他多年来的“桃源梦”。美秀美术馆在设计之前就面临严重的客观束缚，1997 年 1 月 21 日，贝聿铭在纽约曾接受过一次记者的采访，他讲：“构造的形态当然被地形所左右，根据当地的规定，总面积为一万七千平方米的部分，大约只允许两千平方米左右的建筑部分露出地面，所以美术馆的部分必须在地下才行。”正如中国传统绘画、工艺一样，“没有限制，谈不上艺术”。正是由于这些限制，美秀美术馆才更为人所惊叹，建筑隐藏在地形中，在树荫环绕下若隐若现，创造出中国山水画的效果。

美术馆的屋顶设计采取了日本古庙灵巧的特征，尽管贝聿铭在设计中吸收了不少古典风格和传统风格的理念，但它几何化的造型又不失现代感。在自然光的利用上，贝聿铭认为光线能更好地展示建筑与人的亲和感及环境的温雅。为实现这一构思，屋顶采用框架玻璃结构，并在光的反射、折射和阻断等方面反复推敲建筑的细部，以臻于完美。为了最大限度地保护自然环境，该建筑还专门设计了道路的隧道，并搭建了一系列平台，以减少对周围植被的破坏。

图 6-7　贝聿铭设计作品——日本美秀美术馆

对于自己所取得的成就，贝聿铭曾讲："离开中国八十多年了，……但中国文化对我影响至深。我深爱中国优美的诗词、绘画、园林，那是我设计灵感之源泉。……我都致力于探索一条中国建筑的现代化之路。中国建筑的根可以是传统的，而芽应该是新芽，这也是中国建筑的希望所在。"

建筑设计离不开传统文化的源泉，贝聿铭的设计强调"新芽"，他在很多方面吸收了各国传统建筑手法，将传统的建筑轮廓、文化精神与现代造型和现代技术手段相结合，并融入自然环境之中，这是贝聿铭的建筑设计精神。

第三节　汉斯·瓦格纳的“中国椅”

中国人对汉斯·瓦格纳的椅子会有一种天然的亲切感，因为它们像极了20世纪80年代之前中式家庭常用的那种老家具，虽然线条更洗练、结构更简洁，有着北欧林木特有的冷寒涤尘的干净气息，可是把两者放在一起，这些椅子对中国传统家具尤其是明式家具的传承元素显而易见。

西方人对中国家具的兴趣古已有之。早在16世纪，中国家具就由西方传教士带回欧洲，在西方上流社会掀起一股“东方风格”的室内装饰热潮。西方人对东方风格的热衷在20世纪30年代达到过一定高度，很多存世不多的明式家具珍品甚至孤品主要在这一时期被西方人带出中国。现在，几乎西方所有的历史博物馆，都收藏有中国古代家具，且主要是明式家具。

有关“明式家具”与“明代家具”需要扼要解释一下。“明式家具”一个是艺术概念，它是我国明代形成的一项艺术成就，被世人誉为“东方艺术的一颗明珠”，在世界家具体系中享有盛名。其特点是在造型上简洁大方，比例适度，轮廓简练、舒展；结构上科学合理，榫卯精密，坚实牢固；精于选料配料，重视木材本身的自然纹理和色泽；工艺上雕刻线脚处理得当；饰件上金属饰件式样玲珑，色泽柔和，起到很好的装饰作用。“明式家具”是中国古人智慧的杰出代表。而“明代家具”专指在明代制作的家具，是一个时间概念。

后世研究明式家具的学者数不胜数，其中不乏许多国内外设计大师，丹麦家具设计大师汉斯·瓦格纳（Hans Wagner，1914—2007，图6-8）就是其中之一。汉斯·瓦格纳为木匠出身，从小跟着父亲学习手工艺技术，对工艺制作流程、家具制作技术十分娴熟，17岁时便出师成为一名出色的木匠，22岁进入当地的工艺美术学校学习，这些都为他日后进行家具设计创作奠定了坚实的基础。

图6-8　丹麦设计大师汉斯·瓦格纳

一、汉斯·瓦格纳对明式家具精华的提炼

汉斯·瓦格纳在家具设计创作过程中，他对中国传统家具设计情有独钟，其许多家具设计极具中国传统家具特色，早年即以一组名为“中国椅”（图 6-9）的设计闻名于世，其中被誉为“世界上最漂亮的椅子”的古典椅堪称其经典之作，在国内外市场上获得了巨大的成功。

图 6-9　汉斯·瓦格纳设计的“中国椅”

说起这件作品，其实汉斯·瓦格纳在作品完成之初并没有为这把椅子命名，只是后人有的称其为“圆椅”，有的称其为“椅”，还有的称其为“古典椅”，造成了一定程度上的混淆，但不管怎样，这把椅子的确值得我们细细品味。美的椅子就如同一杯茶，品后令人唇齿留香，余味无穷。这把椅子造型优美、功能完善、材质天然，将明式圈椅简化到只剩下最基本构件，每一构件被推到了“多一分嫌重，少一分嫌轻”的地步。椅子设计采用一根弯曲的木条连接靠背和扶手，转角处被处理成圆滑的曲线；坐垫由细藤条编制而成；椅子的腿部摒弃了明式家具腿部较中规中矩的造型，采用具有粗细变化的圆柱造型，为其增添了几分现代感，相比传统明式家具更具活泼感与温馨感，不仅体现出丹麦家具“人性化”的设计理念，其上圆下方的造型更体现出中国传统“天人合一”的哲学思想。汉斯·瓦格纳每件作品的成功都源于他对每一个细节的亲自研究，他尤其强调一件家具的全方位设计，认为“一件家具永远不会有背部”，整个家具无论从哪个角度看都应该是完美的、没有瑕疵的（图 6-10）。

（a）三角贝壳椅

图 6-10　汉斯·瓦格纳设计作品

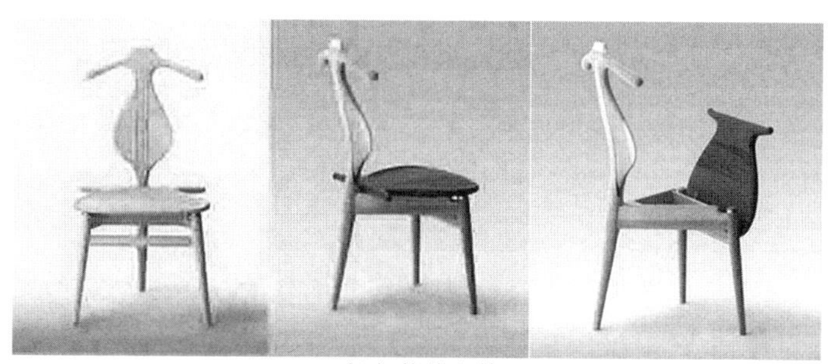

（b）梳妆台椅

（c）孔雀椅

（d）肯尼迪竞选时坐的圈椅

（e）划桨椅

图 6-10　汉斯·瓦格纳设计作品（续）

二、古今中外的互融以及对中国当代家具设计的启示

一件优秀的家具设计作品不仅仅是工业产品，更是一个沉淀历史文化的载体。汉斯·瓦格纳的家具作品沉淀的是丹麦的历史文化以及他个人的文化修养。同时，作为一位丹麦设计大师，他能将中国传统家具的神韵表现得如此淋漓尽致，除了对我国传统家具十分钟爱之外，与其本人所处的地理人文环境也是分不开的。丹麦与其他斯堪的纳维亚国家一样，森林覆盖率高，生产木材，其独特的自然资源为丹麦家具制作提供了充足的材料来源。同时丹麦还是一个工业发达、思想开放的国家，历来崇尚民主的观念使得丹麦的设计带有浓厚的人情味与亲切感，也使丹麦的设计受到了世界各国的关注与喜爱。王受之先生在《白夜北欧——行走斯堪迪纳维亚设计》一书中曾称赞道："无论是工业产品还是手工艺品，无论是巨大的跨海大桥工程还是风力发电系统，从小的一盏蜡烛灯台，到庞大的海轮，丹麦的设计都属于无与伦比的精品一级。"汉斯·瓦格纳正是在这样的自然背景、人文背景以及设计背景下，以其敏锐细致的观察力和容纳百川的设计胸怀创造出家具设计的经典之作。

在大多数人眼里，中国传统与丹麦传统似乎风马牛不相及，但汉斯·瓦格纳却找到了它们之间的结合点，并将两者的魅力通过一系列的设计作品完美地诠释出来。作为一个"外人"，汉斯·瓦格纳能将中国传统家具的精华展现在自己的设计作品中，对于我们中国人来说更加责无旁贷。传统文化的继承没有国界，国外的设计师从中国传统文化中得到了启迪，我们又从国外的设计中获得了启迪，在这样一个反复启迪的过程当中我们学到了许多。同时我们也应该学会思考，在学习国外设计的过程当中不能失去传统文化的民族性，更不能陶醉于民族文化而故步自封。学习国外家具设计，并不意味着照搬西方设计的一切形式。德国设计大师路易奇·柯拉尼说过，模仿并不可怕，可怕的是毫无批判地抄袭。当一些在某种文化中本来属于积极意义的东西被移植到另一种文化时，它们有可能变成负面的东西，即如我们中国人所说的"淮橘为枳"。不仅如此，这种"淮橘为枳"式的移植，还会对新移植地的社会土壤产生破坏作用，强化它原先所固有的弊端，加重它整体的危机。中国当代的家具设计应该走什么样的路，怎么走这条路，如何应对西方文化与中国文化、传统文化与当代设计的关系，从汉斯·瓦格纳的设计作品中我们已经得到了答案。

我们无法清楚地考证瓦格纳是在什么样的情况下接触明式家具的，而且那个时代在家具设计中运用了东方或中国元素的不止他一个。2006年，比利时人菲利普·德·巴盖（Philippe de Backer）在故宫永寿宫为他所收藏的70多件珍贵明式家具举办了一个展览，其中一个展室是将几个西方设计师的经典作品和明式家具对比陈列。德国维特拉设计博物馆提供的展品涉及赫里特·里特费尔德（Gerrit Rietveld）、路德维希·密斯·凡德罗（Ludwig Mies van der Rohe）、约瑟夫·霍夫曼（Josef Hoffmann）、汉斯·卢克哈特（Hans Luckhardt）等世界级大师的设计，从中我们可以看出，明式家具的简约风格和流线型设计的确对西方现代设计产生过不小的影响。用菲利普·德·巴盖的话说，在西方传统的设计观念中，体现一个人的高贵会不断增加装饰，而中国是减少，少即是多（Less is more）——

这正是西方现代主义设计中最有名的宣言。明式家具无论是椅、凳、桌案，还是床榻，都有极其流畅、简练的线条，各部分的比例分割首先满足的是人在身体和审美上的舒适诉求，所以少见繁复和无用的累赘设计。此外，明式家具的各部位全部用榫卯连接，板面与边框绝无胶粘和铁钉，全部家具均可拆装。这种高度的功能性和实用主义，恰与西方现代设计意欲冲破烦琐沉重的传统风格桎梏、提倡形式服从功能的宗旨相吻合。

因而，所谓"中国风格"在彼时的西方，想必有如一股清新而明快的风，波及每一个有着现代性觉悟的设计师和艺术家。

第四节　靳埭强中西融合的设计理念

靳埭强作为当今华人平面设计界的领军人物之一，以其蕴涵浓厚东方色彩的设计作品而享誉国际设计界，无可置疑是中国现代平面设计的重要先驱者。靳埭强自幼受祖父靳耀生熏陶，爱好绘事。1957 年定居香港，投身为学徒，满师后当裁缝师，如此十年之久。1964 年开始随伯父靳微天学习素描及水彩画。其后在香港中文大学校外进修部攻读由吕寿琨教授开设的水墨画课程及王无邪主持的设计课程。1967 年开始从事设计工作，屡获奖项，负有盛名。1976 年开始创办设计公司，作品受到高度评价，成为驰名中外的设计师及画家。他的设计作品获奖无数，被众多美术馆、博物馆收藏。同时，靳埭强亦醉心于艺术创作，擅长现代水墨画和公共雕塑，作为一代极具创新精神的水墨画画家，以其革新创造性的水墨艺术作品而备受瞩目，其艺术作品亦被众多机构收藏。

在设计中，靳埭强主张把中国传统文化的精髓融入西方现代设计的理念中。靳埭强强调这种相融并不是简单相加，而是对中国文化深刻理解基础上的融合。例如中国银行的标志（图 6–11），整体简洁流畅，极富时代感，同时标志内又包含了中国古币，暗合天圆地方之意。中间一个巧妙的"中"字凸显了中国银行的招牌。这个标志可谓是靳埭强融贯东西方理念的经典之作。

图 6–11　靳埭强设计的中国银行标志

裁缝出身的靳埭强坦言自己"并不是很聪明"，创作灵感主要来自平常生活中的发现。靳埭强说："我不是天生的设计师，只是自然地从生活中培养潜能。热爱生活帮助我领悟宝贵的人生观，同时给予我神妙的创作动力。”

“设计是我的事业、我的生命。”回首自己的设计生涯，靳埭强如此说道。他所取得的成绩并非单一的手法或风格所造就，哲学思想是靳埭强创作不息的生命源泉，是其中的精髓所在。倘若设计师的设计作品失去了其中的设计哲学，就不可算作一个真正的设计师，只可称作一个做漂亮装饰的工匠。靳埭强亦说：“倘若我们没有哲学作为人类一切行为的皈依，那将是最荒谬的事情。一个没有哲学思想文化的人，犹如一个没有脊骨的人，他怎能站起来面对世界呢？”

一、设计的本质

“设计和做裁缝的概念有很大的关系——为他人量身定做。”这是靳埭强对于设计的首要观点，亦是靳埭强设计观中最重要的观点。做裁缝是为他人度身订做一套衣服，是要别人穿起来舒适，看起来美观，又合他的心意。这套观念是一个设计师必须要有的。他认为现在很多年轻设计师开始做设计的时候都比较个人化。对此，靳埭强认为应该多想想“度身订做”的观念，多为别人想一些。做设计不是为了自己，而是为了别人。你要为消费者或者委托人去创作一件设计品，是要满足他的需求，而不是为了自己而做。正如裁缝做的衣裳要适合别人的身材，不是做来自己穿。靳埭强自己很清楚这套观念，“我不会好似一个艺术家只是自恃有艺术气质而去设计，我会为委托人度身订做一件适身合体的设计。”

另一方面，设计创作当然有个人的东西，要有与别人不一样的独特的思想。但这与为他人做设计不是完全对立的。做适合市场需要的创作也并不是没有创作、没有个性可言，因为每个品牌都应该有不同，也需要与众不同。但这种与众不同，不只是简单的不同，漂亮的设计并不一定是好的设计，最好的设计是那些适合企业、适合产品、适合市场的设计。这就需要设计师的专业精神，一个好的设计师不仅应该掌握现代的设计语言，还应具备市场分析能力，对市场有敏锐的触觉，为产品进行市场定位，这样才能树立出类拔萃的企业品牌形象。

图 6-12　海报选集《物我融情》封面

二、从生活出发来设计

靳埭强认为设计应当从一个人的生活出发。从生活中也体现出整个社会人与人的关系，人与社会的关系也扩展为不同范围思想上的、文化上的元素。如果我们的艺术设计以人的生活为本开展，方可影响我们的设计。人类从生活的体验中不断发展了丰富多彩的视觉语言。它不但是我们在设计上符合实用功能的沟通工具，同时也是提高精神生活的文化载体。

靳埭强坦言自己“并不是很聪明”，创作灵感主要来自日常生活中的发现。他说：“我不是天生的设计师，只是自然地从生活中培养潜能。热爱生活帮助我领悟宝贵的人生观，同时给予我神妙的创作动力。我渴望在实践中汲取营养，不分喜恶，均能助长丰富的想象和开明的观念，使我常常能获取不息的创意。设计已经成为我生活的组成部分，设计无时无刻不留在我的脑海之中。不论我看到的、感到的、听到的创作的灵感，无不环绕在我的四周。”靳埭强的海报选集《物我融情》（图 6-12）的封面设计，是由一条黑色胶纸与水墨组成的字母“P”（poster）。这条胶纸是朋友寄包裹给靳埭强时所用的包装胶纸，经过靳埭强对生活的细心发掘而用在其设计中，黑色的胶纸与其个人风格的海报概念相得益彰。2002 年，香港文化博物馆主办靳埭强大型个人回顾展，主题即为“生活 · 心源”。“靳埭强先生属于那种把生活和艺术创作融合在一起的艺术家。这两者互相交流，并建立了紧密互存的联系。如果世界上存在着两种设计家，其中一种热爱生活，而靳埭强先生无疑属于这种人。”法国学者如是说。

三、东方思想与传统文化

设计以生活为本的靳埭强，在不同的生活阶段，也有着对不同领域的探索和不同范畴的思考。因此，其不同设计阶段也受到不同思想的影响。靳埭强的设计与艺术一方面接受西方前卫艺术的观念，但同时对于本土的东方思想，靳埭强也都尽力去理解领悟，对于儒、道、释三家思想，靳埭强认为有精华共通之处，亦与外国的哲学思想有共通之处，希望可以更多地领悟其中博大深邃的哲理。

靳埭强心中的儒家是要求自己正派、自我完善以及具有积极性的尽善其美。1987 年创作的海报《和平》（图 6-13），采用一家人同绘和平鸽的形式，蕴涵了儒家思想中的家庭观念。另有香港回归祖国纪念银器设计《手相牵》（图 6-14），以母子双手相叠来表达儒家“家、国、天下”的思想。

图 6-13　海报《和平》

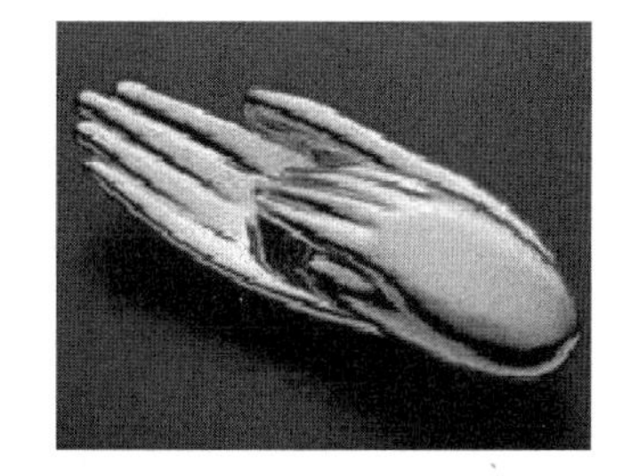

图 6-14　香港回归祖国纪念银器设计《手相牵》

对于道家思想的理解，靳埭强则认为要注重人与自然的关系，以一种融合、互相尊重的观念对待人与自然的相处，大气磅礴。1989 年创作的“国际舞蹈学院舞蹈节”海报（图 6-15），即以庄周与蝴蝶的典故诠释了人与自然合一的思想。

图 6-15　“国际舞蹈学院舞蹈节”海报

佛学博大高深，许多深层境界则难于理解，需要多一些生活经历才能慢慢体会领悟。1996 年的《自在》花纹纸海报系列（图 6-16），便以佛家“大自在”的哲学思想为渊源。这几个字分别作为画面的视觉中心，每一幅画都辅以一小行字“吃也自在”“睡也自在”“坐也自在”“行也自在”，细细品味后方有所悟。

图 6-16　《自在》花纹纸海报系列

靳埭强对以上这些思想都非常重视，并对他的设计产生深远影响。同时他认为这些思想不仅对自我、对中国人有影响，而且在整个社会、在世界亦可以成为一个共享资源。靳埭强继而将这些东方的哲学融入其静谧端庄、极具东方韵味的设计作品中。日本设计大师杉浦康平评价道："靳埭强先生的作品，悄悄地、漫不经心地用那墨迹绘成圆形，活现了由中国烂熟的传统文化所编织出来的大自然与人类的调和共存思想。"此为一位极具东方神韵的智者卓尔不群之处。

同样，对于中国传统文化的理解，靳埭强亦有自己的思索：中国文化有数之不尽的精粹，我们应该好好地学习；但也有一些不好的，甚至是糟粕，我们应该反思分析。社会在不断地演变，远古时代的文化思想适用于当时，但不一定符合今日的价值观念，每个时代都会衍生新的文化与思潮。有一次在桂林的演讲中，有学生提问：中国文化最有价值的是什么？靳埭强自觉这是一个深难的问题，心中没有一个肯定的答案，于是他做了以上思考。不仅如此，靳埭强还认为我们应学习传统文化，消化传统，加上现代生活的体验，把感情融汇其中，创造新的文化。在思考中，靳埭强得出了自己的答案："中国文化是活的文化，不断包容不同时空的新观念，继往开来地代代更新。我认为，中国文化最有价值的，就是它具有生生不息的生命力，这是值一百零一分的答案，但不是唯一的标准答案。"虽然是即兴的思考，但却包含了靳埭强对中国传统文化的精妙观点。德国设计家霍格尔·马蒂斯也曾强调："任何国度的设计中，都应体现着这个国度的根，这个根就是自己的文化。"每一个民族都有自己的灿烂文化，都钟情于与自己血脉相融的本土文化，这就是设计者所探索的文化特色的源泉。学习研究中国传统文化，努力传承创新，给自己的文化注入新的生命力，靳埭强在其设计中也的确做到了，他的作品无不浸透着中国文化的内涵，将传统绘画的笔情墨趣、神韵意境融入现代设计语言之中。透过他的作品，我们应该看到一种富有生命力的中国文化，一个时代的文化。他说："有人说 21 世纪设计死亡了，我认为不是这样的，如果每一个民族都能把自己的文化放进去，设计就会有新的生命。"

第七章　中国传统装饰图案素材的当代设计

近年来，中国的设计行业得到迅速发展，博大精深的中国文化受到广大设计师以及各界艺术家的关注，文化创意产业逐渐活跃在各种经济模式中。中国的民族文化蕴藏着巨大的潜力，如何将这种文化转化成现代设计语言，使之成为时尚的设计作品和商品，正是当今设计师们思考与探索的重要方向。

本章从中国传统风格的图形设计着手，具体总结具有传统风格的图形设计的造型要素、造型方法。通过对传统图形的归纳，对当今时尚设计及作品进行分析，立足于中国传统图形，经过二元再设计，在保留传统图形神韵与特征的基础上，重新组建成新的图形，而不再是简单地照搬或模仿传统图形。

第一节　中国传统装饰图案的造型

一、传统图形的概念

在《现代汉语词典》中，“图形”的解释是在平面上表示出来的物体的形状。

自古以来，在人类的生活中，人与人的交流、人与物的接触都能通过某种方式接收或传递一种信息，运用图形符号进行交流便是人类最早的信息交流方式。

不管是什么民族、什么人种，当人们会使用工具的时候，就已经会描画自己所看到的事物。由于还没有文字，人们便利用图形来表达自己的想法，记录自己的生活与劳作状况，描绘身边的环境与自然现象。

传统图形的范围很广，在历史的长河中，不同的民族以不同的风格与方式描绘各种图形，以各种艺术表现手法真实地表现当时的社会、自然与人类，体现了当时物质与精神生活的状况。

随着人类社会的发展与进步，人与人之间的交流更加复杂，文字渐渐从图形中分离出来。图形不再是叙述事件的信息符号，它逐渐形成各自独特的艺术风格，于是世界各地不同风格、不同流派的图形绘画纷纷出现。图形的表现手法也变得丰富多样。

在实际的艺术创作领域中，古代人在图形的应用和演绎上，并不局限于用笔在平面上绘制，例如古埃及的象形文字雕刻纹上的图形，中国的古青铜器纹、古玉雕图形，少数民族的织锦图形、银饰图案等，各种图形以不同的形式装饰着人们的生活（图 7-1）。

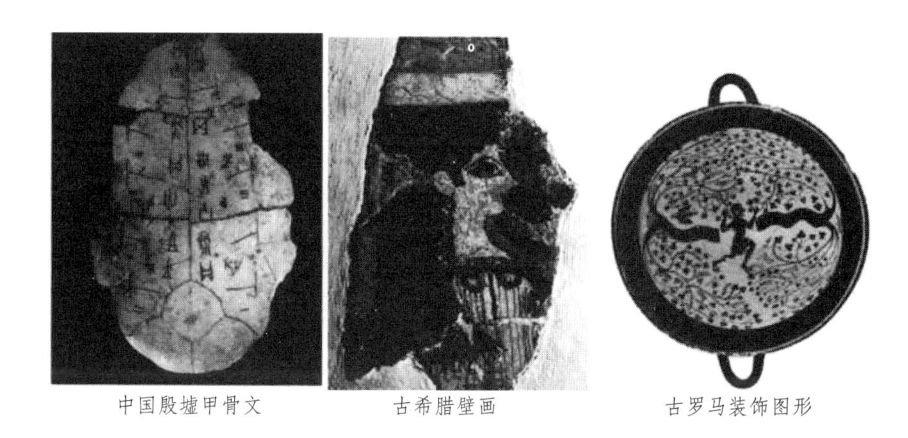

中国殷墟甲骨文　　古希腊壁画　　古罗马装饰图形

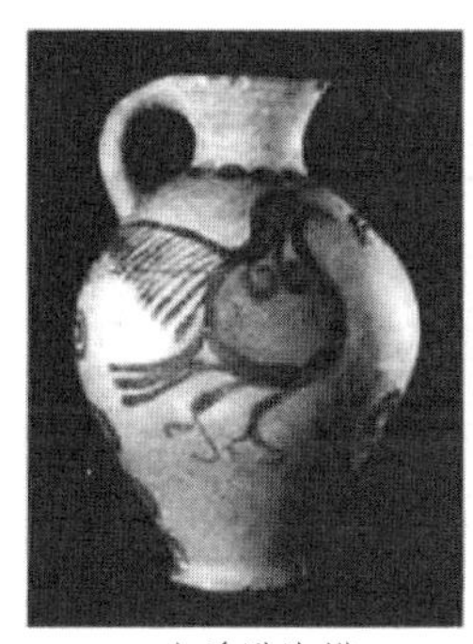

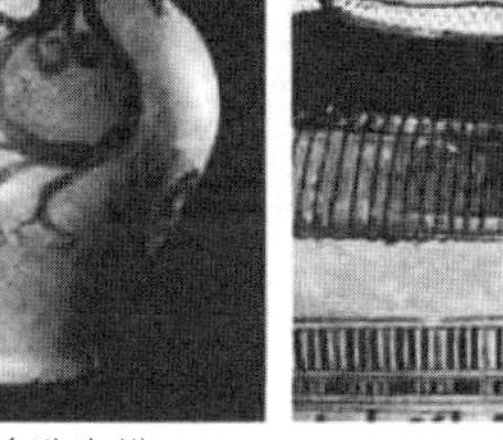

古希腊陶罐　　古埃及壁画

图 7-1　早期人类的装饰图案

二、中国传统图形的起源

在中国漫长的历史发展过程中，图形从原始社会对自然的模仿，到手工业时代的抽象叙事，再到现代社会光影、透视等自然法则的应用，人类的图形发展随着生产力的发展不断进步。在图形的发展过程中，任何一种流传下来的图形都是由原始图形慢慢转换过来的，经过千百年的变化才形成具有本民族独特个性的完美图形。

中国传统图形设计的起源，最早可以追溯到远古时期的原始社会。从远古的岩壁画开始，到新石器时期的彩陶纹，商周至春秋战国时期的青铜器纹饰、漆器纹，秦汉时期的瓦当与画像砖纹饰，都具有各自的特点与风格，这些早期的图形为中国传统图形的发展奠定了基础。

（一）原始社会的图形发展

1. 岩壁画

我国各地的林壑之间、山崖之上有大量的岩壁画。这些岩壁画跨越了时间与空间，使人们能够与远古的人类进行交流。这种交流是其他任何信息符号所不能达到的，这就是图形的特性，也是图形的魅力。这些人类最早的岩壁画是人类最早的图形，虽年代久远，但仍然是不容置疑的艺术品。同时，它们也是现代人们了解、分析当时人类生存状态的重要史料，对我国历史学、考古学、民族学、艺术史的研究都有重要价值。

连云港市西南郊的锦屏山马耳峰将军崖，有由石器磨制而成的一批岩画，是我国东部沿海地区唯一的旧石器时代晚期遗址。岩画的主要内容为人面、鸟兽面、天象等符号（图7-2）。最大的岩画高 90 厘米、宽 110 厘米。这种岩画在海内外极为罕见，专家估计其距今4000 余年，是迄今发现的唯一反映我国原始农业部落社会生活的石刻岩画。

图 7-2　连云港将军崖岩画及其图案

云南省沧源县岩画现已发现 1000 多个岩画图形，其中人物图像最多，还有动物、树木、太阳及一些原始表意符号等（图 7-3）。

图 7-3　云南省沧源县岩画

内蒙古桌子山岩画有200余幅，90%以上是人面图像，形态各异，创意超常。这些岩画创作于新石器时代，每幅画都是刻磨而成，是我国北方游牧民族的历史文化遗迹。岩画中，有的人鼻子很大，耳朵很长；有的又全脸长毛，酷似猴面；有的嗔怒或微笑；有的仿佛在沉思。经专家考证，其中的面具形态应是戴着太阳王冠的太阳神（图7-4）。

图7-4　内蒙古桌子山岩画

2. 彩陶纹

中国彩陶的制作距今3000多年，主要分布在黄河流域，最具代表性的是半坡氏族的彩陶。彩陶大多是以红土制作的盆、盘或壶，用黑色、红色、白色染料在器物坯体上绘画，然后入窑烧制，触水不脱。

彩陶纹大致可分为两类：一类为抽象的几何形装饰，另一类为具象的人物、动物、植物图形。其中以鱼纹、蛙纹、人面鱼纹、鸟纹最为常见。据考古专家论证，这些彩陶纹饰除了有装饰作用，还具有祈求于巫术的图腾崇拜的含义，是体现当时原始人类渴求吉祥的最初形式。

（1）蛙纹

中国古代把蛙看作生活中可靠的保护神，能降福人间。在彩陶上，我们可以看到很多蛙的题材的图案。人们以浓厚的生活情趣把蛙变化成极美的图案，有初成形时的蝌蚪，有脱尾生爪的幼蛙，有幼蛙在划水成长，也有已经成形的完整的蛙（图7-5、7-6）。其形象非常简洁，常与其他几何纹和植物纹组合在一起，表现出一种优美生动的艺术效果。

图7-5　甘肃省临兆县马家窑蛙纹彩陶

图 7-6　甘肃省临兆县马家窑　蛙纹彩陶图案

（2）几何纹

几何形图案是新石器时代彩陶纹中常见的一种纹饰，主要有弦纹、网纹、锯齿纹、三角纹、方格纹、垂幛纹、漩涡纹、圆圈纹、波折纹、宽带纹，并有月亮、太阳、北斗星等纹样。在新石器时代的彩陶文化陶器上，发现有稻谷、枝叶、花瓣等植物纹样组合成的几何形体，形成一种独特的风格，别有一番情趣（图 7-7、7-8）。

图 7-7　甘肃省临兆县马家窑　几何纹彩陶

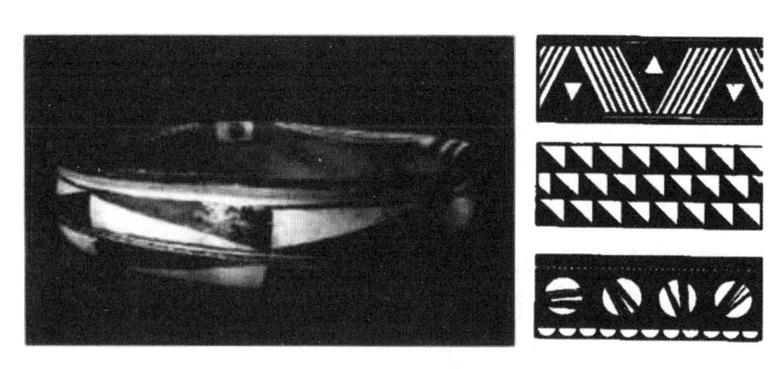

图 7-8　陕西省半坡村 仰韶文化几何纹彩陶

（3）植物纹

植物纹是在彩陶上应用普遍的一种纹样。有类似卷瓣花朵纹样的旋花纹，还有以单叶为母体，用不同形式组织起来的叶状纹。植物纹又常与象征果实或者花蕾的圆点连接起来，而这些黑点有节奏地装饰在流利多变的线条、块面中，展现出优美的韵律和瑰丽多彩的艺术效果（图 7-9）。

图 7-9　陕西省半坡村 仰韶文化花叶纹彩陶

（4）鱼纹

鱼纹是中华先民最早创造的动物纹样之一，这与新石器时代原始先民逐水而居和采集、渔猎的生活环境及生活方式有关。鱼是当时原始先民维系生存的最重要的食物来源之一。

彩陶纹饰中，鱼纹形象已由新石器时代早期的具象绘画逐渐演变为概括性的抽象或半抽象图案（图 7-10）。

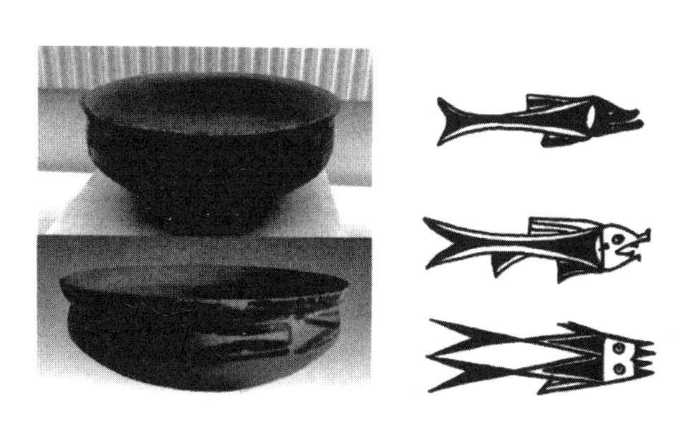

图 7-10　陕西省半坡村 仰韶文化鱼纹彩陶

鱼纹中有一类特殊的人面鱼纹，人面呈圆形，人面上绘有三角形的鼻子和细长的双眼，嘴上衔两条鱼；头上顶着锥状物，似帽子，又似发髻（图 7-11）。人物五官虽只用简单的墨线勾勒，但总的形态颇为生动逼真，具有浓厚的意趣与较大的艺术魅力。

图 7-11　陕西省半坡村 仰韶文化人面鱼纹彩陶

（5）舞蹈纹

舞蹈在原始社会就已经产生，先民们用舞蹈来庆祝丰收、欢庆胜利、祈求上苍保佑或祭祀祖先。彩陶盆上绘制的舞蹈纹饰表现了当时人们的欢乐情景（图 7-12），反映了五六千年前人们的智慧和生活情趣。

图 7-12　青海省大通县 舞蹈人物彩陶盆

（二）奴隶社会的图形发展

1. 青铜纹饰

中国古代青铜器上的纹饰，始于夏晚期，最早出现在容器上的是实心的连珠纹。

商周时代是王权与神权结合的奴隶社会时期，是以祖神崇拜为核心并具有浓厚宗教性质的巫史文化时代。商周时代，中国进入了青铜器鼎盛时期，青铜器也是当时等级划分的重要标志，图形风格庄重、威严、神秘，以兽纹、人兽情景纹、几何纹和铭文文字为主。

在青铜器纹样中，兽纹给人的印象最深。最神秘莫测的当属夔纹、凤鸟纹、饕餮纹，体现了图腾时代人类崇拜动物、王权与神权相结合的“人神崇拜”的精神面貌与文化背景。饕饕纹是商代和西周青铜器上常见的一种纹饰，它是兽类动物的头部图案，有牛、羊、虎等多种形象，基本特征是以动物的鼻梁为中线，两侧做对称排列，上边是角，角下有突出的兽目，兽目作“臣”字形，鼻翼两侧是张开的大嘴，有的嘴里还有尖利的獠牙（图 7–13）。

图 7–13 商代饕餮纹

青铜器纹饰上的情景纹以独幅绘画的章法表现社会、人事内容和题材，如宴乐、攻战、采桑等，以剪影的形式组成画幅（图 7–14）。

图 7–14 春秋青铜器人兽情景纹

几何纹是由几何形的图案组成的有规律的纹饰，有形式上的变化和结构上的美感。几何纹中最常见的有连珠纹、乳钉纹、窃曲纹、波曲纹、云雷纹等。在早期，几何纹做主要纹饰的机会非常少，至春秋战国时期，几何纹逐渐应用于主体纹饰。

连珠纹为小圆圈的横式排列，是青铜器中最早的纹饰之一（图 7–15（a））。乳钉纹的图案呈方格形，每一格的边缘是云雷纹，中间有乳突（图 7–15（b）），乳钉纹盛行于商代中晚期到西周早期。窃曲纹又称穷曲纹，是商周时期最具代表性的装饰纹饰，其主体为横置的“S”，形成“C”形，以矩形为外形，两端向中心内回旋，转折处常有装饰角（图 7–15（c）），窃曲纹构图丰满，线条粗放、端庄，是中国青铜器时期最具代表性的图形之一。波曲纹以一条波曲状的带纹为主线，在每一个波峰的中间饰有纹饰（图 7–15（d）），这种纹饰宽阔萦回，犹如海浪般起伏，产生了活泼舒畅的效果，具有青铜器纹饰中独特的韵律美和节奏感，给人以欢畅和解放的愉快感。云雷纹由回旋线条组成，有方折角的回旋线条，以单线成双线往复自中心向外环绕，图形有单个同一方向的旋转和两个“B”形及“S”形旋转等多种（图 7–15（e））。

（a）连珠纹　　商代　兽面纹鬲

（b）乳钉纹　　西周　乳钉纹青铜簋

（c）窃曲纹　　西周　窃曲纹青铜器“中再父”簋

（d）波曲纹　　西周　波曲纹青铜大克鼎

图 7-15　早期青铜器纹饰中的几何纹

（e）云雷纹　　西周　勾连云雷纹大鼎

图 7-15　早期青铜器纹饰中的几何纹（续）

青铜器上的铭文习称金文，有铸铭与刻铭两种，是古文字学研究的一种重要资料。目前所见考古发掘出土的青铜铭文以商晚期为最早，图 7-16 所示为春秋时期秦公簋铭文。

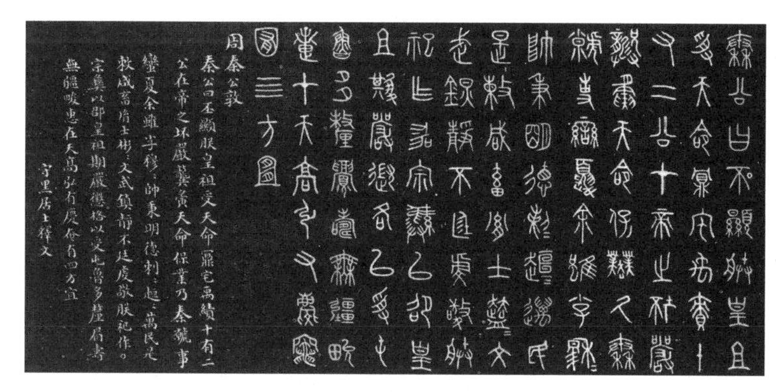

图 7-16　春秋　秦公簋铭文

2. 秦砖汉瓦

所谓“秦砖汉瓦”并非专指“秦朝的砖、汉代的瓦”，这是后世为纪念和说明这一时期建筑装饰的辉煌和鼎盛，而对这一时期砖、瓦的统称。这时期的砖瓦图形造型灵动、浪漫自由，构图丰满、匀称（图 7-17）。

画像砖是一种表面有模印、彩绘或雕刻图像的建筑用砖，主要集中在中原地区。画像砖形式多样、图案精美、内容丰富，包括阙门建筑、各种人物、车马、禽兽、神话故事及乐舞、狩猎、驯兽、击剑等场景，深刻反映了当时的社会风情和审美风格，是中国美术发展史上的一座里程碑。

图 7–17　秦汉时期的画像砖

画像砖以四川成都地区出土最多，砖面上的纹饰图案多样，题材广泛，内容丰富，构图简练，形象生动，线条劲健。它不单单是一种建筑材料，更多的是用来建造画像砖墓，如空心画像砖。

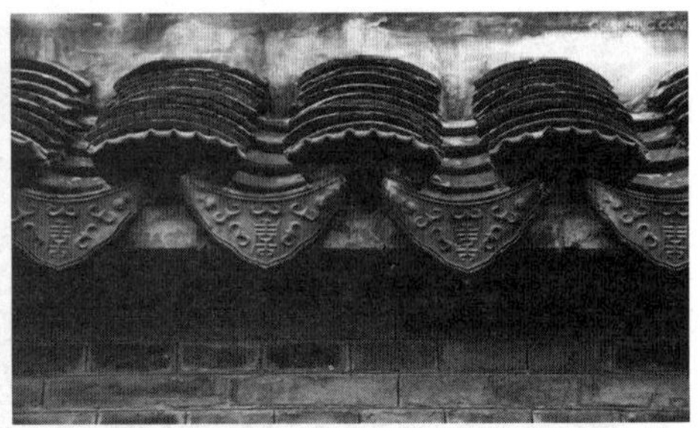

图 7–18　建筑中的瓦当

瓦当又称“瓦头”，指的是陶制筒瓦顶端下垂的部分，其样式主要有圆形和半圆形两种（图 7–18）。瓦当是古代建筑用瓦的重要构件，具有保护木制屋檐和美化屋面轮廓的作用。秦汉两代的瓦当既是实用的建筑材料，又是美轮美奂的艺术作品。

瓦当上主要刻有动物、文字、图案三种图形，其中动物图形以四方之神——“朱雀”“玄武”“青龙”“白虎”最具代表性（图 7–19）。在中国古代神话传说中，朱雀、玄武、青龙、白虎为天之四灵，以之镇四方，亦称四方神，青龙为东方之神，白虎为西方之神，朱雀为南方之神，玄武为北方之神；文字图形以家族姓氏或吉祥文字为主（图 7–20）；装饰图案形式多样，有时与动物、文字组合出现。

图 7-19　瓦当纹饰中的四方神图案

图 7-20　瓦当纹饰中的文字图形

三、中国传统装饰图案的造型类别

传统图形范围极广。人类文明是由无数民族的文化艺术组成的，各民族有着自己的艺术风格，因此各民族的图形也各具特色。各民族图形在几千年的历史中发展、延续，在古时交通、通信几乎完全封闭的情况下，各自的发展进度也不同。各民族的绘画工具的不同，导致各自的表现手法也不同。从以上方面来看，由于各民族历史、文化、风格等方面的不同，传统图形的分类也较为复杂。

但是，不管是哪个民族、哪个时代，人们绘制的图形所表现的内容与目的都是相同的，因此我们可以把传统图形分为动物图形、植物图形、人物图形、吉祥图形四大类。

（一）动物图形

在远古人类没有先进的科学知识的情况下，人们对很多自然现象无法理解，于是为动物附加了具体的象征意义，希望这些神秘的动物可以给自己带来安定与吉祥，避免灾难与邪恶。

由于各地地理特征、民族文化的差异，人们对同样的动物会产生不同的感受，因此不同国家、不同民族、不同信仰的人们都有自己喜爱的吉祥动物，例如泰国的大象、埃及的牛，中国的鱼、鹿、鹤等。这些吉祥动物大多为性格温顺、形象可爱的动物，因此图形的描绘会更加彰显其可爱的特性。

同一种动物在不同的民族中也会有不同的意义，例如日本人喜爱的乌鸦，在中国却代表着厄运；日本人喜欢的乌龟代表长寿，而在中国乌龟有懦弱之意；中国人喜爱的蝙蝠代表福气，而西方人觉得蝙蝠是邪恶的象征。因此在设计创作中，我们必须对不同的民族文化进行深入了解，以免错用动物图形。

1. 龙纹

龙是中华民族文化中代表最高祥瑞的神物，被历代皇室所御用，帝王自称为“真龙天子”，以取得臣民的信奉。现在中国民间仍把龙看作神圣吉祥之物，龙以它英勇、尊贵、威武的形象，存在于中华民族的传统意识中。

龙纹的雏形最早见于新石器时代的文化遗物中，红山文化遗物中发现了类似龙形的玉器饰物（图 7–21）。先秦时期的龙纹是原始社会的原始图腾，具有神灵崇拜的原始巫术寓意。此时龙纹形象粗犷，大多没有肢爪，近似爬行动物（图 7–21 至图 7–26）。

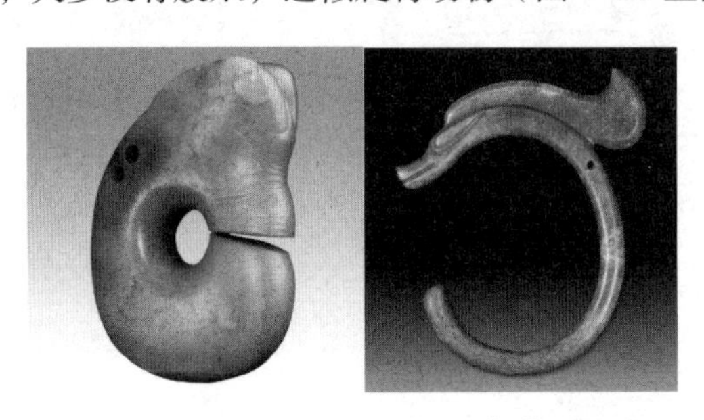

图 7–21　红山文化 玉猪龙和“C”形玉龙

图 7-22　商代　龙纹玉璜

图 7-23　西周　青铜器上的龙纹

图 7-24　春秋　青铜器上的蟠螭龙纹

图 7-25　战国　青铜器上的夔纹

图 7-26　战国　玉器上的夔纹

商周时期的玉器、石雕和青铜器装饰均大量地采用了类似龙形的纹样，其中以独角独足的夔龙最为多见。夔是古代传说中一种近似龙的动物，主要形态近似蛇，多为一角、一足，口张开、尾上卷，如图 7-25 和图 7-26 所示。

秦汉以后，龙的形态基本定形，头、角、四爪及尾均具备鲜明的特征，身躯由短而粗变为修长而柔细。这是汉代以写实的手法绘制龙纹的结果，凌厉的动势、豪迈的气魄为其美学塑形之本。这一时期的龙仍在地上行走，四肢健硕，且出现有羽翼的独特形态。以剪影式的质朴造型表现激昂的神情动态（图 7-27），强化力感，夸张动势，简化细节，注重神采。

图 7-27　汉代瓦当和画像砖上的龙纹

南北朝以后，龙的形象更加复杂、丰富，头部增大、双角耸立、项部和颏部鬣须加长，身躯扭曲，富于变化。这是因为魏晋南北朝时期佛教盛行，因此龙纹也带有佛教的色彩，汉代那种强壮、奔放、豪迈的龙纹造型被具有佛国风度的宁静、洒脱、俊俏龙纹所代替。这时期的龙纹开始与云气纹结合，龙不再局限于在地面行走，龙的体型拉长，运用横向的长线条表现风云的飞动，以飞动的空间环境陪衬宁静的主题，表现出超凡脱俗的精神意念（图 7-28）。

图 7-28　南北朝时期的龙纹图式

唐宋时期，统治阶级广泛吸收和包容国内各民族及国外文化，这时龙纹图案也重新充满现实的生活气息和精神气魄（图 7-29）。宋代郭若虚指出画龙要掌握“三停九似”：“三停”即三个段落成三个部分，“自首至膊，自膊至腰，自腰至尾”，从总体上规定了龙的布局；“九似”指角似鹿、头似驼、眼似鬼、项似蛇、腹似蜃、鳞似鱼、爪似鹰、掌似虎、耳似牛，从局部规定了龙的具体形象，从而使其具备了完整的结构。这些龙纹绘画的要领标志着龙这一纯幻象虚构的艺术形象已臻完美成熟之境。

图 7-29　唐宋时期的龙纹图式

元明清时期是龙纹的最后定型阶段，龙的外形增强了威猛、华贵和狞厉的特性。此时的龙纹已完全是天空中飞行的形象，四肢比例缩小，身体雄壮；龙的形象集中了许多动物的特点：鹿的角、牛的头、蟒的身、鱼的鳞、鹰的爪。口角旁有须髯，颔下有珠，能巨能细，能幽能明，能兴云作雨，能降服妖魔，是英勇、权威和尊贵的象征（图 7-30）。

图 7-30　元明清时期的龙纹图式

2. 凤纹

凤鸟也是中国传统艺术中最古老最重要的艺术题材之一，它也是人们幻想出来的一种神物（图 7-31）。与凤鸟相近的还有朱鸟、朱雀、凰、鸾等。商周时期的青铜器纹饰上，凤鸟图形姿态完美、造型简洁；到明清时期，凤鸟图形变得华贵灵动、栩栩如生。

凤鸟为百鸟之王、鸟中之长。皇家以龙对应皇帝，以凤对应皇后，凤鸟增添了爱情之意，因此，在民间凤鸟又成为祝福爱情、婚嫁的主要题材。凤鸟也有辟邪消灾的祥瑞象征意义，与龙、麒麟等灵物相同，均用于表达驱邪纳吉的含义。

商周时期是一个青铜器的时代，此时的凤鸟纹有两种：一种为长冠凤纹，凤的头部有一条飘带似的长冠逶迤垂于颈后，尖端向上和向下卷曲，此类凤纹流行时间较长，商代晚期至西周晚期均有；另一种为花冠凤纹，它是在长冠基础上的一种发挥，以表现凤冠的华丽，盛行于西周早、中期。

图 7-31　商周时期　青铜器凤鸟纹

战国时期，凤鸟图形被大量应用在漆器、石刻、青铜器、刺绣等各种工艺中（图 7-32）。《左传》中有“凤凰于飞，和鸣锵锵”。孔子云：“凤鸟不至，河图不出。”由此可见，战国时期凤鸟的图腾意义减弱，已成为象征爱情与吉祥的瑞鸟。

图 7-32　战国时期 刺绣、石刻和漆器上的凤鸟纹

秦汉时期，凤鸟纹是漆器、瓦当、石刻、画像砖、青铜器、帛画等物品上最为常见的装饰图形。汉代以前的凤鸟图通常以站立或行走的形象进行变化。汉时的凤鸟通常体态丰满健硕，站立时昂首挺胸，身体形态多为“S”形，腿部常见单足站立姿势，头部或前望或回首，造型简洁、线条流畅、富有张力，整体形象静中有动、端庄大方（图 7-33）。

图 7-33　秦汉时期不同器物上的凤鸟纹

佛教在魏晋南北朝时期开始盛行，各种装饰绘画都受到佛教文化的影响，凤鸟纹也不例外。此时中国的经济逐渐繁荣，凤鸟图形的表现形式随之更加变化万千。造型上延续了秦汉时期的站立姿态，在细节上多了装饰，尤其是在羽毛的装饰上，开始与花草、祥云结合，凤鸟的整体造型更加雍容华贵（图 7–34）。

图 7–34　魏晋南北朝时期的凤鸟纹

隋唐时期的凤鸟纹多与牡丹、卷草纹、祥云、花卉图形组合，成为富贵吉祥的象征图形。造型多样，受佛教壁画的影响，凤鸟不再只是在地面行走与站立的姿态，在唐朝的丝织品、壁画中，常见到从天飞降而下的凤凰图形，犹如飞天仙人一般，象征富贵吉祥从天而降。这时期的凤鸟图形装饰趋向繁复，绘制精美，表现风格自由、浪漫（图 7–35）。

图 7–35　隋唐时期不同器物上的凤鸟装饰图案

宋元时期吉祥图盛行，凤鸟图形流传于民间，图形的应用更加广泛，在瓷器、丝绸、建筑装饰等处常出现双凤嬉戏的图形，寓意夫妻恩爱和谐。这个时期社会思想趋于保守，因此凤鸟图形的绘制也开始趋向程式化、规范化，画面整洁、素雅（图 7–36）。

图 7-36　宋元时期的凤鸟纹图式

明清时期凤鸟纹的吉祥寓意更为鲜明，尤其在清代更为突出。常见的有丹凤朝阳、凤鸾和鸣、凤穿牡丹、龙凤呈祥等多种形式，寓意多为吉祥如意、夫妻恩爱两大主题。明清时期的凤鸟图在民间应用更为广泛，剪纸、年画、刺绣、玩偶、陶瓷、建筑等，处处可见凤鸟图的应用。其形式多样，更多表现出自然、健康、朴实的风格（图 7-37）。

图 7-37　明清时期的凤鸟纹

3. 珍禽瑞兽

中国几千年的文化积淀表明，人们喜欢借助具有生命和灵性的动物图形，祈求战胜和抑制灾难、带来吉祥安康。以珍禽瑞兽为主题的装饰在生活中处处可见，俗语说："堂前珍禽飞，屋后瑞兽行"，正是形容充满吉祥的景象。

在明清时期，动物更是社会等级划分的标志，如官员的朝服中，就以文官用禽、武官用兽来标示官品的不同。

中国古代流传下来的珍禽瑞兽大体可以分为两种：一种是客观存在的动物，人们根据它们各自的习性或名称的谐音，赋予其象征意义，例如狮子、鹿、蝙蝠、鱼、喜鹊、鸡、鸳鸯、猴、鹤、虎、象、羊等；另一种是人们幻想出来的灵兽，例如龙、凤、麒麟等。

（二）植物图形

植物图形以花草树木为题材，是全人类普遍喜爱的图形，正因为如此，流传至今的植物图形较其他图形都更完整、更丰富。时至今日，地球污染越来越严重，人们开始向往纯净的大自然，环保成为人类倡导的主题，植物又引起人们的喜爱，新一代的古典艺术创作以植物图形为创作主体的也较为广泛。

中国人向来喜爱花草，甚至“华夏”之名也从花而来：“华”古时就是花的意思，字形也是从花形的象形文字转化而来的。中国人的姓氏与花草有关的也很多，例如代表花类的花、华、梅、兰；代表草类的艾、萧、苏、葛、蔡、蒲等；代表树木的林、柯、杨、柳、柴、柏等。由此可见，中国人民非常热爱植物，所以植物图形在中国传播较广泛。

根据各种植物的生长特征和气质，人们也将各种植物赋予人性化的性格，象征各种高贵的人格。例如傲雪盛开的梅花被赋予不畏强权的品格，在悬崖生长的松树被赋予不畏艰险的品格等。于是有了“岁寒三友”“四君子”等流传至今的植物图形。

在各民族的图形绘画中，植物是不可缺少的元素，人们都会竭尽所能将植物画得更加美好。

1. 牡丹

牡丹是中国传统名花，它端丽妩媚、雍容华贵，兼有色、香、韵三者之美，让人倾倒。历史上不少诗人曾作诗赞美牡丹。唐朝人尤其喜爱牡丹，曾在牡丹花开季节举行牡丹盛会，长安人倾城而出，如醉似狂（图 7-38）。宫中亦爱种牡丹，诗人李正封赞它“国色朝酣酒，天香夜染衣”，唐文宗极为赞赏此诗，自此，“国色天香”亦成了牡丹的又一雅号。

图 7-38　唐代的牡丹纹

牡丹以它特有的富丽、华贵和丰茂特征，在中国传统文化中被视为繁荣昌盛、幸福和平的象征。

宋代是我国陶瓷发展史上一个繁荣昌盛的时期，牡丹纹饰大量出现在各种瓷器上。陶瓷史家通常将宋代陶瓷窑概括为 6 个瓷窑系，分别是北方地区的定窑系、耀州窑系、钧窑系和磁州窑系，南方地区的龙泉窑和景德镇窑。这些窑系一方面因受其所在地区使用的原材料的影响而具有特殊性；另一方面又因受封建时代政治理念、文化习俗、工艺水平的制约而具有共同性。但无论哪个民窑或官窑，牡丹纹都是当时陶瓷的主要创作题材（图 7-39）。

图 7-39　不同时期的牡丹纹瓷器

2. 莲花

莲花装饰图案盛行于魏晋年间，与当时佛教传入中国有关（图 7-40）。印度视莲花为圣洁之花，佛教以莲花喻佛，是圣洁的代表，更是佛教神圣洁净的象征。莲花出尘离染，清洁无瑕，故而中国人都以莲花"出淤泥而不染，濯清涟而不妖"的高尚品质作为激励自己洁身自好的座右铭。莲花同时也是友谊的象征和使者。中国古代民间就有"春天折梅赠远，秋天采莲怀人"的传统。到了明清时期，莲花常与童子、鲤鱼组合，寓意连（莲）生贵子、连（莲）年有余（鱼）。

图 7-40　北魏石刻　莲花边饰纹

（三）人物图形

人物图形以描绘人物为主体。从古至今，不论什么民族，都想将自己最美的形象绘制下来，以供后人瞻仰，于是出现了大量的人物图形。人们为了能够将人物形象真实地展现在画面上，基本通过具象手法描绘图形。直到 20 世纪初西方现代超现实绘画出现，抽象的人物绘画才开拓性地展现在人们眼前，而在这之前这种绘画并不被认同。随着时间的推移，人们开始接受这样的表现手法，抽象的人物图形得到迅猛的发展。在中国的图形绘画历史上，较有时代特征的是汉、唐两个时期的人物形象，最具代表性的是隋唐时期的敦煌壁画人物。这些人物图形表情祥和、服饰华丽、绘画精美、色彩艳丽，逼真之余还具备很强的装饰性。

1. 情景人物

情景人物图形以描画生活中的场景、现象为主，远古时期多为此类图形，因为没有文字和语言，人们只能通过描绘将事物记录下来，以便自己记住并向后人讲述。

当时人类的生活还很原始，以解决温饱为主，因此情景图形大多描绘人们的狩猎与耕作等场景（图 7–41）。虽然人们只有稚拙的描绘能力、简陋的绘画工具、单一的表现手法，但图形的题材丰富、构图饱满、造型简洁，多以剪影式的方法展开，有时在同一平面展开不同时间发生的连续情景，这些都表现出当时人们质朴、富于幻想的特点。

图 7–41　不同主题的情景人物图形

2. 歌舞人物

到了封建社会，经济迅速发展，人们的生活已经不是简单的生存劳作，精神生活变得丰富起来，此时的情景图形大多描绘一些盛大的集会、祭祀活动的场景。隋唐年间情景绘画尤为盛行，最为典型的是敦煌壁画中的各种祭祀场景，图形绘制精美、色彩艳丽，向人们展示了当时的盛大场景。宋代的《清明上河图》更可谓艺术精品，通过描绘当时集市上的热闹景象，展现给后人一幅国泰民安、丰衣足食的盛世画卷。

在人类历史上，情景图形所展现的是当时人们的活动状况，因此，情景图形在拥有艺术价值的同时，更成为研究人类历史的重要史料。

汉代是中华文明发展成熟的重要时期，国家的统一、文字的便捷促进了多元文化的突飞猛进发展，社会从业形态趋于多样化，社会生活丰富多彩。

西汉晚期，陶俑、玉器中的歌舞人物是一种崭新的写意化的人物造型形式（图 7–42）。它聚焦市井人物及其社会生活，反映生机盎然的世间生活景象，这种新艺术风格在东汉时期广为流行。

图 7–42　汉代歌舞人物陶俑

唐代是我国封建社会最为辉煌的时代，也是人物形象绘画最繁盛的时代，唐代仕女形象以端庄华丽、雍容华贵著称（图 7–43）。唐代人物形象的制作与绘制主要表现在陶俑和绘画上，尤其唐代陶俑更为丰富多彩。唐代人物绘画大多表现上层社会人物形象，其中最具代表性的有张萱的《虢国夫人游春图》《捣练图》，周昉的《簪花仕女图》《挥扇仕女图》以及晚唐时期的《宫乐图》，它们表现了贵族妇女的生活情景与情调，成为唐代仕女形象的主要代表作。

图 7–43　唐代周昉《簪花仕女图》中的仕女形象

3. 敦煌人物

北魏时期，西域的佛教通过丝绸之路传入中国，隋唐时期开始盛行。佛教在语言不通的民族间依靠图形与人交流，通过图形描绘宣传信仰和观念。敦煌石窟就是当时为传播佛教而修建的，洞窟内的图形大多具有浓郁的西域色彩，通过神话人物和故事表达了佛教的信仰、精神，起到宣传的作用。

敦煌壁画是早期佛教传进中国的重要例证。在那里，花草、动物、人物、情景都是围绕着佛教的内容来绘制的，因此，敦煌壁画中有着相当多佛教方面的图形符号。这些图形绘画对故事、人物的叙述性较强，有的甚至在同一画面出现不同时段的情节，例如九色鹿的故事，就是在一个平面将故事的整个发展过程全部展现在人们的眼前。

一些信仰佛教并出资建造石窟的人，为了表示虔诚，同时也希望留名于后世，在开窟造像时将自己和家族的亲眷、奴婢等人的肖像画在石壁上，这些肖像被称为供养人。这些人像神情端庄，身着俗家服饰，对今天人们了解中国服装的发展具有较高的史料价值。如图 7-44 所示是晚唐和五代时期的供养人形象。

图 7-44　晚唐与五代时期的供养人

敦煌石窟是中国宗教艺术的代表，其中包括各种佛像（图 7-45），佛像也是壁画内容的主要部分，仅莫高窟佛像壁画就有 12208 身。

图 7-45　敦煌石窟中的各种佛像

（四）吉祥图形

吉祥图形是人们追求吉庆祥瑞观念的视觉反映。在中国，吉祥语是最通用、最受人们喜爱的祝福语，人们普遍追求祈吉避凶、求福免灾，历史沉积下来的祈福习俗、吉祥物与吉祥图案代代相传。吉祥图形复杂繁缛，是地道的民间文化、风俗信仰，是民众生存态度的真实写照。

吉祥图形从题材上可以分为花卉果木、祥禽瑞兽、人物神祇与文字符号四大类，而这四大类中，经常会有所交叉，以多种元素组合形成图形画面。

从人们祈望的内容上，张道一先生将吉祥图形分为福、禄、寿、喜、财、吉、和、安、养、全十个大类，这种分类基本可以涵盖所有的吉祥图形。

1. 福

福，即幸福，代表幸福的有福星。幸福是抽象的、概化的，在不同的时期，人们对幸福的观念和价值判断标准是不同的，但对幸福的追求及其象征化含义、文化表现形式，人们却是高度认可的。

中国关于福的题材很多，主要以蝙蝠、芙蓉、佛手瓜的谐音代表“福”，经组合搭配形成各种含义的祈福图形，如五福捧寿、五福和合、福在眼前、福寿双全、福寿如意、天官赐福、迎春降福等（图 7–46）。

图 7–46　五福和合　福寿如意　福在眼前

2. 禄

禄，即俸禄，代表俸禄的有禄星。在中国古代，俸禄的多少取决于官职的高低，因此，俸禄又引出官职、侯爵等。为官、为禄的幸福生活，希望升官加禄是人们梦寐以求的。

中国关于禄的题材很多，主要以梅花鹿、白鹭、芦苇的谐音代表“禄”，以冠帽、鸡冠花、绶带的谐音与含义代表“官”，以猴代“侯”，以桂圆代“元”，以螃蟹代“甲”等（图 7–47）。

图 7–47　关于“禄”的装饰图案

3. 寿

寿，即长寿，代表长寿的有寿星。长寿是人类永远追求的命题，“寿”字在中国是一个最多变的文字，在中国最著名的祈求长寿的《百寿图》中，其字体变化有百种之多，可见中国人民对这一主题的关注与喜爱。

在吉祥图形中，人们通常用寿桃、龟、鹤、松、八仙、寿字图来表示“寿”（图 7–48）。

图 7-48　五福（蝙蝠）捧寿

第二节　传统装饰图案创新设计的特征

流传千百年的中国传统图形有着强大的生命力，除了具有浓郁的民族特色外，还具备经典造型艺术，是一个巨大的艺术宝库。虽然随着时代的发展，传统图形渐渐不再适应潮流，但它仍然是设计者们创作的源泉和启示点，引发他们无限的畅想。设计者们尝试运用现代的表现手法、独特的创意和新型的材料，创造出一种崭新的图形。这种图形既拥有传统图形的韵味，又具有鲜明的时代感，它们以一种全新的视觉效果展示着传统图形的魅力，为传统图形的传承起到不可忽视的作用。最具代表性的如 2008 年北京奥运会的奖牌、火炬设计，以及开幕式表演中的各种传统元素在现代舞美设计中的运用。

归纳来说，传统装饰图案创新设计的特征大致有以下两点：

第一，传统民族风格的再现。现代传统图形虽然是一种崭新的图形，但仍须具备传统民族风格的独特气质，形态要出于传统而又不同于传统。因此在设计现代传统图形前，必须对传统图形进行深入调研，研究其精髓，抓住其基本形态、基本结构以及典型特征，通过现代的表现手法和创意思维，使原形有所转化。“取其独特性，略其共同性”，提炼图形独特的部分，概括图形普遍的部分，只有经过这样的再创造，才能创作出蕴涵传统神韵的现代图形。

第二，时尚风格的体现。现代传统图形在展现传统民族风格的同时，更要通过现代的表现手法，使其符合现代审美情趣。一方面，在图形的造型上，需深入学习和研究现代图形造型原理，以及现代人们的审美意识和审美需求，使创新图形符合现代审美情趣，具有时尚品位。另一方面，在图形的表现手法上，需运用现代高科技的创作工具。由于影像、数码等技术的不断更新及媒体形式的迅猛发展，图形的表现手法更加丰富多样，经过创新的传统图形同样需要紧跟时代的潮流。

现代传统图形的设计必须具备以上两方面的特征，缺一不可。照搬的传统图形缺乏时尚特征，图形过于陈旧，不能被人们所接受；传统创新图形的设计中，如果过于强调时尚个性，未能抓住原图形的传统风格，图形也就不属于传统创新图形的范畴。

曾经有人认为，传统与时尚是两个矛盾体，不可共存。其实不然，而今通过实践可以看到，很多表现手法都可以解决这两者之间的矛盾。在当代的艺术创作中，既传统又时尚的设计比比皆是。经过二元设计的现代传统图形不仅具有传统的韵味，继承了传统图形的血脉，同时展现了时尚的个性。

以寇文设计公司（COWAN）为例。寇文是一家全球领先的设计机构，其设计以品牌、营销为主导而闻名。以下是寇文公司设计作品中传统与时尚结合的典范（图 7-49）。

图 7-49　寇文公司设计作品

第三节　传统装饰图案创新设计的形式

传统图形的创新设计是建立在传统图形的基础上，经过二元再设计具有现代时尚特征的图形。设计的关键在于“现代”，它不是简单挪用、模仿传统图形，而是在保留传统图形的神韵与特征的基础上，重新组建崭新的图形。

面对现代的时尚设计潮流，在进行传统图形设计的改良过程中，无论是产品设计，还是环境等设计，其设计手法都是相似的。根据这些再设计的方法，现代传统图形大体可分为两个类别。

第一类，来源于传统图形的创新设计。运用新的表现手法将传统图形进行再设计，使其“出于古典，生于现代”。这种设计大多采用传统的图形纹理，将原图形直接运用在设计中，而不是按照传统图形进行重新绘制。设计通常通过构图、色彩、材料、结构的创新，使其时尚且具有明显的传统风格。

库淑兰剪纸的系列设计作品由汉声巷出品完成，很大程度上保留了剪纸作品的原形原貌，而又有现代的时尚气息。

库淑兰，陕西旬邑人，中国民间剪纸艺术代表人物之一，中国民间工艺美术大师，被誉为“剪花娘子”。她是中国首位被联合国教科文组织授予“杰出中国民间艺术大师”称号的民间艺人。她最具代表性的是以“大脸盘、高鼻梁，肤色白皙，眼睛大且黑，口小”的美人形象为主题的一系列作品。

整个系列设计采用质朴的牛皮纸，在库淑兰剪纸图形的基础上，配以现代的构图形式，既有浓厚的民族气息，又有时尚的现代风格（图 7-50）。

图 7-50　“剪花娘子”库淑兰系列设计

第二类，描绘古代民族事物的新传统图形。通过现代的图形表现手法，绘制古代具有鲜明民族气息的事物，图形手法时尚，内容古典，整体给人一种古今合璧的视觉效果。传统图形创新设计的关键在于图形“古典而不古老”。它不是古老图形的翻版，而是传统图形的升华。一方面，时隔千百年的传统图形历经时代的磨砺流传至今，是人类文化的沉淀，是人类艺术的精髓。另一方面，我们也无须否认传统图形已经不再符合现代人的审美情趣。创新传统图形的设计承担着如何将古人流传给我们的艺术继续传承下去的重任，它在立足于传统图形的基础上，运用现代的表现手法对原有的图形进行再设计。新传统图形与传统图形之间是一种“青出于蓝而胜于蓝”的关系，新传统图形是经过重新创造的崭新的图形。

第四节　传统装饰图案的现代创新设计方法

近年来，艺术创作者开始意识到民族艺术的重要性，提出“只有民族的才是国际的”。在多年的传统图形的创作摸索中，出现了不少优秀的作品。年轻的设计师们不再一味追求西方文化，在设计界掀起了新传统图形的创作浪潮。那么，如何进行传统图形创作？创作的方法有哪些？传统图形的创新设计方法可以是多样的，如图形的元素提炼、古形新绘、组合共生、打散再构、色彩表达、多重运用等。

一、元素提炼

元素提炼是将原来的传统图形进行抽象化处理，即先对传统图形元素进行分析，然后简化与裁切，在保留其神韵和精神的同时进行简化设计。

（一）提取重组

设计时可以保留传统图形特征较强的部分，提炼图形的基本形态、基本结构，也可以把握传统图形的典型视觉特征，对其中一部分进行时尚化的归纳、简化，这样的创作既符合时代的美感，又不失古典气质。这种简化并不简陋，是恰到好处的简化。

中国苏州历史博物馆的屋檐设计对中国瓦当的形状特征进行了元素提炼，用金属材料制作类似瓦当的装饰品，具有浓浓的中国风情（图 7–51）。

图 7–51　苏州历史博物馆屋檐设计

其他如设计师罗锡锋对云纹元素的提炼（图 7–52），以及贾元方对鱼纹元素的提炼（图 7–53）。

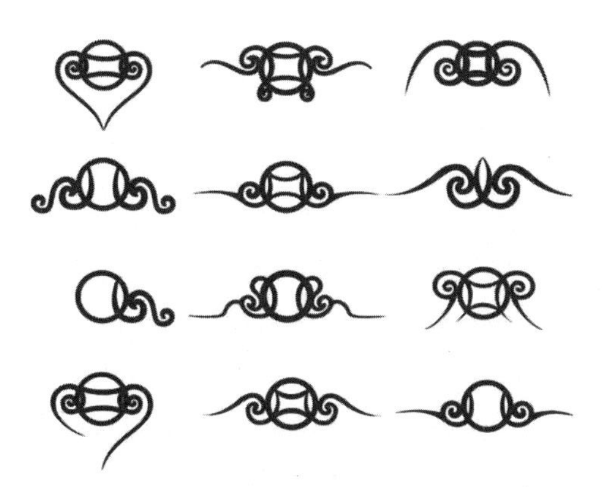

图 7–52　云纹元素提炼

图 7-53 鱼纹元素提炼

（二）元素再造

当代设计可以尝试将提取的元素进行重新组合，以演绎出另一个图形形态；也可以尝试用多个不同的元素进行统一物体的塑造，使图形间既有不同之处，又有同样的气质，从而形成系列，如图 7-54 所示对鱼纹元素的提炼和再造。

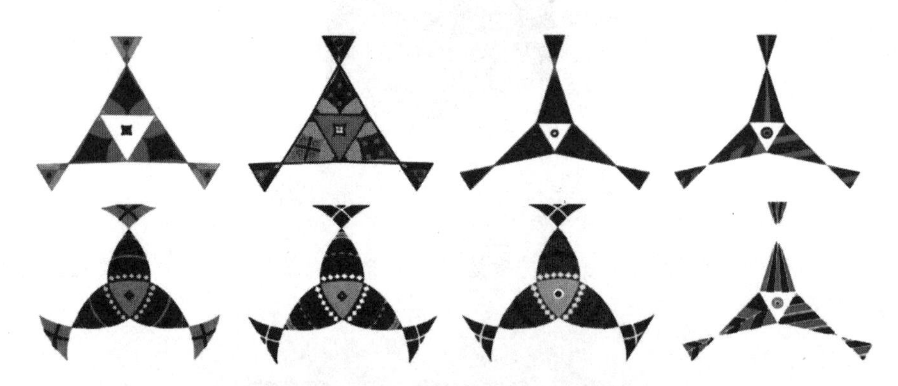

图 7-54 设计师张结迎对鱼纹元素的提炼再造

二、古形新绘

古形新绘是指以时尚现代的表现手法，对传统图形或物体进行描绘。这类图形的创新设计颇受欢迎，因此也较为常见。现在越来越多的年轻人喜欢采用这种表现手法，其创作发挥的空间限制小，可用的表现手法范围较大，呈现的作品效果丰富多样。

这种传统图形创新设计的方法强调设计者的艺术想象能力与对形态的塑造能力。在设计过程中，需紧抓原传统图形或物体的基本特征，使新图形与原图形“看似不同，实则相似”。

中国的传统图形是经过千百年流传下来的，在图形的设计中，需保留原图形的基本特征，使其具有传统图形的神韵。也可以在保留原图形神韵的基础上，采用夸张变形的手法，夸大原图形的独特之处，使图形装饰性更强。例如对石狮子的现代设计（图 7–55、图 7–56）。

图 7–55　石狮子图形设计 梁伊洛

这组设计完全不同于人们想象中的庄严、威猛的石狮子形象，作者以童稚的内心演绎出幼稚、可爱的石狮子形象，设计保留石狮子的原有动态，而在神态、比例上做出了大胆的调整，整体形象似怒非怒、憨态可掬。

图 7–56　石狮子图形设计 何间弟

这个系列的石狮子图形造型粗犷、大胆，以平面图形来表现石狮子站立的姿态。图形中将中国传统的水纹、回纹、山纹进行变形，图形组合恰与狮子长长的毛发相似，方正的矩形、艳丽的色彩使图形更具现代感。

同样的事物，在不同人的脑海里会呈现出不同的形象，因此每一位设计者所绘制的形象都完全不同。例如对凤凰古城虹桥的设计，不同设计师就有不同的视角（图 7–57）。

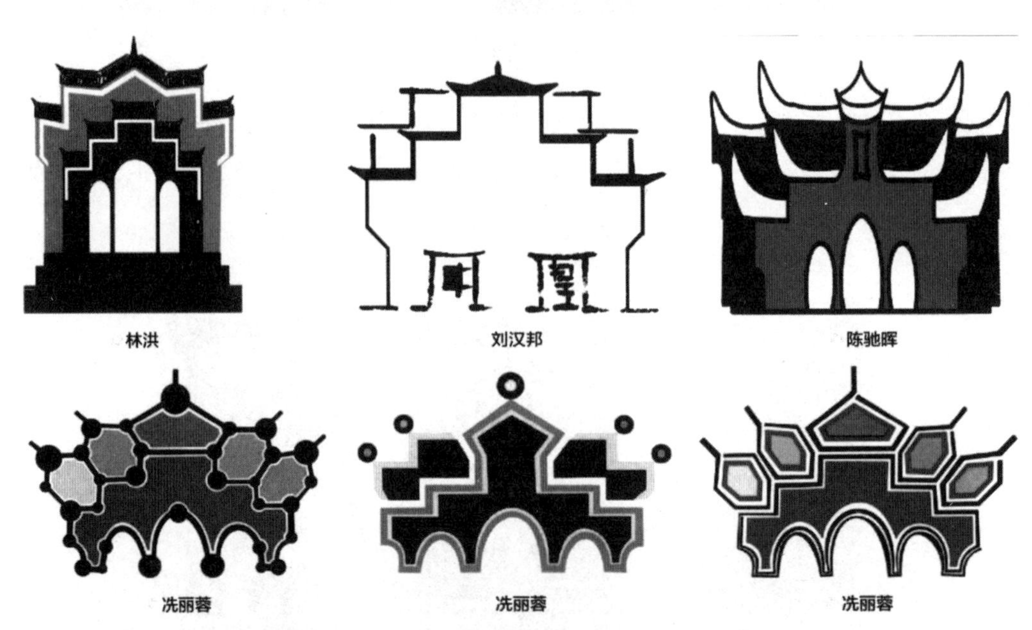

图 7-57　湖南凤凰虹桥图形创新设计（广东轻工职业技术学院学生创作）

此系列图形针对凤凰古城的虹桥，设计者通过各自喜欢的表现手法，对同一景象分别进行描绘，有的简洁、有的复杂；有的随意、有的严谨；有彩色、有黑白；有几何形、有任意形。都展现出学生无限的创造力和想象力。

各种瑞兽的面部形象是近年来人们所热衷的设计题材，以铺首、狮子、老虎形象为主，设计这类题材，多采用古形新绘的设计手法。设计者根据各自擅长的表现形式、色彩，对这些瑞兽的面部进行创新设计，展示出来的作品千姿百态、各具特色（图 7-58）。

铺首图形创新设计　梁素琴

铺首图形创新设计　吴中华

虎头图形创新设计　张陈震

舞狮头部图形创新设计　邹瑞宜

图 7-58　瑞兽面部形象设计作品

三、组合共生

组合共生这种创新设计手法的关键在于古代与现代的同构，通过两者的组合表达更多的含义，同时可以具备双重的风格。

图形的组合共生可以分为以下 3 种方式。

（一）“形”与“形”的填充

即图形的互相填充，也就是几种图形同时出现，互相衬托。通过两个或两个以上的图形组合，形成另一个崭新的图形。它可以是传统图形组合形成现代的图形，如扑克牌图形的设计（图 7–59）和宝葫芦图形的运用（图 7–60）；也可以是现代的图形相加形成传统图形，如温建欣设计作品南狮（图 7–61）、吴雪玲设计的七巧板与民族风情的文字设计（图 7–62）。

图 7–59　扑克牌图形创新设计

这个系列的扑克牌图形设计以传统的富贵牡丹、喜鹊登梅、水纹、云纹组合而成，传统图形与现代的扑克牌图形组合共生，时尚中体现着传统的韵味。

图 7–60　宝葫芦图形设计 张洁英

图 7-61 南狮图形设计 温建欣

南狮亦称醒师，通常是在桩阵上进行比赛，在我国广东地区十分普及。南狮造型夸张、颜色亮丽，具有强烈的吉祥、喜庆色彩和气氛渲染能力。

以上图形在设计时将云纹、水纹、鱼纹、如意纹、卷草纹与南狮形象自然结合，形成独特的视觉效果。

图 7-62 七巧板与民族风情的文字设计 吴雪玲

设计者吴雪玲将彝族织带的几何式图形与七巧板的几何图形相结合，对中文数字字体进行设计，艳丽的色彩使图形充满民族特色。

（二）“形”与“形”局部置换

置换是一种“形”与“形”之间的关联，通常通过物与物之间的同音、同义、同形来进行意念的传达。置换设计是图形间的一种局部填充，即将图形或物进行局部的转换，最终形成崭新图形的创作。

在设计中，图形置换手法通常将两个图形组合在一起，借以表达主题思想，具体可以通过形的相似、意的相近进行置换。

在图 7-63 中，设计者陈雪华将图形的关键部分进行图形置换，运用吉祥如意、祥云、回纹展现双喜图形的魅力，这种添加的表现手法，再加上运用平面构成原理与设计方法，使产生的新传统图形具有鲜明的个性和较强的时代感。

图 7-63　双喜图形设计　陈雪华

近年来，国外的各种品牌纷纷进入中国，为了更好地打开中国市场，它们纷纷采用了“洋品牌、本土化”的宣传方式，这些中西结合的创意很好地利用了中华民族的古典风格，创造出崭新的品牌形象，很好地推动了中华民族文化的传播。

图 7-64　中国区七喜饮料的新年设计

图 7-64 所示是七喜饮料的新年形象图形设计。龙有吉祥、喜庆之意，这一款七喜新年标志图形的延展设计以龙为创作原点，意图表达七喜这样一个洋品牌在中国新年的节日形象。

（三）“形”与“形”的转化

即将一个图形的形态演变并转化成另一个图形，这种设计手法需要对原图形的形态、结构进行变化，使其在形态上符合另一个图形。图形可以由传统图形演变成现代图形，也可以由现代图形演变成传统图形。这种转化的设计手法要求两个图形在形或意上具有相同之处，而不是毫不相干的两个图形的组合。创作力图通过两种图形传达更多的含义，并能同时体现古典与时尚两种风格，如同是跨时间的合影，给人新颖、奇妙的视觉体验。

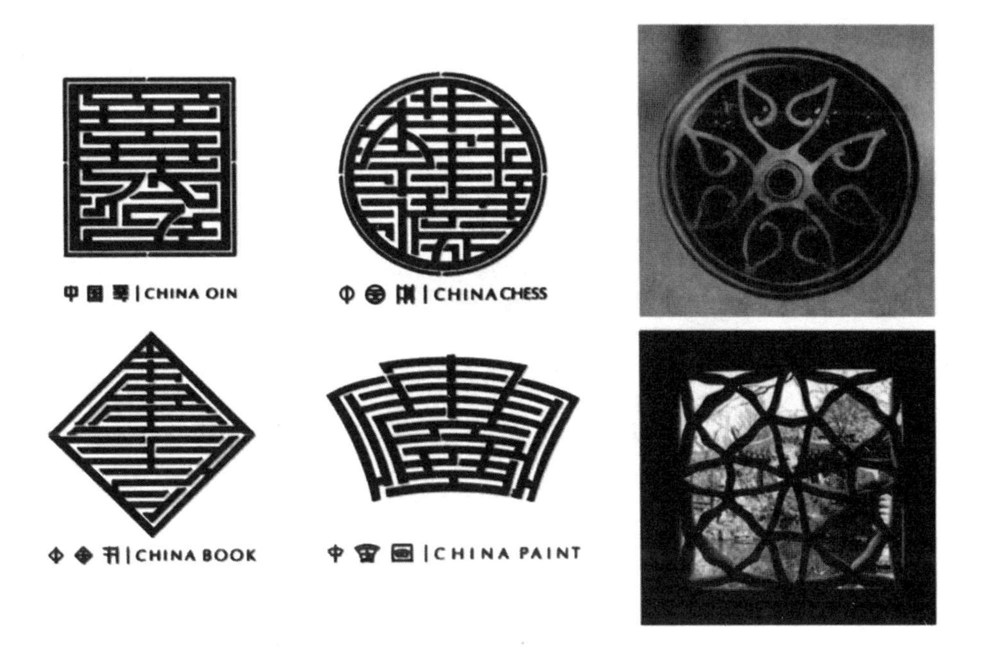

图 7-65 “四艺”窗格字体设计 陆昌运

图 7-65 中的设计在形态上取中国苏式建筑的窗格形象，将“琴、棋、书、画”四字的笔画进行重叠，使字体达到“神似形非”的视觉效果。窗格与琴、棋、书、画同为文化与艺术的代表图形，选择这两种元素进行组合共生设计，使两个图形不仅在形态上完美结合，而且在意念上也达到交相辉映的效果。

（四）“形”与“神”的组合

即在两个图形之间取一个图形的神态特征，运用在另一个图形上，所形成的新图形具有自己独立的形态，同时具备另一图形的神韵。这种组合共生的表现形式要求两个图像间在形态上具有相似之处，达到形神兼容。

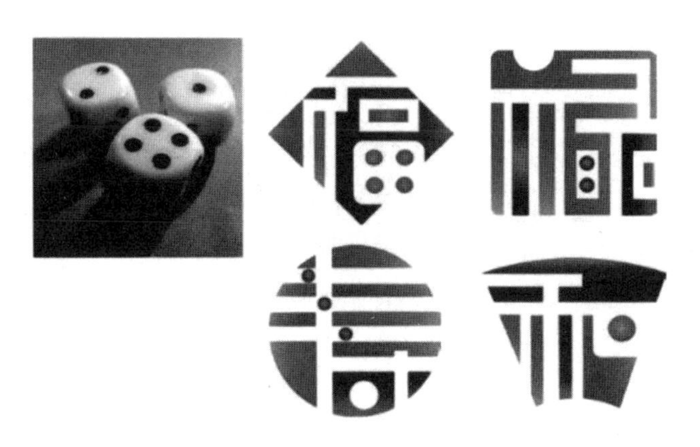

图 7-66 “福、禄、寿、和”与骰子的设计 钟慧君

在图 7-66 所示的设计中，设计者钟慧君用骰子的元素对“福、禄、寿、和”进行设计，意图表现爷爷奶奶们追求健康、娱乐丰富的生活状态，设计立意幽默、活泼。

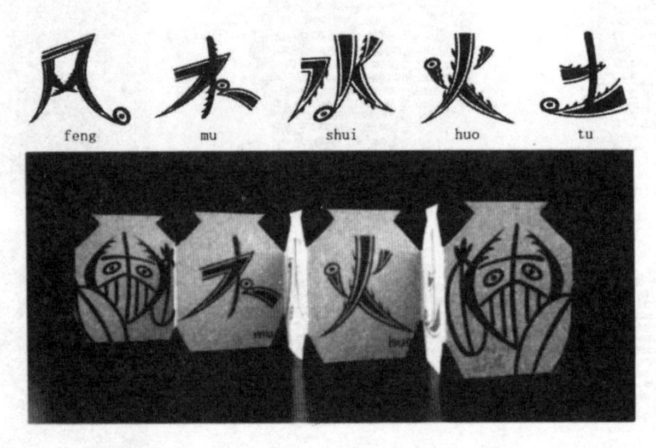

图 7-67　彩陶纹饰的字体设计　麦嘉琪

图 7-67 中设计者麦嘉琪将彩陶纹饰的典型基本形态巧妙地运用在“风、木、水、火、土”这几个远古时期人们关注的文字笔画中，两者组合自然、生动。

（五）“形”与“意”之间的传达

即采用创意手法进行意念传达的创新设计方法，设计时强调图形的创意构思。

创意是设计时具有创造性的思维和点子，在传统图形的创新设计中，我们可以通过创意思维使图形产生更深的含义。这种创新手法以意念的传达为目的，并不流于简单呈现图形的形式美感，更重视图形本身的内涵，讲究的是通过图形达到心灵的沟通。也正因为如此，这种创新手法较多出现在广告创意中。

这种传统图形的创新设计可通过很多方法进行，图形联想、图形置换这两种创新方法是最为典型、最为常见的。

图 7-68　“穿越古今”系列图形设计

图 7-68 中的设计采用了卷草、藤蔓的图形，演绎出现代汽车、热带鱼、摩托车的动感，图形时尚、张扬，似古似今，真正表达出了穿越古今的内涵。

这类设计方法的关键在于设计者的联想力，联想是一种“物”与“意”之间的关联，大多通过图形原有的含义来传达一种新的意念。人物角色、民间工艺等传统图形较多具有吉祥的象征意义，我们可以通过其原本深入人心的含义进行传统图形的再创作，使创作既具有传统的气质，又易解读，意念的传达清晰、明了。恰当、准确的联想可以使作品具有另一种更为深厚的内涵，带给我们形态上或象征意义上的指引，从而产生心灵上的共鸣。

四、打散再构

即将传统图形分割、打散，然后运用现代的构成形式任意组合，在古老图形的基础上创造出崭新的图形，而新传统图形同样具备原图形的基本神韵。

打散再构创作可分成解构图形、重构图形两个步骤。

解构图形是将原有的传统图形进行分解，即对图形的结构与特点进行分析，拆分其基本结构或分解其具有特点的部分，使其成为多个单元图形。在对图形进行拆分的时候，可按图形元素进行拆分，也可将图形任意分割。

重构图形是将分解的部分按照新的构成原理进行重新组合。在组合的过程中，我们可以大胆突破惯有的图形构成规律与定式，有的放矢地进行重组，以独具创新的构成形式创作出一个崭新的图形。

（一）解构图形，重新组合

即将图形直接进行解构，经任意组合构图后形成新的图形。这种打散再构的形式可以打破原图形单一、缺乏变化的形象，使图形不规则重复，画面构成感较强。

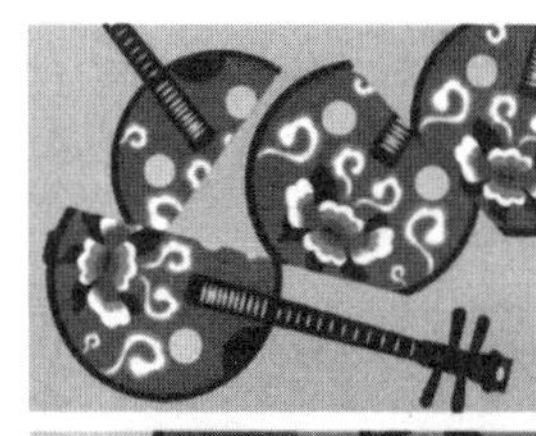

图 7-69　中国民族乐器打散再构　余美芬

图 7-69 中的设计作品将绘制的琵琶、古筝、阮、月琴四种中国弹奏乐器图形打散、再构，形成具有现代构图形式的图像，并裁切成可折叠、翻阅的礼品卡片。

（二）解构原图，另构其他图形

即将图形打散后再构建出另一种图形，形成块面感极强的图形形式，使原本传统风格的图形多了一份现代气息。

在兽面纹打散再构鱼形图形的设计中（图 7–70），设计者吴平将已经进行创新设计的兽面纹饰打散，用简单的几何形块面进行重组，再构成热带鱼的形态，经过改良后，图形产生一种奇妙的视觉效果。

图 7–70 兽面纹打散再构鱼形图形设计 吴平

（三）打散图形元素，重新创作

这种形式建立在元素提炼的基础上，将原传统图形元素进行重新组合，画面中只有多个碎片式的图形元素，经整合重组，形成崭新的现代风格的画面。

图 7–71 所示南狮扑克图形符号设计提取了广东南狮的图形元素，然后进行重组，形成抽象、自由的画面，虽不见南狮的完整形象，但仍可体会到南狮的韵味，给人绚丽、时尚的感觉。

图 7–71 南狮扑克图形符号设计 凌水燕

图 7–72 中“北京印象”的设计者古俊彬提取图形局部进行重组，采用打散再构的形式表现北京多元化的城市印象，内容丰富、全面。

图 7-72　北京印象 古俊彬

五、色彩表达

色彩表达是设计创作的第二次生命。图形设计必须有优秀的色彩计划，才能成为创作精品。在设计创作中，具有传统风格的图形并不是必须采用原图形的色彩，也可以用鲜明、时尚的色彩进行演绎。

未经过二元设计的原传统图形，可以通过时尚的色彩计划对原有色彩进行替换，使传统的图形转换为具有新古典风格的图形。例如对门环图形的设计（图 7-73）、“汽车人与脸谱的邂逅”图形设计（图 7-74）。

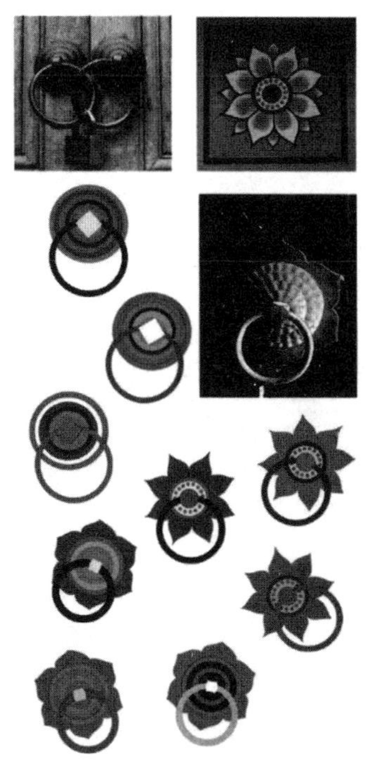

图 7-73　门环图形设计 张冬玲

门环图形设计将简单的中国传统门环图形配以时尚、艳丽的色彩，给图形增添了现代气息，在色彩的搭配上可尝试用多种色调进行填色。

图 7-74 “汽车人与脸谱的邂逅”图形设计 吴棉桐

图 7-74 中设计者吴棉桐将汽车人面具与中国京剧脸谱图形结合，在汽车人的形态中进行细节的变化，使图形具有脸谱的神韵，同时兼顾汽车人的形态，两种图形同构而成，达到“你中有我，我中有你”的形态。在图形形态确立以后，设计者又选取中国敦煌壁画的色调进行填色，尝试将多种色彩组成不同的图形色调，使图形变化完全、美轮美奂。

六、多重运用

在传统装饰图形的创新设计中，表现手法多样，而在设计实践中，表现手法可以是多重的。图形在经过提炼、新绘、共生、打散再构的设计处理后，仍可以进行多次创作。这些表现手法不是孤立存在的，而是同时使用两种或多种手法。

完整、成熟的设计作品，大多是经过多次设计推敲、修改完成的，也只有经过多次锤炼，图形才能更加完美。经过反复创作的传统装饰图形设计是一种二元或多元的再设计，是一种源于传统、立足于现代的设计，是一种穿越时空的图形设计。它是具备传统基因的现代图形设计，是对传统图形的升华。

以“亭台楼阁”玉佩图形设计（图 7–75）为例来看，设计者伍金雁对亭台楼阁的屋顶形态图形进行绘制，并将其运用于玉佩的吊坠设计上。将现代抽象图形填充在玉佩图形中，图形变得可爱、时尚。

图 7–75　“亭台楼阁”玉佩图形设计　伍金雁

如图 7–76 所示，商周时期铜镜涡纹的标点符号图形设计将源于商周时期的铜镜纹饰元素提炼出来，使之与标点符号组合，为标点符号增添了图形感。此时的标点符号已经是装饰性大于文字性的图形了。在完成形态设计后，将不同现代图形进行组合填充，使图形明艳、时尚。

将多元再设计的图形进行打散再构、色彩重置的实际尝试后，所呈现的图形更具特色。

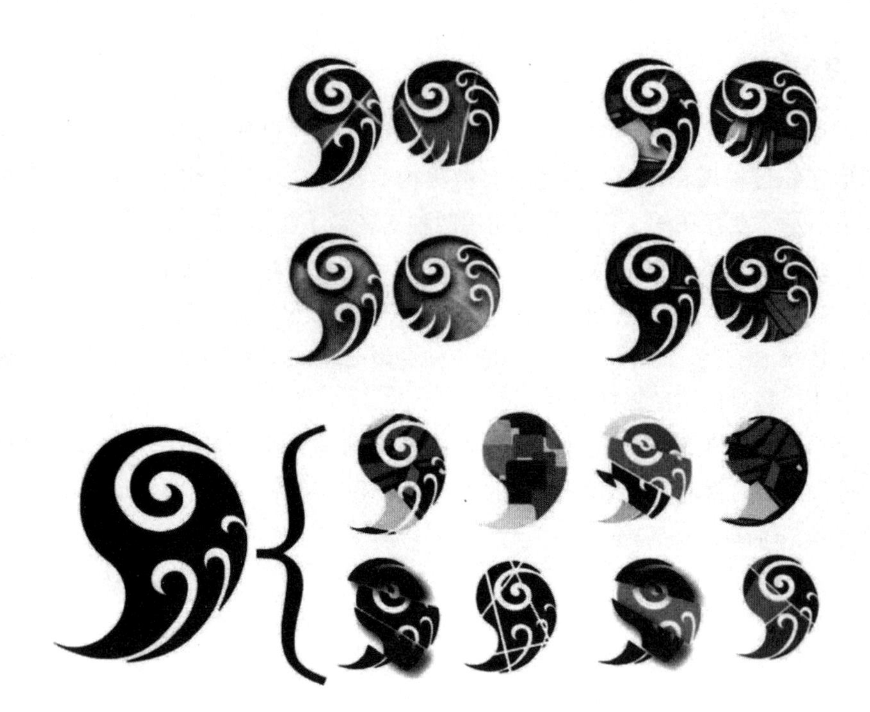

图 7-76　商周时期铜镜涡纹的标点符号图形设计　张伟强

第八章　对传统装饰的创新性设计与应用

传统图形的再创作最终都需要应用在具体的设计项目中，也必须通过具体的设计项目完成传播。在设计创作的过程中，可以通过不同的创新手法，将新古典图形运用在各种设计项目中；也可以根据不同物体的材质特征，利用先进的加工工艺对新古典图形进行演绎。

传统装饰的设计应用是将传统设计向商品转换的过程，是使艺术设计体现其商业价值的重要途径。文化创意商品主要需要具备两个原则：其一为商品的创新性，即产品与众不同的创新设计；其二为品牌性，作为文化创意产品，品牌的建立是提升产品价值的重要环节。

第一节　传统装饰设计应用的创新性

经过创新设计的图形最终都需要应用在具体的设计项目中，选择恰当的设计项目是图形应用创新的重要条件。

在完成图形的创作后，我们仍然可以将经过创新设计的图形或原传统图形进行二度创新设计，将它们应用在具体的物体或商品上，使图形在应用中更加完美。

根据不同的设计项目，我们可以有不同的图形应用方式，采用不同的表现手法以及先进的加工工艺对图形进行再创作。

传统装饰的创新应用方式是多样的，较为常用的有创新图形的平面视觉表现、创新图形的创意表现、创新图形的立体应用、传统元素的应用转换、传统材料的创新应用 5 个方面。

一、创新图形的平面视觉表现

在图形经过创新设计后，要通过画面执行来完成，因此首先要考虑图形的表现形式。

对创新图形在平面视觉的表现上，我们仍可以运用平面设计的表现手法，对设计好的传统图形进行构图的创新，使已经设计好的图形得到更充分的展现。运用传统图形的各项设计作品更符合现代的流行趋势。

（一）面食餐厅品牌形象设计

设计师岑冰峰将中国传统水纹进行元素提炼、打散再构、色彩重置等多重创新设计，并应用在包装以及海报设计中，整体画面时尚，并具有中国民族风情，具体见图 8–1。

图 8–1　面食餐厅品牌形象设计　岑冰峰

（二）中式餐厅品牌形象设计

设计师李创涛以水、火、山、云的传统图形为原型，进行简化提炼，图形简洁、明快，整体设计优雅、时尚，见图 8–2。

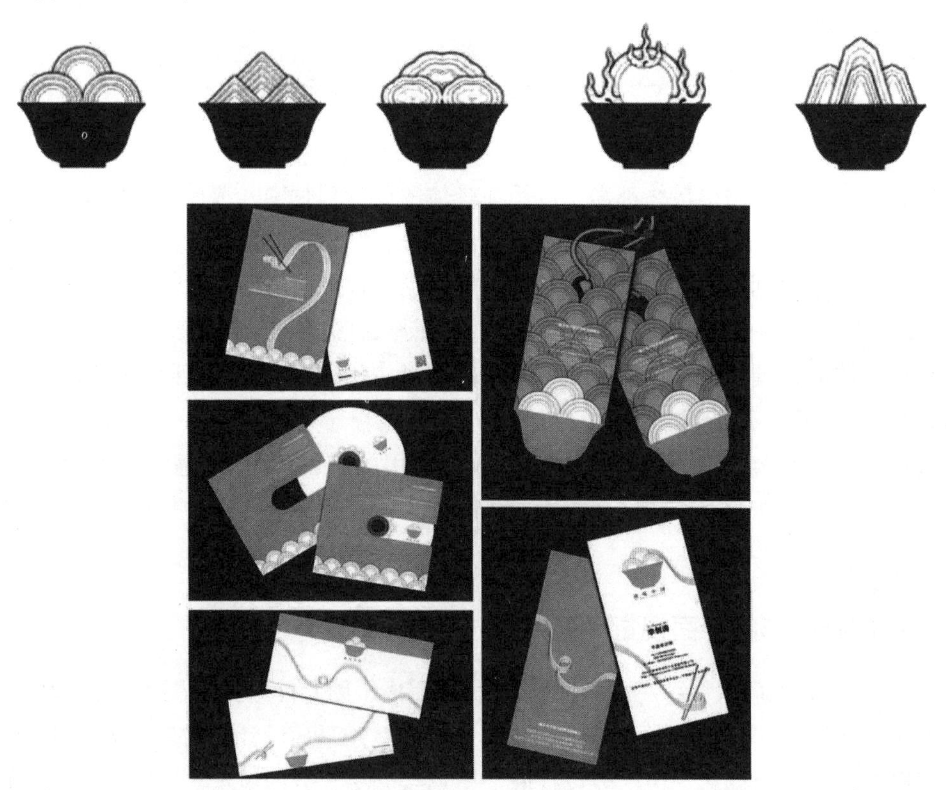

图 8–2　“纹味中国”中式餐厅品牌形象设计　李创涛

（三）“对儿”主题系列生活用品设计

设计师张弯以鸳鸯、双喜、筷子、灯笼为主要设计元素，表达中国人向往成双成对的愿望。图形元素设计独特，运用多变的构图形式，使整个系列的生活用品形象变得绚丽、明艳，如图 8-3 所示。

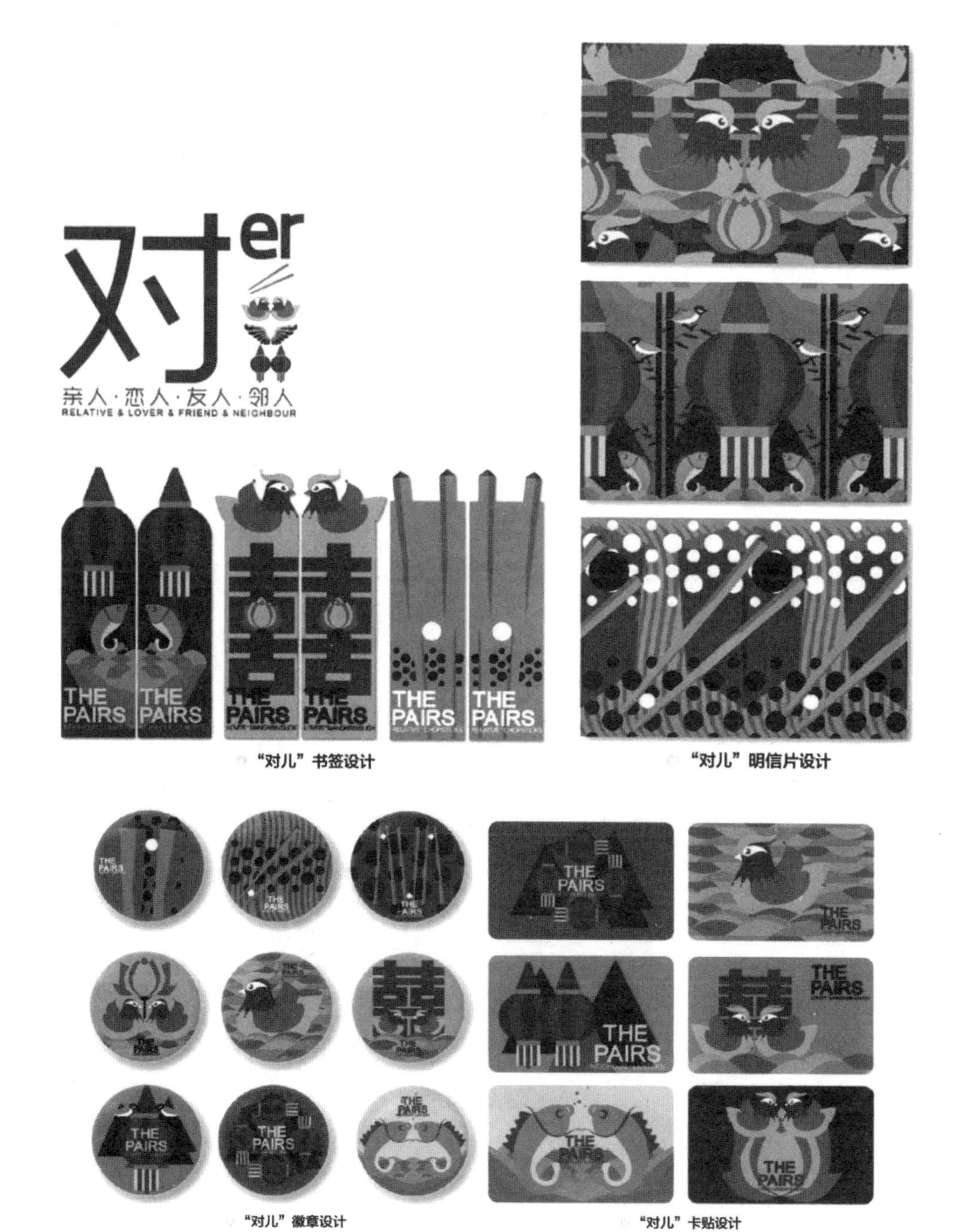

图 8-3 “对儿”主题系列生活用品设计 张弯

（四）“青趣生活”主题系列产品设计

设计师江焯威借助青花瓷的表现手法进行图形的绘制，同时运用拟人化的创意表现形式，使主题更加生动，详见图 8-4。

图 8-4 “青趣生活”主题系列产品设计 江焯威

二、创新图形的创意表现

在传统装饰设计的应用中，可以通过形态、结构对创新图形进行设计，从而用最恰当的表现形式准确地表达设计的意念。

图形的创意表现，可以通过很多方式进行，其中图形置换、图形联想最为典型、常见。

（一）《西关韵》书籍装帧设计

广州西关是民国时期权贵居住的区域。这里的建筑最具特色，即中式的建筑配以西式的彩色玻璃花窗。《西关韵》书籍的设计采用镂空结构搭配彩色透明材料，置换了玻璃花窗的材质，使书籍更加直观地展现出西关建筑的特色（图 8-5）。

图 8-5　《西关韵》书籍装帧设计　广东轻工职业技术学院学生

（二）“婺源春茶”系列包装设计

设计师黄世钞在包装设计中将徽派建筑的白墙黛瓦进行元素提炼，以简单的屋檐图形概括了徽派建筑最有特色的部分，利用包装翻盖的结构与屋顶图形结合，整个形态使人联想到徽派建筑的立体形象（图 8-6）。

图 8-6　“婺源春茶”系列包装设计　黄世钞

（三）《四面围合》书籍装帧设计

设计师谢宝华在这本书的设计中采用牛皮纸、麻绳以及四合院的建筑结构进行设计，在材料与结构上表现出古老的中国民居——四合院的民族特色。

采用四面围合的结构进行书函的设计，直接点明书籍的名称。用北京四合院门楼的形象做书籍的腰封设计，以表现四合院的围院结构。以镂空的表现手法体现院落中层层过门与门廊的中国建筑结构特征。用对开的红门做CD封套的设计，体现中国对开式大门的特征（图8-7）。

图8-7　《四面围合》书籍装帧设计　谢宝华

三、创新图形的立体应用

创新图形的立体应用是图形立体化的设计过程，现代设计已经深入人们的生活，传统装饰的设计已经应用在吃、穿、住、行的每一个细节。如今已满足了物质生活的消费者对于精神层面有了更高的要求，文化创意产业得到迅猛的发展。现代的产品设计肩负起满足消费者精神需求的重任，而文化产品往往需要通过传统民族文化的元素进行传达。

图形的立体应用涉及生活用品与产品的设计。作为商品，创新是设计的核心，是产品生命力的关键。文化创意产品的创新设计包括很多方面，可以是材质的创新、工艺的创新、图形创意的创新等。

图形在立体设计中的表现可分为如下两类。

（一）图形贴附式

这种形式的设计是将图形贴附在产品的表面。由于现代印刷技术的提高，产品的图形印制已经不再受技术的限制，图形可以在各种材质的表面进行处理。因此，这种方式的设计较注重产品本身的独特、图形的设计以及色彩的精美。

图 8-8　中式民居图形香囊鼠标枕　程月明

图 8-8 所示的鼠标枕设计将中国民居的建筑形式以拟人化的表现手法绘制成一张张开心的笑脸，印刷在粗布的香囊鼠标枕上，格式新颖，深受年轻人喜爱。

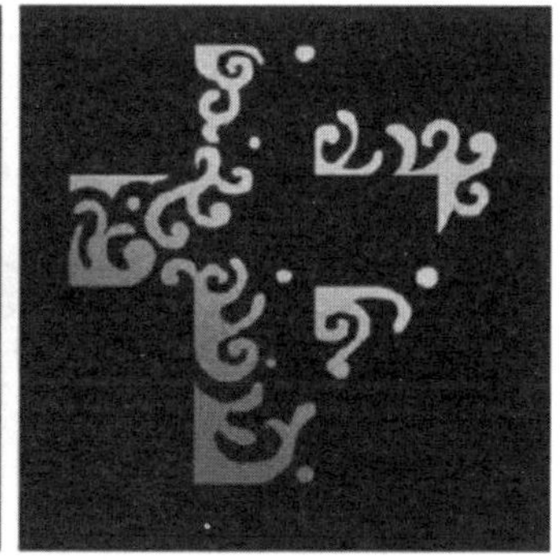

图 8-9　“水深火热”系列生活小产品设计　岑卜宇

图 8-9 中的生活小产品设计将中国的水纹、火纹与“+”号进行组合，产生具有浓郁中国特色的创新图形，并将图形使用在产品的表面。与众不同的是对小台灯的处理，设计师采用了镂空的技术，使灯光通过图形释放出幽暗、柔和的光。整个系列设计独特，酷感十足。

（二）图形的立体化处理

图形的立体化处理不同于简单地将图形附着于产品表面，而是根据图形的形态进行立体化的变化，需要图形造型与形态的立体延展设计。

图 8-10　“民族大团结”系列娃娃设计　杨少松

图 8-10 中的娃娃设计用简单的几何形勾勒少数民族的服饰，并进行立体化的处理。其巧妙之处在于运用拼图的结构，将立体的民族娃娃的手设计成可以组合的结构，当多个娃娃组合在一起时，能够恰当地表现出民族大团结的美好景象。

图 8-11　“打是亲”夫妻陀螺　李佩蔓

图 8-11 中的陀螺设计创意源于民间俗语“打是亲，骂是爱”。陀螺是一种用小鞭子抽打而旋转的中国传统玩具，设计者李佩蔓巧妙地将陀螺设计成人物的形象，一大一小恰是一对“夫妻”，借用陀螺越打越互相围着转的特点，幽默地表现出夫妻间“打是亲”的主题。

图 8-12　“北京印象”文化餐具、包装设计　唐勇鹏

设计者唐勇鹏对北京城的城域、宗教及风土民俗等情况进行调研、收集，对一系列老

北京的经典元素，如四合院、门墩儿、门钹等进行提炼，设计出简洁的系列图形，并将图形转化为一系列精致、典雅的“北京印象”文化纪念品（图 8-12）。

这一系列产品包括食用餐具、餐具包装等，反映了设计者对生活质量的追求，对饮食文化的讲究。其以四合院为题材体现北京文化，以及中国人民喜欢团团圆圆、欢聚一堂的民间习俗。

图 8-13　“经典记忆”插口式台式卡片

图 8-13 中所示的设计图形以解放初期海报招贴画的风格为设计蓝本，将当时的领袖与工、农、兵等各种人物设计为可爱的卡通形象，造型别致。通过图形的系列延展，将图形运用在一系列的文化产品上。

这个系列的文化产品设计涵盖了前面讲的图形贴附、图形立体化处理两种设计手法，将图形印制在卡片、包装或彩盒等物体上面，还运用纸张折叠设计了可以站立的台式小卡片，将卡通形象立体化，制作出搪胶公仔礼品。整组设计活泼可爱，创意独特（图 8-14）。

图 8-14　“经典记忆”系列设计作品

“经典记忆”搪胶公仔与包装设计

图 8-14　“经典记忆”系列设计作品（续）

四、传统元素的应用转换

传统元素的应用转换是对物体使用形式、功能、位置的一种转换，即将物体原本的使用形式转换在另一种功能或环境中。

这种转换的表现手法强调物体的“形似”“神似”“意似”，只有两种物体巧妙结合才能使人产生共鸣，恰到好处的转换使设计更独具匠心。

以辅首为例。辅首又称椒图，是含有驱邪意义的汉族传统建筑门饰，其形象是传说中的“龙之九子”之一，造型多是凶猛的瑞兽的头部，口内衔环。它们既能作为门拉手及敲门物件，又起到装饰、美化大门门面的作用。

现代社会中已不再需要敲打功能，于是对辅首进行重新设计，打破其立体造型特征，以平面造型为主，设计具有明显的现代气息，如图 8-15 所示。

图 8-15　现代辅首设计

同样是铺首的形象，北京故宫的一款旅游纪念品将逼真的造型巧妙地运用在徽章的设计中，使原本粗重的铺首变得紧致可爱，活动的门环可随意摆动。

中国建筑中最具特色的窗格也深受设计师们的喜爱。

作为书籍的封面设计，窗格纹饰利用朦胧的视觉效果，反映了小说人物外表与内心的不同，突出了书籍的中心思想，如图 8-16 所示。

图 8-16　书籍封面中的窗格元素

现代的苏州城市繁华，街道整齐，但在细节上仍不忘对古典元素的应用。在苏州的街道上，设计者很好地利用窗格的空间界定功能，以窗格置换了单调的街道护栏，创作出与其他城市不同的、具有苏州园林特点的护栏，独具匠心（图 8-17）。

国际时尚品牌“范思哲”的这款手表设计也同样利用了中国的窗格元素进行装饰，中国韵味十足（图 8-18）。

图 8-17　苏州街道上的窗格护栏

图 8-18　范思哲一款吸收窗格元素的手表设计

与窗格纹饰相类似的回纹也被运用在首饰创意设计中。设计者李移芬用回纹对“中华”二字进行创新设计，图形有意夸张“中华”两字的笔画，硬朗的直线使文字具有较强的装饰性，应用在首饰吊坠与耳环上显得华丽且精致（图 8-19）。

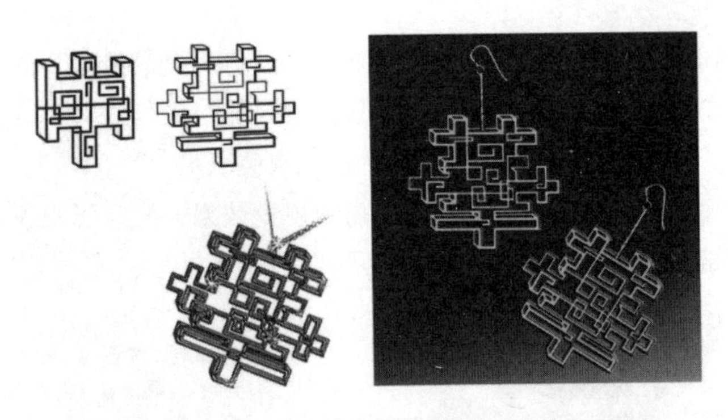

图 8-19　“回纹”文字设计在首饰中的应用　李移芬

设计者蔡丹艺将窗格“回纹”运用在动物的图形设计中，寥寥几笔勾勒出动物的形状，造型简练。同时将创新图形运用在戒指设计中，简练的图形配以银器的金属材质，使戒指显得别致、时尚（图 8-20）。

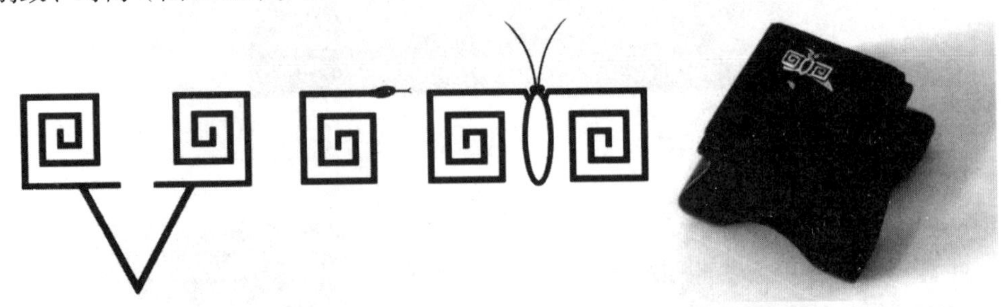

图 8-20　“回纹”窗格动物图形设计及首饰设计　蔡丹艺

五、传统材料的创新应用

在传统装饰的设计中，材料的应用不可忽视。具有民族特色的材料传达着民族风格的信息，将它们应用在设计中，自然可以使设计具备传统风格。在现代各种设计中，中国民间的布、麻、竹、木、石、陶等材料最为常见，设计师们喜欢将这些原生态的材料进行创新、改良并巧妙运用，不但不会显得陈旧，反而使设计更加有品位。

《朱仙镇年画》的书籍装帧设计采用了牛皮纸、竹子、麻布等材料，充分表现出中国木版年画的古老情结（图 8-21）。

图 8-21　《朱仙镇年画》书籍装帧设计　陈小梅

而在《中国结》的书籍装帧设计中，设计者将中国服装中的盘扣设计作为书籍封面打开的形式，一目了然地展现出书籍的中国情结（图 8-22）。

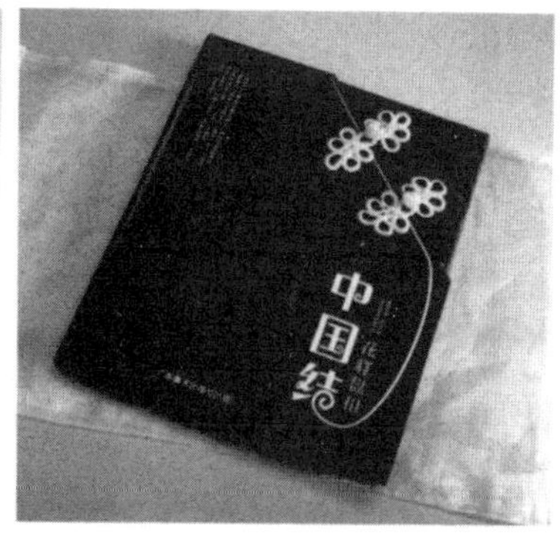

图 8-22　《中国结》书籍装帧设计　广东轻工职业技术学院学生

在对普洱茶包装进行设计时，设计者黄海玲在整个系列中采用了手工制作的粗陶、竹盒、手工纸，配以具有明清特色的缠枝牡丹花纹，使包装设计在形式与材料应用上具有鲜明的中国民族特色（图 8-23）。

图 8-23　普洱茶系列包装设计　黄海玲

第二节　传统装饰设计应用的品牌性

如今，产品设计趋向成熟，作为文化创意产品，最终都需要通过销售走向市场，品牌的建设显得尤为重要。要想长远地立足于市场，品牌是质量与品质的代表。尤其是在国际市场上，只有树立良好的品牌形象，建立明晰的品牌战略，这些具有民族特色的文化创意产品才能顺利地走出去。

一、“皇城印象”

由“皇城印象”出品的北京系列旅游纪念品，2012年被北京市旅游发展委员会定为第一批官方版“北京礼物”。这一系列的产品设计精美，中国传统风格浓郁，包括日常用品、文化用品、时尚礼品与旅游纪念品等，主要销售地点为北京故宫、天坛、北海公园、颐和园等知名旅游景区（图8-24）。

图8-24　“皇城印象”系列旅游纪念品

在多年的销售中，“皇城印象”逐渐树立了良好的品牌形象，越来越受到消费者的信赖与认同，市场销售量稳步上升（图 8–25）。

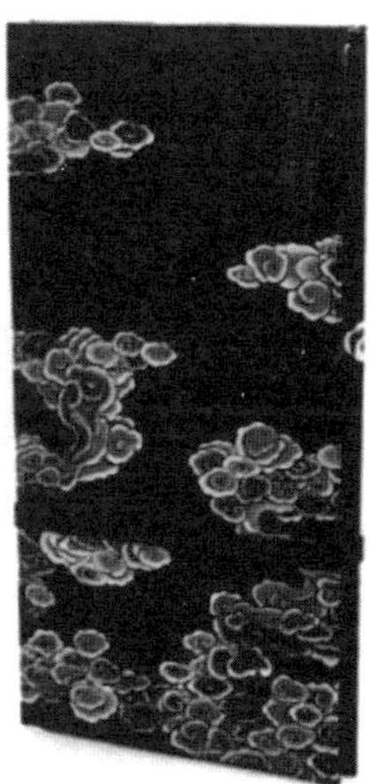

图 8–25　“皇城印象”系列文创产品

二、“LUCKPARTY · 玩味”

广州玩味工艺品有限公司以中国传统文化为核心，诠释品味尊贵与智慧之美。“LUCKPARTY·玩味”成立于2008年，集设计、开发、销售、服务于一体，目前产品系列以纸制品为主，包括各类笔记本、创意文化用品以及商务礼仪礼品等。

中国以“礼仪之邦”闻名于世，国人历来推崇“礼尚往来”的人际互动关系，一份独到的“礼”总能让一种特别的“情”得到进一步的升华，送礼于人，寄情于物，犒赏自己，情感归依。“LUCKPARTY·玩味”产品丰富多样，涵盖了中国美景、中国美物（中国名胜及物品符号）、中国美人（人物）、中国美行（民族风情与民俗文化）、中国美德（优良传统美德）五大系列产品，它是东方传统文化的摩登演绎，它是一份充满感恩的礼品，它是探索、发现、享受、感悟的全过程。

此品牌产品的设计主要以中国民族风进行创作，尤其较多采用中国民国时期月份牌的元素。月份牌是一种卡片式的单页年历。清代末年和民国初年以后，上海原有的小校场木版年画已逐渐被新崛起的“月份牌”画所取代，嬗变出上海年画史上一个新的历史时期，“月份牌”画成为中国年画史上异军突起的一个新品种。其形式借鉴和运用了在中国最有群众基础的民间年画中配有月历节气的“历画”样式，吸取月份牌的画风与色彩，与现代图形元素相结合，整体设计风格独特。例如，吸取月份牌画风与色彩设计出的书型台灯（图8–26）。

图8–26　中华民族图形系列书型台灯

第三节　纸品设计——“纸归故里”

造纸术是中国古代四大发明之一，而如今制作最精良的纸张却在国外，这次活动主题意在期待中国纸张制造业的“归乡”。“纸归故里”是由新加坡及意大利两家纸业公司、广东轻工职业技术学院艺术设计学院及广州地区十多家知名设计公司合作举办的设计竞赛，主要以纸品为媒介，以此来进行具有传统装饰风格的图形创新及应用设计，设计出了大量优秀作品。

设计者张桂清在“蛇年——岭南建筑”创意贺卡设计中将岭南建筑中蜗耳墙的形象与蛇的身体相结合，图形似建筑，又似蛇，两者结合巧妙，并通过对曲线的裁切、折叠，使卡片设计互动性增强（图8–27）。

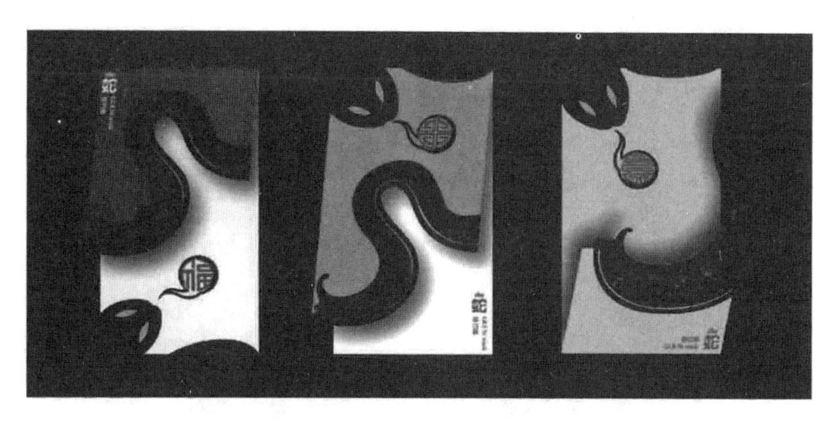

图 8-27　“蛇年——岭南建筑”创意贺卡设计　张桂清

设计者倪隐莹在“虎头虎脑”创意贺卡设计中以布老虎形象为题材，运用简洁的几何形进行概括，在卡片中采用了套叠的方式，使卡片的身体可以拉出，用于书写贺词，并通过裁切、折叠，形成一只可以站立在桌面的卡通老虎（图 8-28）。

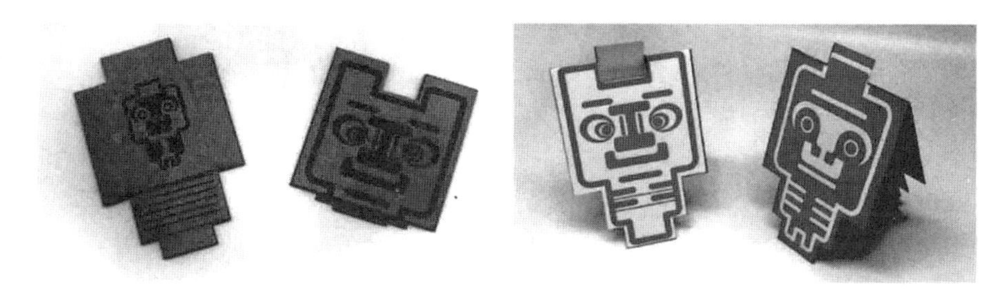

图 8-28　“虎头虎脑”创意贺卡设计　倪隐莹

设计者叶文雅以现代插画的表现手法绘制“暗八仙”的形象，配以敦煌绘画的色调，使画面时尚感与古典性并存。采用结构多样的折叠方式，使卡片在翻折的过程中变化多样（图 8-29）。

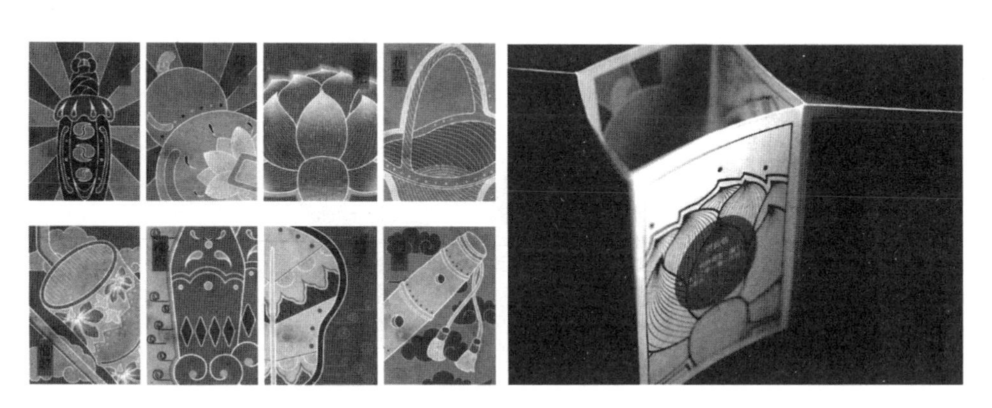

图 8-29　“八仙拱寿”多向折叠卡片设计　叶文雅

第四节　生活用品设计——“梦回古代”

在“食味道”西关元素系列餐具设计中，主体设计以广州西关建筑中的趟栊门、花窗元素为题材，以门的结构、花窗的斑斓色彩为餐具手柄的外形，整体造型独特，焕发出颇具韵味的古典气息（图 8-30）。

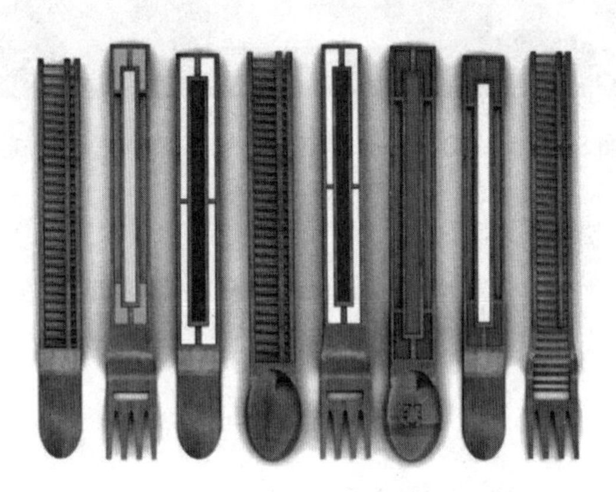

图 8-30　西关元素系列餐具设计 吴中来

设计者冯婉青为新婚夫妇或情侣设计了一对古代玉佩形状的 U 盘，寓意平平安安、团团圆圆，外轮廓饰以金色祥云图案，寓意吉祥如意。设计既带有浓郁的中国古典气质，又显得时尚、现代（图 8-31）。

图 8-31　“百合如意佩”U 盘设计 冯婉青

“Hi 刀马旦”国粹京剧之文具设计和粤剧“刀马旦”之文具设计均为图钉插座设计，灵感来源于中国国粹京剧中的刀马旦形象，图钉的放置正好形成刀马旦的头饰，俨然亭亭玉立的花木兰形象，独具匠心，玲珑可爱（图 8-32、图 8-33）。

图 8-32　“Hi 刀马旦”国粹京剧之文具设计　张源彬

图 8-33　粤剧“刀马旦”之文具设计　林浩

第九章　当代设计与中国传统文化的传承和创造

当代设计语境中民族话语的“失声”和传统文化、民族文化研究走向自我封闭，从不同的层面体现了传统文化与当代生活、当代设计的脱离。当代设计应该是对传统文化的传承和发展，而不是否定，一旦割裂了传统文化与当代设计的联系，当代设计必将黯然失色。如何在当代设计的交融开放中传承传统文化，以实现传统文化的推陈出新，是构建中国当代设计文化特色体系，促使中国当代设计走向世界，进而在世界设计领域独树一帜的重要路径。

第一节　当代设计对中国传统文艺观的承传

一、古代青铜器文化设计思想研究

春秋晚期至战国，由于铁器的推广使用，铜制工具越来越少。秦汉时期，随着瓷器和漆器进入日常生活，铜制容器品种更少了。隋唐时期，铜器主要是各类精美的铜镜。自此以后，青铜器可以说不再有什么发展了。这是时代和社会所共同做出的选择。

历史上，各家对于青铜器都是大加赞赏，“精美绝伦”“巧夺天工”“臻于极致”“完美典范”之类的赞美之词不绝于耳。然而，在对青铜器物进行调查研究的过程中，我们需要反思古代中国的设计思维方式，通过对青铜器物的研究，揭示古人设计在思想中存在的不足。

如同一面镜子，青铜文化带给我们的启示绝不是简陋的工具和器物的造型纹饰，而是当时人们的思想观念、社会经济结构以及人们日常生活的方式，是时代、历史的缩影，是历代文明的见证。今人探索和总结中国传统器物设计思想的客观规律，其目的都是更加真切地阐释器物本身，以求逼近历史的真实本相。

中国传统文化主体上注重内在的“神”，而轻视外在的“形”。中国传统的设计思想中有浓厚的情感因素，重视关系而超过实体，重视功能动态而超过形质。这种设计思想强调整体，重视形象思维，偏向综合而疏于分析；强调和谐统一，长于直觉思维和内心体验，缺乏抽象形式的逻辑推理。

中国传统设计思想追求和谐，缺乏合理抽象、深入分析和逻辑推演，缺乏客观的评判依据，只是基于个人的知识存量和设计能力，将主体意识和情感强加于客体之上，其经验性、主观性的特点十分突出。《考工记》里提到“巧者述之守之”，其中的“巧”字，便强调了设计的“感悟性”，就是把设计活动看成某种经验化的制作。“只可意会，不可言传”，造物设计方法和程序的可操作性、精确性也就大打折扣，没有严格的逻辑方法将前人的认识成果明晰地记录下来，后人便不得不在经验的基础上循着模糊的理论重新开始，对造物设计的认识也周而复始，难有新的突破。古代工匠通过“心领神会”追求“未知”与“和谐”，这种“意会性”“领悟力”，正如伊顿在包豪斯所提倡的神秘主义，与设计的理性分析相去甚远。此外，中国古代封建社会重政务、轻工商、斥技艺的社会主导意识，也严重限制了科学技术的发展，导致历史上工匠命运不济，他们的设计思想散见于各类典籍之中，影响了今天人们对中国传统的再发现，典型的例子是一钟双音技艺的失传。秦汉之后，历代统治者都不忘恢复周礼古制，然而由于常年征战，汉初世守家业的乐师们尚能通晓金石之音、鼓舞之节，但已经不知礼乐的意义了。后世历代朝廷虽有重建礼乐制度之心，但无奈先秦编钟中一钟双音和音高有序、大小成编的传统技艺，未能被人认识和继承，而最终选择了钟体不变，并仍然沿用黄铜钟，只是黄铜钟的壁厚依次递减，以使音高有序为编，与先秦编钟的传统背道而驰。

此外，唯有深入民间世俗生活的艺术才是“民族文化的基础”，才是“活生生的文化现象”，才能自下而上地为越来越多的人所欣赏，使人陶醉而流行，进而得到真正的传承。然而青铜器物却是宫廷的、陈设的，是为权贵阶层服务的工艺美术品，其庄重的造型、巨大的规模、繁缛的纹饰，就是这一态势的真实写照。青铜器物服务于国家政权，其命运也就随着时代变迁而浮沉。青铜编钟的更新换代很能说明这一问题。甬钟出现于周部落取代商王朝后不久，钮钟出现于西周灭亡、诸侯群起之时，镈钟也在朝代更迭中定型，这都是为了在政权更迭之时满足统治阶级的需要，都是顺应统治阶级利益和爱好取向的结果。

尽管历史上偶有割据和混战，但中国由于两千年儒家文化的一家独尊和大一统的中央集权统治，传统观念浓重，设计风格的演变十分缓慢，较少有重大的突破与创新，与西方丰富多样的设计艺术风格大相径庭。西方的独裁统治从未能像中国这样被贯彻得如此彻底，帝王个人的喜好时常能够左右历史。古有秦始皇焚书坑儒，至汉代，汉哀帝不喜音乐，下诏称“郑声淫”乃“罢乐府”。唐武宗崇信道教，于公元 845 年灭佛。明太祖又极为重视佛教，修治寺庙，召用僧人……

中国自古就注重联系，视天地万物为由某种特定机制相互联结而成的统一整体。表现在设计上，由外而内、以大观小是中国传统思维的一贯模式。古人注重联系，但这种联系多通过直觉、经验、感悟来获得，由整体的现象或功能推论、猜测甚至臆断事物的本质和结构，而不是直接剖析事物自身。因而，中国的造物设计活动往往是多方因素共同作用的结果。然而“天地人”中过多的冗余信息却往往会成为设计的羁绊。

古人对天的认识最早，认为世间万物的兴衰荣辱都随“天”而变化，却极少关注到人为因素。这其中是有一定原因的。中国是大陆国家，以农业为生。在农业国家里，农业是生产的主要形式，“农”的生活方式是顺乎自然、靠天生存，对“天”的崇拜也就不难理解了。“天时、地气、材美、工巧”中有关注到人，即“工”，但仅仅局限于生产者，而鲜有关注到人作为消费者和使用者的存在。

与对“天地人”的认识比较而言，中国古人对“物”的认识时间较晚，认识范围不广，程度也不深。虽自先秦起，就有“天时、地气、材美、工巧”的设计思想，对“材美”的关注说明设计者已经对“物”有所认识，但也反映出古人对物的特性认识不够全面深入，只停留在最浅显的材料表面。古人只是基于实践经验来把握具体的材料、工艺、形式，而缺乏对材质构造、物质属性和能量转换等方面的抽象分析，使得中国古代设计思想在理论内容上流于空泛，在实践操作中难以把握，也在一定程度上阻碍了造物设计的发展。

当然，以现代科学的眼光审视中国古代造物设计，无疑是一种苛求。事实上，正是因为有了以上这些差异，才使得中国古代的设计在世界文化艺术丛林中独树一帜，熠熠生辉。但我们所处的时代正在发生巨大的变化，今天的社会政治制度、体制、经济、科学技术乃至意识形态都远不同于过去。传统设计文化中能够适应今天的外部环境和满足人们当下需求的，应予以延续和发展；而不适合或不利于今天社会发展的，应该加以转化或放弃。只有秉承这样的传承观，根植于我们灵魂深处的中国当代设计才能在世界设计舞台上重造辉煌。

二、古代功能主义思想对现代设计的影响

在中国古代，功能主义思想已经开始形成。墨家学派的实用功能主义思想是中国古代功能主义思想的代表，他们从普通百姓利益出发，从实用功利的角度，提出“设计”首先必须视其功能是否能满足人的需要。墨子提出的一些理念与现代设计理念有着异曲同工之妙，如“其为舟车也，全固轻利，可以任重致远。其为用财少而为利多”，体现出了功能主义的思想。

先秦诸子从不同角度，以不同的方式，触及了工艺造物的本质特征、造物原则、功能价值和审美理想等诸多问题，他们的主张和论说，综合地构成了一个较为完整的造物思想体系。韩非子“物以致用”的功利主义思想也是在说明一个道理：衡量事物的好坏，不是看它外表的美丑，而是看它是否能满足人们的实用需求。他在《韩非子·外储说右上》中以功能主义的立场，表明了他对工艺造物的态度。任何形式的设计都应该在设计创造中注重产品的功能性与实用性，即任何设计都必须保障产品的功能与用途得到充分体现，其次才是产品的审美感觉。这些古代哲人的理念完善和丰富了实用功能设计思想，为中国传统功能主义设计思想的确立奠定了基础，也成为现代主义设计的理论核心。

“现代设计”一词虽说是一个新近产生的词语，但早在人类造物之初，设计本身就已经本质性地存在了。我们通常所评述的设计，实际上是“现代设计”的范畴。而功能主义占据了人类造物的主导，人类在最初发现依靠某些工具能够使生活变得更加方便的时候，造物思想就逐渐产生了。人类最初可能是无意识地随手拈来一些自然界的事物直接使用，比如用阔大的树叶、剥落的树皮汲水来喝或盛装果实等。随着时间的推移，古人渐渐意识到

何种形状的树枝、石块用起来更顺手、更有效，就产生了有目的地对自然物进行加工的动机。随后古人又有了对泥土、火、容器等性能和功用的种种认识，使得造物的功能性大大提升。例如，古人在创造发明陶器这种可以盛贮水和果实的容器之前，已经普遍使用了以自然界的藤蔓为原料的编织物，也许古人从自然界天然藤蔓的盘缠中得到启示，编织出"篮""筐"之类的器物。而后，新石器时代的人们认识到可塑性泥土经过火烧后能够制造出功能上远远优于编织器物的陶器，但在陶器造型和装饰设计中明显保留有编织器物的痕迹，如早期陶器上拍印的蝇纹、篮纹和席纹等。所以说人类的造物思想是建立在人的思维能力不断进步、思维方式日趋丰富的基础上的，在器物本身作用不变的情况下，优化其使用功能，并使功能性不断增强，经过多年的演变与升华，从而逐渐演变成我们今日所使用的各种产品。

（一）功能主义对人的影响

从人造器物的文化意义上讲，人类在创造器物过程中也改造了自己。一切设计物都是为了人，这个观念贯穿了整个人类的造物思想，也就是说，人们所创造的器物要能很好地解决人类生产和生活中面临的实际问题。

古人最初的造物观念是一种本能的体现，人类必须在当时的环境下创造出某种器具来获取食物以及保护自己，从而有了对自然界固有规律的认识，不断地适应自然环境，改善生活条件。每创造出一种器物后，古人在使用过程中发现了其不足之处，然后不断改进，使其功能不断优化。同时，人类自己的行为方式、生活状态也在被器物的功能改变着，逐步使人类摆脱自然界的约束。符合人体工程学的尺度设计，是"适人性功能设计"的核心。"适人性功能"中的"手持"需求属于"体感"需求的一部分。由于人握持、操作的舒适度在设计物的使用过程中尤为关键（特别是中国传统设计器物），因此人手与器物之间发生关系的"操持尺度"便成为"适人性功能设计"的关键之处。虽然器物使用功能的本质是对"物"发生作用从而产生了价值，但是受益者最终还是人。

至于"功能"这一成熟文明社会的设计行为，从来就不可能仅仅是所谓的"实用价值"。如果只考虑"以物克物"的实用价值，而不考虑"以物适人"的文化价值，人类就不可能发展到能完全区别于其他也能使用简单工具的动物们的造物水平。注重器物对人的心性的影响，注重器物在礼乐制度中的重要作用，正是古代学者的观点。在现代设计中，设计的实用性可以说是现代主义中功能主义这个美学概念的延伸。"现代主义"强调功能是设计的中心和目的，抛弃繁杂的装饰性的外形，强调以人为中心，使产品更大限度地突出功能性和适人性，从而更好地为人服务。

（二）功能主义对产品的影响

产品是功能和形式的载体，功能和形式之间的协调与平衡体现了现代设计中产品的整体和谐。对于产品功能和形式之间的关系，中国传统造物思想的主流观点可以概括为"美善相乐""文质彬彬"。"美善相乐"始于荀子的论述，对造物而言，就是产品的审美属性和实用功能要相得益彰、互为融合，单一具有功能性质的自然型简单造物，要转化成兼有实用功能与审美功能的设计。

从古代器物的设计来看，器物的使用功能或者说功能服务区划分等设计得非常直观明了。按照现代设计语言来讲，就是让消费者第一次接触设计物，就能一目了然地了解该物品怎么操作、怎么中止、怎么携带、怎么储存等重要功能服务信息。例如，虽然我们不是古人，但是看到一把青铜古戟，就能解读出许多古代士兵如何操持铜戈（图 9-1）、铜戈如何工作的信息：铜戈的“工作部位”是前端，锋利的刀面可以切割，尖锐的矛头可以刺戳；“操持部位”在尾端，超过人体高度的长杆是为了扩大有效杀伤半径进而更好地保护持戈者。

也就是说，现代设计的功能性发展的方向，与古人创造的器具所传达的功能信息是异曲同工的。现代设计所做的很多关于简化操作流程、明了设计界面等实验的目的，都是为了返璞归真，使操作者在不了解产品本身的情况下，也可以很迅速地操作并达到预期效果。

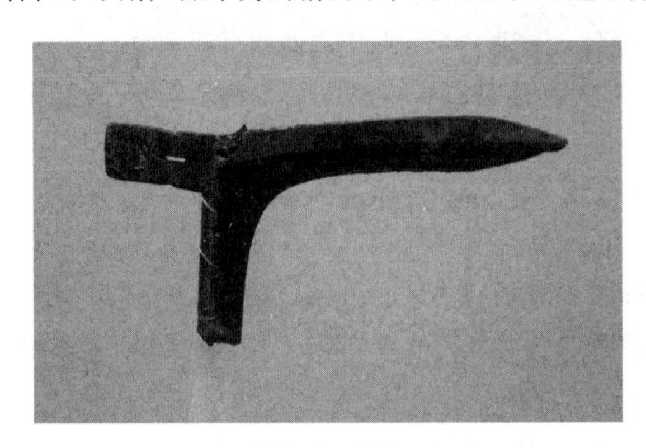

图 9-1　铜戈

（三）功能主义对环境的影响

“现代主义”提供了一种使人能够重新认识自己所创造的环境并与之保持和谐关系的观念。这种观念使人在人、机器、产品之间保持一种完美关系的现代化理想上进一步发展。主张自然与人的和谐与统一，是中国文化在精神层面、思想观念上的一个突出特征。徐复观先生说：“在世界古代各文化系统中，没有任何系统的文化，人与自然曾发生过像中国古代那样的亲和关系。”而这种人与自然的关系，已经逐渐构建成“天人合一”的思想体系。

《考工记》是一本记述先秦手工业技术与产品形制的著作，反映出了先秦造物的辉煌成就及具有代表性的色彩观念、审美观念和设计思想。这本书非常重视自然环境的重要性，其观点代表了中国古代器具与造物观念对自然环境所起到的重要作用的理解，揭示了一切设计与创造都要以符合自然生态规律为先决条件，并且这些条件制约或决定着设计质量的优劣。这种深刻的认识，就算在现在，也是具有现实意义的。

功能主义作为中国古代器具设计的重要载体，其意义的深远绝不仅仅取决于器具本身是否合理科学，而是这种造物观念对现代设计中功能性的启发。我们不得不承认，虽然现代设计中的一些设计观念已与前人的造物观有了极大的差别，但是随着人们对古代设计思想研究的不断深入，传统造物观会启迪当今设计者如何更好地权衡人、产品、环境之间的关系，使功能主义得到延伸，引领现代设计走向更为广阔的未来。

第二节　传统文化对当代设计品气韵的完成度

在中国传统美学观念中，“气”与“韵”是十分重要的概念。“气韵”一词最早见于南朝谢赫论述绘画的“六法”中：“气韵生动是也”，之后“气韵”渐渐成为评价绘画作品的重要标准及中国艺术生命精神的核心。经过后代艺术家、理论家根据自己的感受、认识对“气韵”的具体运用和新的发展，“气韵”逐渐成为绘画、美学领域中的重要审美准则。它是现代美学引入前的重要美学概念，基本释义为：“气”是天地阴阳之共性、化生万物之本源，“韵”所指向的是“气”氤氲流淌的对世界认知的经验体系，科学概括为内容与形式的关系。类似的词语还有“意象”“神思”“意境”“虚实”“形神”“神韵”等。我国传统美学不像西方那样形成了以美的本质为核心的范畴体系，而是从传统观念和审美经验中总结出的许多相互独立而又有内在联系的丰富的美学命题。抛开当代美学理论框架，对传统美学命题进行释义与考论不仅益于中国传统思维方式、审美方式的还原，也益于中国当代设计理论的完善。当代设计美学经历了机器美学、技术美学的发展，由于时代的发展，目前设计美学的研究方法与审美需求发生了重大变化。综观西方美学发展史不难看出，其深沉而又优雅的特征无不跟其古老深邃的哲学基础息息相关，哲学作为设计美学发展的重要根基，使其在不同时代、不同科技背景下得以保持优雅的特质。从中国传统哲学、美学的角度入手对中国当代设计美学进行研究，是丰富当代设计理论的重要途径。

一、“气韵”的魅力

绘画理论中的气韵。谢赫认为，绘画作品通过画中所表现的形象来展示本质的精神，作品中流淌着的气作为一种无形的存在，支配着绘画作品中有形的存在，它是作品生动的根据。“韵”曾被认为通假于“运”，而非“押韵”“韵脚”，解释为“运动”“运行”。历代书画家追求气韵生动，忽略了对表现形体的塑造，或许因此也恰恰给予了气韵无限延展的空间。唐代画家张璪在他的《绘境》一文中说：“外师造化，中得心源。”评价晋明帝绘画“虽略于形色，颇得神气”。气韵生动是一种达于“传神”“妙”的绘画境界。根据侧重的不同，“气韵”常被理解为“运行流淌的气”或者“气的流淌和运行”。总之，无论哪种解释，它们都是中国哲学中无形的“气”“道”观念在美学领域的运用。

设计中的气韵。随着“气韵”观在各领域的运用，古人在园林、建筑、雕塑等领域引入了“气韵”的观念。历史上，中国许多园林都是由画家主持建造的，如王维、倪云林、米万钟、张链等。王维生在中国山水诗创作和古典园林建造辉煌的唐代，是当时山水田园诗派和文人园林创作的代表人物。他把笔墨风趣赋予山水景物，由画成景，生动地描写自然田园风光，使读者悠然神往，展现了他对大自然山水风景及自然美深层次的认识。画家在主持园林建设时，往往将绘画的观念、技法、审美、目的融入当时的园林建设中去，从而使我国园林建设和绘画在美学上产生融会贯通的现象。建筑方面呈现出了与绘画紧密的相关性，传统建筑也将一系列文化信息与素质蕴含于其建筑“语汇”之中。梁思成与林徽因说：“这些美的所在在建筑审美者的眼里，都能引起特异的感觉，在‘诗意’和‘画意’之外，还使他感到一种‘建筑意’的愉快。”这种具有“诗意”与“画意”的“建筑意”，蕴含民族文化的深意，来自民族的哲学、历史、伦理、美学等多种文化的综合，也就是所谓的生命韵致与艺术精神的“气韵”。

从“气韵非师”到实际方法。当代设计讲究思路方法，需要一系列具体的方法构成整个设计过程，如果离开具体的方法，设计就失去了可操作性。然而“气韵”却是一个玄而又玄的概念，如何落实到具体的方法中，古人对“气韵”的把握有着不同的见解。

《古画品录》中有谢赫评姚昙度“天挺生知，非学所及”的“气韵非师”的观点。萧子显在《南齐书》中讲：“文章者，盖情性之风标，神明之律吕也。蕴思含毫，游心内运，放言落纸，气韵天成，莫不禀以生灵，迁乎爱嗜，机见殊门，赏悟纷杂。”郭若虚认为：“然而骨法用笔以下，五者可学。如其气韵，必在生知，固不可以巧密得，复不可以岁月到。默契神会，不知然而然也”，提出气韵天成、自然流露的特点。董其昌讲：“气韵不可学，此生而知之，自有天授。然亦有学得处，读万卷书，行万里路，胸中脱去尘浊，自然丘壑内营，立成鄄鄂。随手写出，皆为山水传神矣”，肯定了以上观点，也指出应该增加学养、向传统学习及开阔视野、向造化学习的后天知识积累与学养提高，也可“随手写出，皆为山水传神矣”。蒋骥在《传神秘要》中讲：“笔底深秀自然有气韵，此关系人之学问品诣。人品高，学问深，下笔自然有书卷气，有书卷气即有气韵”，将品行的修养引入其中，认为画贵立品，品正而心正，心正而后志诚，志诚而后艺高，强调修身养性重于方法技巧。在当代设计中，设计者、设计单位成为品牌文化的重要部分，也应要求设计者修身养性、博览群书，如黑田泰藏讲：“要成为一个真正的匠人，进而达到艺术家的境界，不仅需要感情投入，还要亲身躬行及经受岁月磨炼。你的坐卧行止、一餐一饮，都是渐悟的修行。”如果一个人对理论知识囫囵吞枣，不注重做人品行、经商之道，其所设计作品也将流于浮躁与肤浅，终会被社会唾弃。

“气韵”要落实到书画的构图、笔法、用色的实际操作中。荆浩在《笔法记》中分别将“气”“韵”与绘画中的“笔”“墨”联系起来进行了研究论证，认为“气”通过运笔的技法、技巧做到笔笔到位、不媚不俗；“韵”则通过用墨渲染出的艺术效果，做到浑然天成、不着痕迹。据此，韩拙在《山水纯全集》中进一步指出：“……盖墨用太多则失其真体，损其笔而且浊；用墨太微即气怯而弱也。……行笔或粗或细、或挥或勾、或重或轻者不可一一分明。以布远近，似气弱而无画也。其笔太粗，则寡其理趣；其笔太细，则绝乎气韵。一皴一点，一勾一斫，皆有意法存焉。若不从古画法，只写真山，不分远近浅深，乃《图经》也，焉得其格法气韵哉？”在用墨量和行笔粗细上都应遵循相应的规矩，还应总结古人绘画技法。沈宗骞：“所谓气韵生动者，实赖用墨得法，令光彩晔然也……老墨笔浮于墨，嫩墨墨浮于笔。嫩墨主气韵，而烟霏雾霭之际，淹润可观；老墨主骨韵，而枝干扶疏，山石卓荦之间，亦峭拔可玩。”范玑：“用墨之法即在用笔，笔无凝滞，墨彩自生，气韵亦随之矣。离笔法而别求气韵，则重在于墨，藉墨而发者，舍本求末也。”华琳：“用新汲之清水，现研之顶烟，毋使胶滞，取助气韵耳。”以上通过“墨”“笔”“水”“砚”在气韵展现中的作用的观点阐述了“气韵”落实到具体的方法，却似乎又有些呆板、造作，如此一来便失去了绘画的自然淳朴。在当代设计中也存在这样的问题，设计方法、手段的不断完善，标准化、模块化的大量运用，使设计像堆积木一样容易、高效，风格趋于统一。在 2010 年上海世博会场馆（图 9-2）建设中，各国从不同主题出发设计了形态迥异的场馆。

图 9-2　2010 年上海世博会各馆（部分）

二、设计中的“气韵”理论

“气韵”的价值在当代设计理论与实践中有着特殊的魅力。“气韵”是具有一定属性、规律的自然万物和社会万象的人为元素改造，高度概括了当代设计的非物质化趋势。

对于设计行为来讲，“气”是联系设计者、设计作品、用户并贯穿其中的潜在规律、力量，揭示了设计者对作品的定位、用户体验、用户反馈等基本准则。“气”由设计者而聚，随作品而生，在营销中升降，与用户氤氲，而后或止或灭。“气”对于设计机构来讲，是机构形成的原动力。一方面，“气”凝聚设计个体并形成团队，从事设计行为，在实践过程中组织的形成需要每个设计者的参与、相互包容、共同奋斗，而后则有所谓企业文化或品牌建设的定位与实践；另一方面，“气”和社会环境氤氲生变，于是有了团队的发展与创新的动力。"气"在设计作品中展现了它的厚积薄发，"气"生于作品与用户交互中，承载了作品功能以外超越人们意识的、无可争辩的精神信息。好的设计不在于"求变"，在于"气"的氤氲和合，好的作品会融于社会生活，融于自然环境，静如空气，虽然看不见，却很重要，时而如春风袭来又知它的清新。

"韵"在这里不妨解释为"气"的生灭、聚散、氤氲、升降、健顺、动止等，是设计事务的经营、组织机构的建设、设计作品的美学特征。一气运化，依气成象，"气"生命般地流动才有了审美的对象，即"韵"。作品的美在于"气"的呼吸，呼吸以自然之力推动，以社会生活需求推动，设计者的造作，犹如画蛇添足，增添死气。《庄子・达生》记载了梓庆为镰的故事，相传春秋时期，鲁国有一位技艺特别高超的木匠，名叫庆，人称梓庆，书中记载："梓庆削木为锯，锯成，见者惊犹鬼神。"鲁国国君问之何以得之时，梓庆回答道："臣工人，何术之有？虽然，有一焉。臣将为锯，未尝敢以耗气也，必齐以静心。齐三日，而不敢怀庆赏爵禄；齐五日，不敢怀非誉巧拙；齐七日，辄然忘吾有四枝形体也。当是时也，无公朝，其巧专而外骨消。然后入山林，观天性；形躯至矣，然后成见锯，然后加手焉；不然则已，则以天合天，器之所以疑神者，其是与！"梓庆的"三斋"精神、"气"的凝聚、对设计方法的淡化和材质自然属性的充分发挥，而后才有了"锯"的自然天成、鬼斧神工。此故事颇值得回味，在实际设计中不妨效仿梓庆一二。

第三节　中国传统文化的审美意识与当代设计理念的契合

一、中国传统原初的美的意识及其演变

中国传统原初的美的意识起源于味觉，然后依次扩展到嗅、视、触、听等诸觉。随着文明的发展，这种意识又从官能性感受的"五觉"扩展到精神性的"心觉"，最后涉及自然界和人类社会的整体，扩展到精神、物质生活中能带来美的效应的一切方面。美的对象演化的表现，可以从"真""善""美"关系方面做解释。

通过中国审美意识的"真""善""美"三个发展阶段，本节简介美的意象，比较中西方对美的意识的认识的异同，从而深入地把握中国传统审美意识的实体，阐明其本质。

（一）中国传统审美意识的最初形态

"美的意识"与"美"这个词有必然关系，所以，我们首先详细探讨一下"美"字的形成、最初的意义以及古代对它的解释。

依据《说文解字》，"美"字从"羊"从"大"，也就是说，它是由"羊""大"两个字组合而成的，它的本义是"甘"。不难看出，"美"这个字，在中国传统原初的美的意识阶段，当它一般地表达对于某种对象的某种特殊感觉或官能的时候，它的本义是基于这个字的自身结构来考虑的。如前所说，"美"是"羊""大"二字的组合，表达了"羊之大"即

“躯体庞大的羊”的意思，同时表达对这种羊的感受。这样也可以理解为，“美”字起源于对于“羊大”的感受性，它表现出羊的体肥毛密，生命力旺盛，描绘了羊强壮的姿态。前文说，“美”的本义是“甘”，换言之，不难想到所谓“羊大”，是指“肥胖的羊”的肉味之“甘”。在这种见解下，中国传统原初的美的意识就起源于“肥羊肉的味甘”这种古代中国人的味觉感受。

在中国，自古以来羊毛和羊皮就广泛用作防寒之具，不仅如此，羊肉也供人们日常食用。此外，羊也是祭祀、会盟用的牺牲之一。这样的事实说明，羊在中国古代经济生活中，是物物交换的一种重要财货。对于古代牧羊部落，羊的数量多，就意味着财富多，交换价值高，这是值得自豪的吉祥象征。因此，“羊大”不单纯是视觉、味觉、触觉的感受，也是一种生活情感感受。

这样看来，“美”字所表达的古代中国传统原初的美的意识，其内容是：①视觉的，对于羊的肥胖强壮姿态的感受；②味觉的，对于羊肉肥厚多油的官能性感受；③触觉的，期待羊毛、羊皮作为防寒必需品，从而产生一种舒适感；④从经济角度，预想那种羊具有高的经济价值即交换价值，从而产生一种喜悦感。这些感受最终归结为生活的吉祥，包含心理的爱好、喜悦、愉快，可以称之为幸福感。

（二）中国传统原初的美的意识的演变

中国传统原初的美的意识中种种美的感受，意味着某种美的对象与人们生理的、本能的追求相接近、相合拍时的感性共感，或意味着美的对象与本能的憧憬、欲求相协调。换言之，如同光的频率与感觉的节奏相合时所引起的快适感一样，美的对象所具有的跃动的洋溢着生命感的节律，与人们内部生命的脉搏相协调、相协和时，就引起美的感受。

《孟子·尽心下》所讲的“口之于味也，目之于色也，耳之于声也，鼻之于臭也，四肢之于安佚也，性也。有命焉，君子不谓性”，是说人的本性就是口甘味美，目好美色，耳乐五音，鼻喜芬芳……追求美是人的本性。但是，这一切只不过是个人主观感官性的愉悦，只意味着感官的充实感。

随着社会的进步，美的对象涉及自然界和人类社会的整体，向着人类的精神生活和物质经济生活中能带来美的效果的一方推移、扩展。其内涵包括以下几个方面：

第一，一般的事物，在形式、内容或性质方面都伴有朴素、单调、乏味、无聊的东西，为了避免这些，为了使事物更鲜明、更生动、内容更丰富，就要对它进行加工、整理、装饰，做各种精巧的纹饰、雕琢，这便是美的事物。

第二，事物或者器物中，“珍”“奇”的部分。

第三，与第一点所说相反，对人们周围的自然界，对天地、山川、草木、禽兽等，主张任其自然，不加任何纹饰雕琢而表达其本来的朴素状态，也可称之为“野趣”。同时，对人的言行品格，主张真挚、敦厚、朴实（在这方面，道家的美的意识尤为突出）。

第四，对一般事物的形式、内容、姿态不求其十全十美，更重视事物不全、不备或稚拙、朴拙的方面（道家的美的意识）。

第五，认为事物的幽静、娴雅比喧扰、粗野更好，淡白的东西比浓厚的东西更好，柔弱的东西胜过刚强的东西。人的言行，也该是谦虚、含光、守愚（道家思想）。

第六，对诗、词、歌、赋、文章，不重其劝诫内容，而以娱乐或鉴赏为目的，着眼于形式、格调、音律的整齐。对于绘画，同样不重其鉴戒内容，而重视它所描绘的山川草木、鸟兽虫鱼等自然事物及人物之神。

第七，重视事物的形式、内容、姿态的“中庸”及其调和、匀称、安定感。

第八，赞赏遵循伦理道德规范、合乎礼仪的言行和崇高的人格。

第九，宣扬人们所憧憬的富贵、长寿、权势以及名声、荣誉等。

第十，赞叹人们在体力、精力、容姿、风格、品位、才能、技艺等方面所具有的长处和优秀之处。

第十一，赞赏事物的丰富、繁多，以及其生命力、生殖力的充实旺盛，或象征着吉祥、喜庆的特征。

第十二，与前者相反，描绘事物鲜嫩、纤丽的姿态，或哀愁、悲怆的感情。

在这各种各样的美的对象中，最珍贵的是那些对人们的物质经济生活、精神生活或社会伦理方面特别有价值的东西。例如，在诗词歌赋、绘画、歌舞等文学艺术作品中，能使人消忧解愁、开阔胸襟的东西；在道德、学问、艺术、政治领域，那些经历了艰难曲折，显示着不屈不挠精神的东西。

（三）中国古代人审美变迁、扩大的原因

在美的对象、美的观念推移、变迁的历史过程中，对美的解释也相应地向各个方面推移、变迁，与它通训的字越来越多，如多、长、大、高、邵、厚、深、肥、充、吉、利、福、都、喜等，超过一百个。而引起这种美的观念扩大、延伸的原因，也有多种。

首先，从社会经济方面来看，随着生活环境的变化、生产手段的进步，必然要发生政治体制的变革。每个人的物质生活环境，特别是王侯将相等统治阶级的生活环境会发生复杂多样的变化，这些复杂的历史变化，会反映到他们的心理、精神或者情绪上，最终促成审美意识的变迁。

其次，从风土、地域来看，古代中国人居住地区的气候、风土等自然环境的差异，影响人们的好尚、情操，使得美学观点具有多样性。例如，北方的气候风土，使人崇尚质朴、刚健、勇武、果断；南方的气候风土，使人喜欢华丽、柔和、宽容、温顺。这些不同的好尚，通过诗词歌赋、绘画、歌舞及其他学问、艺术，反映出各自不同的审美观。

再次，各个时期的争霸交战促进了交通的发达，因而各地的物产、商品交易兴盛起来，这又使人们开始喜好各种珍奇商品和珍宝。人口的流动使这些异乡人在新的山川风物中获得新的审美意识，美的意识开拓到新的境域，视野转向四季的变迁以及高山、流水、幽谷等山川草木、鸟兽虫鱼事物上，从而美的内涵更丰富了。

（四）中国传统的美的意识的总结

中国传统的美的意识或者审美观念，可以从“真”“善”“美”三个角度来理解和总结。

第一阶段，中国传统的美的意识只是原初的、感性的东西，只停留在官能的美的感受、感性的愉悦和快乐阶段，只能把给予感性满足的对象作为美的对象。

第二阶段，美的对象摆脱了个人主观性，不仅把在生理本能上受直接刺激而产生愉悦感的东西作为美的对象，而且把具有社会伦理意义的东西，即在精神、理性方面能给予满足和充实感的东西也作为美的对象。这时的“美”成了“善”的同义词，是精神的、理性的愉悦，比单纯的感官感受更能打动人心，具有更高的伦理价值。

第三阶段，人们体验到了一个新的美丽世界，这时的“美”不只限于“善”，而是与包容、超越美丑善恶对立的绝对的“真”的本质相同。既不单纯是精神上的满足感和充实感，也不是原始的感官上的快乐，而是净化了各种尘俗之心，使感性的愉悦和理性的愉悦浑然无别的更高一层的绝对的恍惚境地。换言之，这种美的感受，只有在探究生命本源时才会产生，例如晋代顾恺之的《论画》、南齐谢赫的《古画品录》。这的确是中国传统美的意识进化的极境，同时也可以说明他们精神生活的升华，以及所处时代历史、文化的发展进步。

“真”“善”“美”是中国传统美的意识的演变和概况，在中国，“美”的东西不一定就是“善”的，而“善”的东西往往是美的；当“真”作为形而上的实体，意味着宇宙的根源性、创造性的生命时，它与“美”便是一致的了。

二、“大象无形”“大巧若拙”与当代设计的朴素、自然

在商业化气息浓郁的今天，充斥着许多华而不实的设计，“大象无形”“大巧若拙”这一古代中国哲学对探索当代设计中的朴素、自然之道具有重要指导意义。

象者，世界万物，器也；道者，普遍规律是也。《易・系辞上》里说，“形而上者谓之道，形而下者谓之器”。设计往往是道、器两者的结合。中国古代哲学中的“大象无形”“大巧若拙”是设计的一种最高境界，真正大气的、有大家风范的设计形态是不过分注重细部雕琢的形态的，自然而然表现为一种整体的和谐，蕴含一种混沌一统的内涵，体现出一种朴素、自然的美。从当代造型角度看，“大象无形”指的是用最小的设计变化方式来获得最大的功能需求，意指用最简洁的设计语言要素来表达功能的最大化，这里的功能包含物质功能与精神功能。在当代设计中，运用传统造型元素表达作品的意境就是要在不经意之间，在顺其自然之过程中完成，没有过多的夸张与修饰成分。“大巧若拙”出自《老子》第四十五章：“大直若屈，大巧若拙，大辩若讷。”“大巧”即最高的巧，与“拙”相对。“大巧”不是一般的巧，一般的巧可通过人工来达到，而“大巧”作为最高的巧，是对一般的巧的超越。从设计角度来说，“大巧若拙”表现为一种去机心重偶然、去机巧重天然、去机锋重淡然的设计倾向，这种倾向在中国园林艺术中颇有体现。中国园林艺术多用接近自然景观的装饰，如池塘、花木、假山等很少有人工技艺雕琢的东西，表现出一种自然、亲切之感。

设计并非高高在上，设计的起点就是生活本身。当代设计的高度技术化、商业化使人们陷入了一个误区：越华巧越好。多数设计人员，包括设计专业的许多学生，缺乏对设计、

对生活的深入理解，盲目地追求个性、奢华，追求能给予人感官刺激的设计作品。对各种表现个性化、形式化的设计手段不加选择地加以利用，作品的设计语言难免变得模糊不清，而设计形式的过于繁缛常常会令信息的接受者感到头晕目眩。如何展示个性对设计师来说固然重要，但为了个性而个性，结果无异于对个性的放弃。每一位设计师独特的个性都应植根于丰富的文化内涵，由内而外地在设计作品中流露出一种自然的个性美、形式美。日本无印良品的设计摒弃了华而不实的包装，追求简单、朴素。同样是一把简单的饭勺，欧美设计师会用钢铁来做，而日本设计师却会用能体现东方味道与自然味道的竹子来做（图9-3）。无印良品在物料上物尽其用的原则和健康环保的主张也引人关注，天然棉麻、纸质、竹子等可再生原料的利用使得无印良品的设计散发出一股清新、自然之风。

图 9-3　日本的勺子设计

日本著名设计师原研哉在《设计中的设计》里提到“无何有之乡”，蕴含着一种很重要的价值观。一件看上去无用处的东西，内涵却很丰富，因为只有容器是空的，才能储存东西，无中才能生有。当设计以牺牲环境去换取经济利益的时候，设计便变得浮躁而急功近利了，这时我们再回过头来学习“大象无形”“大巧若拙”这一传统哲学思想就具有特别重要的现实意义。当然，要在设计中真正做到自然而然，绝不是一朝一夕就能完成的。设计师必须面向生活、关心人与自然的和谐关系，在生活中培养潜能，给予设计无限的创作动力。

“大象无形”“大巧若拙”作为一个哲学命题，强调的是一种自然、朴素的美，与当代设计提倡的绿色环保理念相呼应。绿色设计理念是从生态系统良性循环的角度出发提出的设计观，代表了一种新的正确的设计方向，促使人们重新体会自然、尊重自然、改善与自然的关系。当代设计的绿色环保理念表现在材料上的自然环保、设计物与自然的和谐关系上。材料上的自然环保提倡运用自然材料，不矫揉造作。例如景观设计的就地取材、因地制宜的设计原则，使用与当地环境相适应的植物，不做过多雕饰，保持自然、质朴的风格。这种返璞归真的艺术气息，给予景观设计无限的自然美感与生命力。设计物与自然的和谐关系表现为：设计作品不以牺牲自然来寻求经济利益，杜绝和减少设计物的有害物质对环境的污染。这是自然对人类无声的要求，同时也是全社会、全人类健康发展的要求。设计最重要的是为人类提供人性化的服务，为不同层面的人所欣赏，矫揉造作、哗众取宠的设计只会遭到社会的无情淘汰与指责。设计应该立足于为大众服务的观念基础上，真正做到“大象无形”“大巧若拙”。

三、“美善统一”的中庸美学思想与当代设计

儒家美学思想是中国美学思想的代表之一，而“美善统一”则是儒家美学思想的核心，可以说整个儒家美学思想体系都建立在这个基础之上。其中“美”指外在形式，“善”指内容，在最根本意义上是指高尚的道德品格。《论语·八佾》中曾有记载：“子谓《韶》：‘尽美矣，又尽善也。’谓《武》：‘尽美矣，未尽善也。’”这是由于《韶》乐是表现尧舜禅让之事，表达的是一种仁义礼智的理想，因此孔子评论其尽善尽美；而《武》乐因为表现的是战争内容，不符合道德要求，所以孔子评价其尽美而未尽善。由此可见，孔子认为尽善尽美，即表现形式和通过形式所传达的高尚道德的统一，才是美的最高境界。但孔子的美学思想受其恢复周礼的最终目的的制约，有明显的保守色彩，过多地强调艺术的社会功能。“善”所传达教化的东西规定了社会的道德美，将个体情感更多地赋予了社会性的意义和使命感，最终是为了维护王权统治。而在现代社会人权解放的大背景下，“善”衍生出了新的内涵，除了社会功能的高尚道德品质树立的本身概念，还有精神的慰藉和身体的保护等，同原来相比，更多是指通过形式带给人的有益的作用。

与当代设计相结合，“善”的衍生新质指设计带给使用者的良好的服务和生活方式。而在“美”也就是外在表现形式的层面上，由于现代社会生活节奏加快，潮流变幻多端，各种设计流派杂糅并存，不同群体追求不同的表现方式，甚至同一群体在不同时间、空间追求的表现方式也不同，因此很难评判和界定哪种形式是美的。因此，儒家思想原本提出的评价标准，即凡是“美”的就必须体现“仁”符合“礼”，不再符合现代评价体系。也就是说，当代设计在“美”的层面上较难确立一个统一的评价标准。

将“美”和“善”作为独立的两方面分开来看：“美”，不同的表现形式较难评定好与坏，它的面是散开的；“善”，提供的服务和营造的生活方式指向性很强，有益于人的生存和发展，是设计美学的真正价值所在。由此可见，“善”更深入贴切地指向美的评价标准。所以，儒家美学里尽善尽美的思想讲求形式和内容的统一，甚至美统一于善，仍适用于当代设计。但是结合当代社会来看，“美”统一于“善”追求的不再是艺术的社会功能，而是设计的更高层次。不“美”的设计少有人问津，很难创造商业利润，因此很多设计首先追求“美”；而设计美的最终目的却是“善”，若一个设计没有达到“善”，其实也就没有达到最终的美。例如，一件产品外形美轮美奂，但为了追求利益，采用的材料对人体有害或者废弃后会对环境造成严重污染，那么即使这件产品再美观也不是美的。所以，就现代设计艺术层面而言，“尽‘善’尽美”仍是当代设计美学的基础。“美”很重要，并且要统一于“善”，“善”的最终目的不再是加强社会统治，而是为人类提供良好的服务和生活方式。

“美善统一”是孔子提出的美学基本原则，在此基础上，他提出了美学批评的尺度——

“中庸”。“中庸”以“过犹不及”为准则，强调情感的适度表达。孔子曾赞美《关雎》“乐而不淫，哀而不伤”，认为艺术的情感表达如果超过适度，欢乐的情感就变成放肆的享乐，悲哀的情感就成了无限的伤痛，只有情与理的和谐统一才是最理想的，才符合“中庸”的原则。儒家中庸美学思想对我国传统艺术影响颇深，形成独特的“中和”之美。所以，我国传统艺术基本都建立在中和之美的基础上，形成传统艺术的特殊风格，艺术形象温柔敦厚，追求意境的恬淡宁静，表现方式讲究委婉比喻，讲求含蓄美。

当代设计中也有许多作品体现出“美善统一”的中庸美学思想，如“以石代山，以烟代水”的“高山流水”香台设计（图 9-4）。点燃一炷香，进入“空山无人，流水花开”的世界，瀑布般的烟雾从香台的上部缓缓倾流而下，形成一幅动中有静、静中有动的“高山流水”画面。“高山流水”香台采用自然的形态，将朴素的自然之美融入产品中，同时流露出一种“中庸”的生活哲学和态度。

图 9-4　“高山流水”香台设计

又如土陶器皿样式的茶具设计（图 9-5），蕴含和谐、平静的意境和价值观，突出儒家的中庸思想。在人与自然的关系中，强调天人合一、五行协调、相融相生。通过饮茶过程中的和谐气氛增强彼此的感情，表达一种和谐、友好、“美善统一”的中庸美学思想。

图 9-5　土陶器皿样式的茶具设计

“中庸”之美之所以强调在艺术创作中避免走向极端和片面，达到恰当而不“过”，力求温柔敦厚之美，是因为儒家认为如果欣赏者在喜、怒、哀、乐任一种情绪上产生“过”，就会损害身心，影响社会稳定和谐。但是，这种对情感表达的度的要求使情感被牢牢禁锢在一个相对安宁和谐的形式中，一定程度上并不适合现代日常生活，更不利于艺术的发展和创新。在日常生活中，现代快节奏的生活迫使人们需要用恬淡宁静的美来中和日常的疲惫和压力，但并不是人人都只有通过听《关雎》、购买水墨画或者竹制品来克制住情绪的度才能驱走疲惫、纾解压力的。很多人在压力大时爱听摇滚乐或蹦极，疯狂的节奏和行为超出了“中庸”之道规定的尺度，但是却能让人抛开重压再次充满前进的动力。这就意味着传统的“中庸”之道单纯讲求艺术的“中和”之美和温柔敦厚并不能适应当代社会，而应当变换方式，追求艺术和生活的“中和”之美。艺术的表现形式和内容是活的，可随时根据生活的需要来调整，只有两者达到中和才能化解不良的情绪，抚慰个人情感，真正达到个人情感的恬淡宁静，从而获取最终的和谐之美。在艺术的发展和创新方面，一味地追求和谐安稳就没了创造力，没有创造力就不能返本开新，无法适应现代社会，更无法创造价值。这正是传统文化影响下中国设计缺少创造力的根本原因。因此，在艺术的发展和创新方面，不能一味追求相对安宁和谐的形式，要有创新精神，要打破原本的形式去探索新的方向。

四、“文质彬彬”与当代设计的功能与形式相统一

“文质彬彬”一词出自《论语·雍也》：“质胜文则野，文胜质则史。文质彬彬，然后君子。”其中“文”通“纹”，指纹理。“彬彬”在古代指配合协调。“文”并非我们一般以为的文化，它的引申意义可以是文化。“质”指质地。纹理与质地协调，引申为表里统一协调。古人都是从文和质两个方面来认识事物的，比如石头，有纹理，有质地，这样就构成了人们对石头的认识。可以引申到对所有事物的认识，对人的认识也是如此。孔子看到了事物的“文”与“质”相统一的关系，认为“文质彬彬”即形式与内容达到了和谐统一才是最好的，当代设计中讲求的形式与功能相统一的设计原则与之如出一辙。

事实上，设计物的功能与形式之争在人类的设计史上从来就没有停歇过，从人类早期造物的功能至上、手工业时期的形式至上、工业革命时期的功能至上，再到如今的功能与形式的统一，这种争斗本身就体现出形式与功能之间的矛盾与不可分割性。

当代很多设计师总会对不了解设计行业的人解释“我是设计师不是艺术家”“设计不是在物品上绘画”等关于自身或是设计行业性质的话语。然而，艺术家虽然不一定是设计师，但设计师一定也扮演着艺术家的角色。艺术家的作品更多的是个人情感的宣泄与表达，设计师则是为大众服务的，主要是为了满足以实用性为标准的功能需求。这两种完全不同的性质，不太准确地体现了一种以形式美为标准的艺术和一种以功能美为标准的设计之间的区别，设计物品以满足人们的实用性功能为首要目标，并不代表设计物品不存在形式美或不需要形式美。黑格尔在《美学》中谈到，“美的要素可分为两种：一种是内在的，即内容；另一种是外在的，即内容借以表现出意蕴和特征的东西”。实际上设计师在进行设计内容创造的时候，脑海里已经勾画出了设计物品的美的原型，并且期望借助美的外形传达整个设计作品的内容与意义。这里需要说明的是，形式美并不是把我们所理解的图案、纹样、色

彩不假思索地罗列到产品的表面上来，而是需要我们加以提炼与取舍。设计物品的形式不拘泥于表面存在的装饰，它已经融入功能当中，成为另一种隐形的功能，需要设计师来开发并实现这种功能。

每一件设计物品都与其所处时代紧密相连，无不反映所处时代的物质水平、科技水平、政治经济、意识形态等。在设计中所体现的注重功能抑或是偏重形式都是不可取的，一个设计物品需要功能也需要形式，而且两者是不可分割的。诚如孔子所言："质胜文则野，文胜质则史。文质彬彬，然后君子。"当代设计的功能对应"质"，形式对应"文"，文与质是相辅相成的统一体。它们之间没有高低、主次、优劣之分，形式不必完全追随于功能，功能也不必让位于形式，就像别林斯基所说："如果形式是内容的表现，它必然和内容紧密联系着，你要想着把它从内容中分离出来，就等于消灭了内容；反过来也一样，你要想着把内容从形式中分离出来，那就等于消灭了形式。"形式与功能的结合需要人的参与与完成，不同的设计所采取的方式也不尽相同，设计应根据客观的需求来进行主观的设计，实现主观和客观的和谐统一、功能和形式的和谐统一，这才是真正具有实际价值的设计。

五、"少则多，多则惑"与当代设计的简洁

"少则多，多则惑"并不是佛家禅语，也不是庄子齐物论，更不是文字上的游戏，而是老子提出的关于如何正确把握事物的原则与方法。少了反而可以得到更多，多了会让人感到迷惑。中国画家中少数深谙此道的人，懂得如何在画面上留白，在空白处给人留下更多想象的空间，尤其是中国的写意山水画，寥寥几笔，凝形而得神。在画纸上适当留白，就是让观赏者能有更多思考的空间，很多意念、联想、价值的判断就是在这时产生的。过分的堆砌、画蛇添足只会束缚观赏者的思考，变成硬性的灌输。画得少、思考得多，可以说是中国画家共同追求的艺术原则。

老子的"少则得，多则惑"，道理很简单，但懂得这个道理的人又实在不多。中国佛教协会名誉会长一诚法师说："现代的很多人不是饿死的，而是撑死的"，这句话震耳欲聋。现代的很多人奢求更多的东西：家里的家具要多、银行的存款要多、企业的利润要多……现代社会可供人选择的机会越来越多，对人的诱惑也很多，在这些诱惑和机会面前，我们往往会迷失自己，陷于迷惑之中，不知做何选择。于是不少人迷恋于算命，结果命越算越薄，越算越迷惑。

当代中国很多企业在做产品设计的时候也是在贪多，总以为做的品类越多，品牌影响力就越大，产品的包装越豪华，产品就显得越有价值。然而事实并非如此。如国内某些知名品牌，一开始做纯净水，接着又做食品、牛奶，然后还做尿布、服装，以至于人们一提它，根本不知道它主要是做什么的。当代有很多包装设计，装饰的手法多种多样，外包装富丽堂皇，材料从纸质、丝帛、铁再到铝，可谓应有尽有；包装的内部结构做得很复杂，从包装的层次来看，大包装、中包装、小包装层层包裹，令人瞠目结舌。就拿我们所熟悉的中秋月饼的包装设计来说，它的外包装大多数采用古色古香的木盒、做工精细的竹篮或

精致的绸缎、金属膜、皮革等材料，整个包装里三层外三层，一层层打开之后却只见三四个月饼躺在其中，真有点“千呼万唤始出来”的感觉，让人啼笑皆非。这种超豪华的包装不只是月饼才有的，化妆品、酒类、茶叶、保健品等也不例外，一个个都穿上了华丽的外衣，以致消费者在购买的时候有点“乱花渐欲迷人眼”，分不清厂家到底是在卖包装还是在卖产品。包豪斯校长格罗皮乌斯说过，“如果仅仅在产品的外观上加以装饰和美化，而不能更好地发挥产品的效能，那么这种美化就有可能导致产品形式上的破坏”。奥卡姆的威廉也曾提出，“切勿浪费较多的东西去做用较少的东西同样可以做好的事情”，即“如非必要，勿增实体”原则。产品是在满足使用功能与审美功能的高度统一的前提下，创造一种既单纯又简洁的形式。奢华的包装并不能决定设计的品位，更决定不了商品本身的质量，过分华丽的包装只会让消费者在购买之后产生上当受骗的感觉。同样，一款手机的设计，辅以适当的功能键，加上听筒、喇叭等必要功能设施即可。盲日地乱加功能，只会超出消费者认知范围与经济承受能力。过多的功能使用频率的不同，也会造成常用功能的衰竭，而且很多功能是我们在使用过程中极少触碰到的。古代“买椟还珠”的故事告诉我们，在进行产品设计时，要对产品的功能进行分解，确定产品的主要功能与辅助功能。对匣子进行少的设计就是对匣子中的珠宝进行多的设计，同样对手机次要功能进行少的设计，是为了突出手机的主要功能。

当代中国的很多设计，功能越来越多，结构越来越复杂，形式也越来越烦琐，而真正优秀的设计却少之又少。相比之下，日本的设计有一种“大道至朴”的哲学意味，日本的包装设计简洁、朴素而又不失现代美，尤其在环境问题日益突出的今天，日本设计追求简洁、绿色之风具有重要的生态意义。在中国的当代设计中提倡简洁、朴素的设计理念，并不是反对装饰主义、功能主义，而是本着“少则多”的设计原则，来避免“多则惑”的设计结果，为中国当代设计的可持续发展提供正确的理论指导方法。

六、“空则有，有则空”与当代设计的虚实相生

中国传统审美文化中的“空则有，有则空”，是一种以少胜多、以简洁胜繁杂的美学理念，与当代视觉传达设计所讲求的“虚实相生”的设计理念如出一辙，它道出了艺术表现中有与无、虚与实的辩证关系。重新认识和合理运用“空则有，有则空”的传统审美理念，对表达视觉传达设计作品的主题、为当代设计理念开辟一个更高的思想境界具有重要作用。

“空则有，有则空”是极具影响力的一种传统美学观念。“空”与“有”相互矛盾又相互依存的状态使得作品具有广袤的趣味性与深刻的哲理意味。“空”与“有”自古以来就在中国的书法、绘画、园林、建筑中被广泛地运用。现代视觉传达设计中的“空白形”“负形”是“空则有，有则空”在现代设计领域的传承与发展。“空白”并不等于“空洞”，“空白”是现代设计师需努力经营的空间。通过设计作品使观者获得视觉上的轻松，给观者提供想象的空间，并引起观者深思，以表达设计作品深刻的主题内涵，是传统美学观念“空则有，有则空”的现代艺术价值所在。

快节奏的当代生活与竞争激烈的设计行业，使得多渠道、多形式等繁杂的设计信息

已不能满足当代人匆忙的生活节奏。简单、易识别的图形、图像反而能让当代人在匆忙之余缓解视觉上的疲劳，使观者产生兴趣并留下深刻的印象。视觉传达设计中的以少胜多、图形的负空间以一种独特的审美形式，表达出视觉形象的新语意，传达出设计作品更深的哲理意味，是当代设计师所追求的审美意境。视觉传达设计中的空白，并不是无形的虚空，它接近形的真意，以形来表现空白的意境，空白虽然不实际存在，但与形相互依存、相互补充，共同构成富有意味与美感的视觉形象。例如荷兰版画艺术家 M.C. 埃舍尔（M.C.Escher，1898—1972）的设计作品《水与天》（图 9-6），在画面中，初看似乎就是一种具象的鱼渐变到一只具象的鸟，仔细一看，就会发现其中隐含着鱼鸟契合形的设计过程，以及图像从抽象到具象、实到虚、虚到实的巧妙结合，十分有趣。值得注意的是，艺术创作中的空白并不等于空洞，“空白”留给观者的是无限的想象空间与思考空间，传递出作品的深刻哲理意味。笔者认为，埃舍尔的设计作品《水与天》留给观者的绝不仅仅是视觉上的虚实相生之美，更多的是关于生态意义的哲理思考。

图 9-6　M.C. 埃舍尔设计作品《水与天》

通过“空则有，有则空”这一传统审美理念来表现当代视觉传达作品的主题内涵，使得作品不仅具有形式上的趣味性，而且具备内容上的深刻哲理意味。“空白”对于设计师来说，它不仅仅是概念，还是表达设计作品内涵与主题并能引起观者深思的幽深空间。然而，在设计作品中，如果只是为了形去表现形，那么形就只具备内容上的意义，而缺少形式美的趣味，作品不能打动人；同样，以空白来表现空白，设计就会处于一种完全虚无的状态，整个作品毫无主题内涵可言。如约翰逊作品《鲁宾之杯》（图 9-7），姑且不论他的研究成果对于解释“图底互换”或“图”与“底”相互矛盾、相互补充的关系的重要作用，我们在图形中注意到了黑色的杯形，同样也看到了对视的两张侧脸。毫无疑问，这是一种有趣的图底互换的现象，但我们除了看到这些之外，似乎看不到也判断不出作品所要表达的真正意义或某些发人深思的东西。对于

图 9-7　《鲁宾之杯》

表达设计的虚实、空白来说，这不失为一幅好的作品，而对于当代视觉传达设计所要传达的作品的主题意义来看，不得不说，这幅作品略显不足。

现代视觉传达设计是一种通过视觉形象与人进行沟通与交流的活动。在有限的时间、空间内，通过视觉形象传递给观者信息，引起观者视觉感官上的刺激与思想上的震撼，以表达作品生生不息的生命韵味，是当代视觉传达设计师共同追求的目标。清代某位学者曾说："一幅画与其令人爱，不如使人思。"一件好的视觉传达设计作品，不仅在于视觉信息上的简明扼要、言简意赅，更在于通过视觉形象传达的信息引起观者深思，拨动观者的心弦，使观者感受到作品表达的韵外之致。

视觉传达设计中的"空白"正是设计创作者努力经营的重要部分，它对于整个作品与被传达对象的影响作用不可忽视。"空白"的主要目的不是表现与之相补充的实体，而是要通过与实体相互依存、相互补充甚至相互矛盾的过程来体现整个设计作品的深刻内涵，使整个作品产生富有"意味"的形式感，而不是空洞的表面形式。当代的很多设计人员，包括学生，在设计中运用"空白"时，往往只是以形表形，误解了传统美学观念"空则有，有则空"的真正用意。在中国禹州钧官窑址博物馆的标志设计作品（图 9-8）之一中，除了能看到瓷器的瓶形以外，看不出作者所要表达的意思，是为了表现瓷器的轮廓美，还是为了突出"中国禹州钧官窑址博物馆"这几个字？大概答案只有作者自己知晓。

图 9-8　钧官窑址博物馆的标志设计作品

从视觉传达设计的角度来说，填满空间不是设计师所要做的，合理运用空间才是设计师应该做的。当设计师企图以大量的视觉信息来打动观者时，观者只会被海量的信息所湮没而不知所措。同样，如果只是为了纯粹的形式美感而去"留空"，只会让作品变得空洞，毫无内涵可言。

艺术的规律从来都是相通的，中国传统美学观念"空则有，有则空"与当代设计中虚空间、空白形、负形的创造有着千丝万缕的联系。将传统美学观念合理运用于当代视觉传达设计中，是中国传统文化与当代艺术设计的一次碰撞与交融，碰撞交融后产生的设计作品不仅具有中国传统文化韵味，而且更多了一份哲学意味。随着当今文化多元化、经济全球化、信息网络化的迅速发展，各种设计新观念、新思潮犹如潮水般涌入中国，对中国的当代设计产生强烈的冲击与影响。在这种情境下，中国的当代设计不可避免地向着"国际化"的趋势发展。正所谓"民族的就是世界的"，在中国的当代设计中融入传统文化的精髓，就是对传统文化最好的传承与发展。"空则有，有则空"的中国传统审美观念，如果能从表达当代设计作品主题内涵的视角重新审视它，那么当代视觉传达设计必将突破视觉形式上的局限性，开辟一个更高的思想境界，即在设计作品中，通过经营"空白"空间，生发出作品引人深思的主题内涵。

七、“天人合一”与当代设计的自然、和谐

“天人合一”作为中国传统文化的精粹，蕴含着人与自然、人与人、人与环境和谐相处的关系，成为贯穿古代先民们造物活动始终的核心思想。原始陶器、商周青铜器、宋代瓷器、明清家具，以及传统绘画、书法、园林、建筑、雕塑等无不体现了“天人合一”的精神内核。当代倡导的绿色设计、人文设计、生态设计理念，正是“天人合一”思想在当代设计中的诠释。在人与环境关系日益紧张的今天，传承运用“天人合一”的传统文化精神仍具有一定的现实意义。

“天人合一”是古人关于生态伦理的最高智慧。自古以来，我国古代先民们就十分重视造物活动与“天”的合一性。“天时、地利、材美、工巧”是古人造物活动的原则，其中“天时、地利、材美”表明了古人对于自然环境、自然材料、自然规律的认识，“工巧”则强调了“人”这一造物活动主体的决定性因素，“合此四者，可以为良”直接点明了人与自然的和谐参与、相互配合对造物活动产生的影响。《髹饰录·乾集》也曾提出“利器如四时，美材如五行。四时行、五行全而物生焉，四善合、五采备而工巧成焉”，指出达到利器、美材要注重天时、地利条件的重要性。古代工艺典籍《天工开物》，书名本身就诠释了著作所具有的“天人合一”的思想性，只有在自然环境、物质条件与人的工巧互相协调、配合的作用下，才能造出优秀的器物。

现代中国的设计由于受到以往西方以人类中心主义为代表的意识形态的影响，往往过分注重设计所带来的经济效益与眼前利益，而忽视了设计的宗旨与可持续发展，因此环境问题、社会问题接踵而至，前者表现为对生态平衡的严重破坏，后者表现为社会竞争加剧并趋于残酷无情。古人云：“夫大人者，与天地合其德，与日月合其明，与四时合其序，与鬼神合其吉凶”，其中要求人与天地、日月、四时合拍，讲的就是人与自然的和谐相处。“天人合一”是一种境界，不仅要求人去适应自然，而且要达到人与自然相融合的高度。人就是自然，自然就是人，任何对自然生态环境的破坏，实际上就是在损害人类自己。随着西方环境问题的日益突出、人与自然关系的愈演愈烈，西方传统的文化思想与基本观念正悄然发生改变，其自然观、人生观、世界观慢慢转向东方的观念。主要表现为：从“天人抗衡”转向注重天人和谐相处，注重生态平衡；从崇尚个性独立、个人与社会的抗衡转向个人与社会的协调发展；从倡导物质文明转向注重内在精神文明与物质文明的和谐发展。

在处理人与自然和谐相处的关系上，北欧人有着不可替代的天赋，木质材质的自然气息、工艺的淳朴至真……这种在现代工业社会似乎被看作活标本的技术，仍然在北欧各国的设计中演绎着。一张沙发、一把椅子、一张桌子、一件灯具，等等，北欧设计（图 9-9）不仅追求它的造型美，而且更加注重它的自然美、与人体结构相协调的美；讲究它的材质如何质朴自然，不矫揉造作；讲求它的曲线如何在与人体接触时完美吻合，突破了传统工艺、技术的僵硬理念，融入人的主体意识，从而使设计作品充满艺术的感性与技术的理性，将艺术与技术的结合发挥到了极致。这一理念正是“天人合一”文化精神在北欧设计中的另一种诠释。

图 9-9 北欧设计

在现代中国的建筑设计中，也处处体现着“天人合一”的文化精神。如北京香山饭店（图 9-10）的设计就流露出一种“天人合一”的自然审美境界，一个片段，一种元素，不矫揉，不造作，传递出一种自然的神韵与气质。

图 9-10　北京香山饭店

设计师贝聿铭先生将北京四合院及苏州园林中的许多装饰元素、气质、格调与现代设计理念相融合，自然、有机地统一在当地的自然人文环境中。当然这种融合并不是简单照搬北京四合院、江南古典园林的外在形式、元素，而是一种精神文化上的提炼，一种自然而然的情感流露。

“天人合一”理念在当代标志设计中的运用，体现出一种标志设计的民族性与文化性。如 2008 年北京奥林匹克运动会会徽（图 9-11）的设计，向全世界展示了中华民族引以为豪的深厚文化底蕴。会徽的设计中暗含着“天、地、人”的概念，外形上圆下方，意为“天圆地方”；中间的“京”字巧妙地化为人舞动的形象，人处于天地之间，体现出崇尚自然、返璞归真、遵循“天人合一”的造物思想。

图 9-11　北京奥林匹克运动会会徽

北京香山饭店与奥林匹克运动会会徽的设计都是成功运用“天人合一”这一中国传统文化的例子，都体现出一种追求人与自然和谐的审美境界。随着人类自然意识的不断增强和中国设计的逐步成熟，这样的设计作品也将会越来越多。

“天人合一”思想以朴素、直观的形式体现了古人对自身与自然环境关系的认识，具有极大的生态伦理价值，对当代建设生态文明城市、迈向生态文明社会具有重要促进作用。同时，在中国的当代设计中融入“天人合一”的文化精神，就是对传统文化的继承、发展与创新，这不仅是当代中国设计师所承担的重要任务，也是中国设计向国际化发展的要求。

八、意境美与当代产品设计

（一）产品的意境

“意境”一词被广泛应用在各种艺术和设计领域，并已成为绘画、音乐、诗歌、舞蹈和园林等文学艺术中不可或缺的重要元素。在某种程度上，意境的创构已经成为中国艺术中评价作品品位高低的品评标准。不过似乎提到产品意境的并不多。所谓“产品意境”，就是以传统的意境理论为基础进行深入和推广，指产品中精粹部分与设计师的主观情思融合一致并经过高度艺术加工而形成的艺术境界。意境美不同于平时在讨论产品时用的形式、功能等，它是产品内在气质的体现。

（二）“六法”与现代设计

南朝齐时画家、理论家谢赫在其著作《古画品录》中，依据人物画的创作实践归纳整理的绘画社会功能以及品评绘画的六条标准，被称为“六法”，即气韵生动、骨法用笔、应物象形、随类赋彩、经营位置、传移模写。

现代设计越来越追求意境美，如何更好地体现产品的气质已经成为产品设计的重点。每一个产品都是有生命力的个体，产品的形体、线条、比例、色彩、材质等都是它的外在体现，通过这些因素可体现出产品的文化内涵、产品特有的生命力以及产品的“意境美”。当产品上升到精神层面的时候，就更能打动人，引起人的共鸣。

需要强调的是，现代产品设计的形态、色彩等绝非设计师随意构想的，在设计的过程中，产品的意境美是这些因素的核心指导思想。简单地说，设计师想要设计一款自然、柔美、流畅的产品，那么它的线条、比例、色彩等都要以体现产品的自然、柔美、流畅为目的。产品的形式感意在体现产品的意境，无论哪方面的元素都要紧紧围绕产品意境美的指导思想展开设计，一旦脱离了所追求的意境美，产品的美感将大打折扣。

（三）“六法”与产品评价

如果一件作品在某一方面有很大的缺陷，那么这件作品就很难被评价为优秀作品。在《古画品录》中被谢赫评为一等的画家画作，在每一个方面都做到了尽善尽美。如谢赫评卫协“古今皆略，至协始精。‘六法’之中，迨为兼善。虽不该争形似，颇得壮气。凌跨群雄，旷代绝笔”，意思是说，前人画得比较粗略简朴，到了卫协所画作品，才趋于精细工密，即使没有十分追求形似，但颇有壮气，其水准凌驾于其他画家之上，冠绝古今。因而谢赫将卫协评为第一品。丁光是与谢赫同时代的画家，擅长画鸟虫，谢赫将他列为六品。他虽以画蝉雀享誉画坛，但笔迹轻弱，缺乏生气。因为鸟虫与人物一样要有生气，所以谢赫只将他列为六品。由此可见意境美这一灵魂要素对于绘画作品的重要性。

现代设计对于产品的评价亦是如此。纯粹的功能设计已经不能满足现代设计的需求，产品在满足人们使用需求的同时，更要给人一种意境美的享受。产品的形式与产品的神应该是统一的，好的产品通过视觉上的造型、色彩以及质感给人带来精神上的刺激，这种从“外在气质”到“内在修养”的统一，让产品的意境美表现得淋漓尽致。当一台苹果电脑摆在眼前时，马上会产生一种简洁、清爽、纯粹的意境，以及强烈的现代感和科技感，让消费者立刻想要拥有这件产品。究其原因，简单考究的线条、恰当的比例、严谨的细节、优雅的色彩与材质，在体现出苹果品牌纯粹的文化内涵的同时，更表现出优雅、高端而不乏时尚感的意境美。宝马公司设计制造的轿车一直以来都是高品质轿车的代名词，抛开优良的性能不谈，仅仅是极具张力的车身线条、动感十足的前后比例、毫无瑕疵的车漆、配合家族式的车身部件和极致工艺的细节设计，还未启动就足以令人感到热血澎湃。这种完全不需要任何说明就能在静态下体现出的速度感、力量感，正是宝马品牌始终如一的意境美。

像苹果、宝马这样的例子不胜枚举，虽然品牌不同、产品类型不同，但是都有一个共同点：它们的神韵让人痴迷。这些产品体现了真正意义上的“意境”，是产品本身形象自然流露出来的一种风采、一种格调，是事物的内在特质和外貌特征相统一的产物，是一种文化符号的综合表现。好的产品并不需要借助于任何情节、场景之类的“中介”，而纯粹靠人类文化与时代科技的融合，靠形态、色彩、材质、光影、图文等元素的构成，依靠物质材料和生产工艺形成的实体形象，便可暗示出产品的观念、精神、气氛等以获得特有的意境魅力，令消费者感到愉悦和兴奋，只要看到它们，接触到它们的消费者就会怦然心动。“意境美”可谓产品形式感的最高境界，它能够让消费者立刻爱上这件“艺术品”。

（四）意境美的体现

产品设计作为机器大生产背景下的产物，最早以西方的美学理论为指导。形式逻辑和几何形态是现代设计的流行趋势，而这种设计却多少忽略了人性的丰富，也造成了单调刻板设计的泛滥。而要在设计中体现“意境美”中“物我与共”“情景交融”“虚实相生”的核心思想也绝非易事。由于产品的形式是物质的、有限的和短暂的，而意境美是精神的、无限的、永恒的，因此，只有当这种物质的感性形式生出了美的本质即精神境界时，设计作品才能得到美的升华。“六法”名曰对画作的评价，实则是在提示应该从哪些角度达到“气韵生动”这一境界，现代设计想要做到“意境美”，不妨遵循“六法”中其他“五法”来实现产品的意境美。

线条与形态。“六法”中的“骨法用笔”，强调的是线条与形态。现代设计中的线条和形态是产品的基础，通过不同形式的线条来体现产品不同的个性，圆润的、丰满的，抑或是凌厉的、硬朗的，都是产品突出的个性。如芬兰著名的建筑大师和玻璃艺术家阿尔瓦·阿尔托所设计的“甘蓝叶”花瓶，是一件充满了无穷艺术魅力的产品。随意而有机的波浪曲线轮廓，完全打破了传统玻璃器皿的设计标准，看似简单的造型却包含了奇妙的变异，给人以纯真圣洁、清澈明净的心理享受。波浪形的曲线轮廓正象征着芬兰星罗棋布的湖泊。一旦使用者了解到这一点，便会萌发出一种超脱于外部造型的民族人文情调。“甘蓝叶”花瓶看似信手拈来的玻璃几何造型，却激发起观者的无穷想象，使人体会到一种自然生态的意境和幽深无穷的韵味。而这种意境的创造正是以设计师对产品及对自然形态的深入理解为基础的。它不但象征了简洁、实用、自然的芬兰设计风格，而且是设计师对祖国真挚情感的表露和寄托。

具象与抽象。从古今大量优秀的作品中能够看出，在写意画中所出现的事物形象，同样具有一定的象形性，从而表现出笔简形具、出于自然、不可模仿的丰富的意外之情趣的画面效果。“应物象形”要求作品在描绘对象时要经过作者的深思熟虑，在形态准确的基础上用简练的线条表现出物的“神”。现代产品设计中许多造型来源于大自然，但绝非简单的搬抄模仿，而是经过设计师的提炼，用简洁的线条表现出产品所表达的意境。

构图与比例。“经营位置”讲的是对画面的布局问题，即“构图”。对于现代设计来说，“构图”似乎与产品设计并没有太大关系。其实不然，一个产品，可以看成由许多个不同方向和大小的面组成的物体，而每一个面上的每一个屏幕与控制器、各种各样的孔等的排布与大小比例，都是设计师精心考虑和设计过的，许多巧妙的细节设计都源于对产品“构图”的深思熟虑。

色彩与材质。“随类赋彩”要求作者在绘画中按照对象的不同品类，赋予其各种不同的色彩。色彩的良好运用会给产品带来良好的意境，例如红色会让人联想到中国红，营造出一种传统的热情的环境意境。同样，不同材质装饰的使用也会给产品的设计带来不同的意境美。如金属给人冷峻和品质感，玻璃让人感觉通透干净。中国陶瓷是对中国精深思想的继承，是中国精深思想在艺术上的表现。中国明代木制家具，木材的简约与优雅很符合中国传统的低调、内敛的审美观念与精神气质，而富有形式感的线条语言又恰好可以与当代设计风格共融互通。不同材质的运用可以营造出不同的意境。

传承与创新。在绘画中，“传移模写”是指对名、佳作品的临摹，以资继承艺术传统，学习优秀技法，从而创造出新的更能贴切表现主题的艺术风格。现代设计的发展需要经过从传承到创新的过程，每一位设计师都是从学习他人的作品一步步成长起来的，如果没有大量的对已有产品的研究和分析，就很难在已有的基础上再设计再创新。

（五）总结

尽管谢赫“六法”是描述绘画评价标准的一个体系，但是挖掘其内涵不难发现，其中有很多与现代设计有着共性的东西，尤其“气韵生动”讲究的画作的意境与现代设计中追求的产品意境是共通的。无论是从形态还是从意境的角度，通过对“六法”的剖析可以得到许多对现代设计的启示。

第四节　全球化语境下传统文化与当代设计的结合趋势

传统文化是经过几千年历史沉淀下来的，是很深层次的东西，已经深深扎根在中国社会发展的每一个角落与人们的心里，并不是我们随处可见的表面形式符号。我们要做的是挖掘与传统文化息息相关的传统思维方式、哲学观念、美学观念，并将其与当代设计理念相结合，构建出一条民族化、时代化、特色化的有中国特色的道路。在全球化语境下，传统文化的传承与发展，应该结合设计的时代创新精神，做到传统与当代结合、东方与西方结合、技术与艺术结合，并在融合中创新、开拓，即世界性与民族性相结合、民族性与时代性相结合、传统文化形式与当代先进科学技术相结合。

一、世界性与民族性相结合

中国当代设计除了要体现中华民族传统文化即民族性以外，还要体现世界性。当代设计的发展是多元化、国际化的发展状态。发扬中国传统文化、展现中国特色的设计，必须以世界为舞台，将中国传统文化与世界性的设计语言相结合，这是后设计多元化发展的趋势，是设计的大众化、民主化的发展要求，同时也是时代交给我们的使命。设计的世界性与民族性是相辅相成的，每一个民族都处于一个特定的文化背景中，任何民族设计风格的形成都得益于民族精神的传扬。民族文化滋生民族设计，民族设计在民族文化这片土壤中不断生根发芽。如果没有各个民族的特色文化，就不可能形成独具特色的民族设计风格，也不可能形成世界性的设计文化。

在民族化的设计中运用世界性的设计语言，就要广泛涉猎各民族的优秀文化，挖掘各民族之间存在的共性语言，将其转换为设计作品的视觉语言，为不同地域、不同国家、不同语种的人所认知。我们提倡中国设计要与国际流行时尚接轨，就是要在立足本土设计、体现本土文化特色的基础上，运用世界性语言符号，原因是它容易沟通、理解与融合。同时，对中国的设计师来说，突出本民族特色的设计本身就是展示个性化的设计风格。

传统文化在历史的发展过程中，不断地被筛选、淘汰、沉淀，保存下来的必定是它的精华部分。复兴和弘扬优秀民族文化是我们每一个当代设计师的使命。将传统文化的精华融入当代设计师的头脑中，创造出民族化、国际化的设计语言，要求设计师具有更宽广的视野与更广博的知识。面对经济全球化所带来的文化的交流与融合，中国的设计已经置身于一种多元化的文化氛围中。经济全球化与文化多元化的境遇不允许中国走单一发展的道路，因此如何在当代设计中思考自己的文化身份，寻求发展自身文化的机会，实现真正意义上的时代性转变，是值得我们当代设计师深思的问题。在这个过程中，对不同民族、不同性质的文化的批判与吸收是必要的，在深入挖掘传统艺术精神、充分认识与把握西方设计思潮的基础上，兼收并蓄、融会贯通，寻找传统与当代的结合点，必定能创造出属于我们的优秀传统文化与设计。

二、传统文化形式与当代先进科学技术相结合

经济全球化给发展中国家带来了机遇和挑战。发达国家与发达国家、发达国家与发展中国家、发展中国家与发展中国家等世界各国之间的竞争越来越激烈。如何增强本国的国际竞争力、在国际舞台中享有一定的话语权，成了世界各国日益努力达到的目标。各国之间在政治、经济、文化、科技等各个领域进行着激烈的碰撞与交流，科学技术作为显示一个国家综合国力的最主要因素，在很大程度上决定着一个国家在国际化大舞台中所扮演的角色和所处的地位。

科学技术的发展及科技成果在世界范围内的应用，使各个国家与民族的传统文化受到了一定的冲击。它把人类从农耕、手工、兵马车行的传统社会带入了如今科技化、电子化、信息化的当代社会，人类进入了前所未有的发展、竞争时代。各国在把科学技术作为自身强大武器的同时，传统文化同样也成为各个国家、民族保持自身特色化发展、抵制“国际化”的另一武器。当前各国间的发展极不平衡，霸权主义、强权政治仍然以各种不同的形式存在，科学技术与文化成为新形势下各国相互竞争的集中领域。

有人曾断言科学技术发展的最大障碍是传统文化，认为科学技术精神不能与传统文化相容。事实上，从中国古代文明发源地黄河与长江流域发掘出的文物就可证明，中华传统文化为世界科学技术的发展奠定了基础，“传统文化阻碍科技的发展”“中国古代没有科技”等谬论不攻自破。实际上，在 15 世纪以前，中国一直是世界性的大国，科学技术水平领先于西方各国，这都得益于中华民族深厚而优秀的传统文化。美国高能物理学博士卡泼说：“中国的哲学思想提供了能够适应现代物理学新理论的一个哲学框架。”李政道说：“近代物理学有些看法和中国太极和阴阳二元的学说有相似的地方。”爱因斯坦说：“西方科学的发展是以两个伟大的成就为基础的，那就是希腊哲学家发明的形式逻辑体系以及通过系统的实验有可能找出的因果关系。令人惊奇的是，这些发展在中国全部都做出来了。”这些都足以证明中国传统哲学文化对古代中国科技发展及对西方科技发展的贡献，传统文化与科学技术相辅相成。在这里不得不提到一个关于近代科学革命没有发生在中国的李约瑟难题。对此国内外学者众说纷纭，有人认为中国古代重“形而上”、轻“形而下”的思想，阻碍了科学技术的发展进步；也有人认为中国缺乏资本主义力量的推动，深受重农抑商、自给自足小农经济的阻碍，并受到周期性的战乱、儒家“君子不器”思想的阻碍等，侧重点各不相同。这些试图在中国传统文化与近代科技之间寻找一种因果关系的行为是不科学的。事实上，中国传统文化中就有一条“经世致用”的思想，如果没有外界的干扰，中国文明本有着自己独特的风格与发展道路，没有理由排除中国发生近代科技革命的机会。

中华民族传统文化在世界历史文化发展中独树一帜，是其他民族文化所不能匹敌的独特文化，这种文化的力量已经深化于中华民族的思想中。前人坚毅、自强、勤奋的精神造就了当今的文明成果，明天辉煌灿烂的文明成果则需要我们当代人去创造。文化与科技的相融相生与相互促进是创造未来文明成果的最佳途径，科学技术的单一快速发展造成了人们对工具、理性、物质生活的盲目崇拜，极大地阻碍了人们对于文化的追求。在全球化新

形势下，提高科技创新能力，发展文化创意产业，将科技与传统文化相结合，必定是中国走自己特色道路、维护国家文化主权、增强国家综合国力的最有利方式。

当今中国的综合国力虽得到了很大的提升，但发扬本民族优秀传统文化仍是我们当代人的一项艰巨的任务，文化软实力的提高是我们亟待突破的战略点。科学技术的发展只有同本民族文化实力相匹配、相结合，共同创造新的文明成果，才能推动我国社会的整体发展。

参　考　文　献

[1] 刘勉怡 . 艺用古文字图案［M］. 长沙：湖南美术出版社，1990.

[2] 刘魁立，张旭 . 吉祥图案［M］. 北京：中国社会出版社，2001.

[3] 张道一，郭廉夫 . 古代建筑雕刻纹饰（全 6 册）［M］. 南京：江苏美术出版社，2007.

[4] 潘鲁生 . 中国龙纹图谱［M］. 北京：北京工艺美术出版社，2003.

[5] 潘鲁生 . 中国凤纹图谱［M］. 北京：北京工艺美术出版社，2000.

[6] 郑军，朱娜 . 中国敦煌壁画人物艺术［M］. 北京：人民美术出版社，2008.

[7] 王抗生 . 中国花卉图案［M］. 台北：南天书局有限公司，1988.

[8] 寻胜兰，彭琬玲 . 新民艺设计［M］. 北京：北京大学出版社，2013.

[9] 沈从文，王孖 . 中国服饰史［M］. 西安：陕西师范大学出版社，2004.

[10] 靳之林 . 中国民间美术［M］. 北京：五洲传播出版社，2010.

[11] 杭间，何洁，靳埭强 . 中国传统图形与现代视觉设计［M］. 济南：山东画报出版社，2005.

[12] 诸葛铠 . 图案设计原理［M］. 南京：江苏美术出版社，1991.

[13] 李力 . 中国文物［M］. 北京：五洲传播出版社，2010.

[14] 徐建融 . 中国画的传统与二十一世纪［M］. 天津：天津人民美术出版社，2007.

[15] 徐建融 . 美术人类学［M］. 哈尔滨：黑龙江美术出版社，1994.

[16] 贺万里 . 鹤鸣九天［M］. 天津：天津人民美术出版社，2004.

[17] 上海书画出版社 . 二十世纪山水画研究文集［M］. 上海：上海书画出版社，2006.

[18] 梅墨生 . 现当代中国书画研究［M］. 西安：陕西人民美术出版社，2005.

[19] 丘挺 . 宋代山水画造境研究［M］. 济南：山东美术出版社，2006.

[20] 何志明，潘运告 . 唐五代画论［M］. 长沙：湖南美术出版社，1997.

[21] 郑为 . 中国绘画史［M］. 北京：北京古籍出版社，2005.

[22] 李广元 . 东方色彩研究［M］. 哈尔滨：黑龙江美术出版社，1994.

[23] 于明等 . 中国审美意识的探讨［M］. 北京：中国戏剧出版社，1989.

[24] 叶朗 . 中国美学史大纲［M］. 上海：上海人民出版社，1985.
[25] 宗白华 . 美学与意境［M］. 北京：人民出版社，1987.
[26] 宗白华 . 美学的散步［M］. 合肥：安徽教育出版社，2006.
[27] 吴功正 . 六朝美学史［M］. 南京：江苏美术出版社，1994.
[28] 朱光潜 . 谈美谈文学［M］. 北京：人民文学出版社，1988.
[29] 潘运告 . 明代画论［M］. 长沙：湖南美术出版社，2002.
[30] 徐建融 . 传统的兴衰［M］. 上海：上海书画出版社，2003.
[31] 杉浦康平 . 亚洲的书籍、文字与设计［M］. 北京：生活 · 读书 · 新知三联书店，2006.